献礼西北大学建校120周年

人类
起源与进化

The Origin and Evolution
of Humankind

一种系统视角的认识

刘舜康 著

西北大学出版社
·西安·

图书在版编目（CIP）数据

人类起源与进化：一种系统视角的认识 / 刘舜康著.
－ 西安：西北大学出版社，2021.12
ISBN 978-7-5604-4840-4

Ⅰ.①人… Ⅱ.①刘… Ⅲ.①人类起源—普及读物
Ⅳ.①Q981.1-49

中国版本图书馆CIP数据核字（2021）第196304号

人类起源与进化：一种系统视角的认识　　　　刘舜康 著

出版发行　西北大学出版社
地　　址　西安市太白北路229号
邮　　编　710069
电　　话　029-88303940
经　　销　全国新华书店
印　　装　西安华新彩印有限责任公司
开　　本　889mm×1194mm 1/16
印　　张　21
字　　数　402千字
版　　次　2021年12月第1版　2023年4月第2次印刷
书　　号　ISBN 978-7-5604-4840-4
定　　价　98.00元

如有印装质量问题，请与本社联系调换，电话029-88302966。

人类起源和进化是当代科学的重大基础理论问题,作者经过长期的思考和积累,于古稀之年开始,用了大约十年时间,完成了《人类起源与进化》和《人类文化进化》两部大作,其精神和毅力非常可敬。

我们人是从哪里来的;人何以为人(人的本性——也就是人的生物属性和文化属性)、是善还是恶;人活着是为自己还是为别人、为大家;怎样把孩子从小就培养成为一个对大众、对社会有益的人;等等。这些问题,从2500年前人类精神觉醒之后,我们的祖先就一直在发问。2000多年来,古今中外不少智者和有识之士著书立说,但都各执一词,众说纷纭,莫衷一是。

要解决这些问题,恐怕还要借助现代科学技术成果、遵照达尔文的生物进化理论与观念,对人类起源与进化进行系统深入的研究,方有望得到比较科学的、符合实际的答案,这也是作者写作的初衷。以此可见作者思想之深邃,写作立意之深远。

现代人类是我们这个星球上生物进化,尤其是寒武生命大爆发五亿年来迄今为止进化出的独特物种,是大脑最复杂最神圣的物种。要对其进行全面的认识并不是一件容易的事。必须运用现代自然科学与人文社会科学对其进行系统的多层次多方位的综合分析研究,单凭某一种学科,如生命科学或历史学,很难完成这项任务。因而,我们看到作者在写作中不但打破了单一学科的界限,运用不同学科进行综合分析,而且在《人类文化进化》一书中还打通了自然科学与人文社会科学的界限,在《人类起源与进化》一书中,作者加了"一种系统视角的认识",在《人类文化进化》一书中,作者加了"从狩猎采集到现代文明"这样的副标题。在著作的结构安排上也充分体现了这种思想,例如《人类起源与进化》共七章,第一章遗传变异与生物进化,第七章人类脑进化,是从微观层次,分子、细胞层面来认识人类起源与进化;第二至六章则从宏观层次论述了生命和人类起源与进化。如此安排,既展现了作者广博的知识,又体现了作者的理论勇气和创新作风。而且从远到近逐步展开,层层深入,引导人们对问题的认识不断深入,足见作者对重大问题逻辑推论的严密。而且在论述中引用大量事实作为依据,不用空泛的理论来说教,读来使人深受启迪和教益,更显作者用心之良苦。

基因与环境是生物进化的两大基本条件,也是生物多样性和特殊性的基本因素。1859 年,《物种起源》出版,由于达尔文的巨大影响和进化论深入发展的需要,100 多年来,遗传学成了生命科学的重要研究方向。进入 20 世纪后,由于 DNA 双螺旋结构的发现及分子生物学的发展,不少科学家陷入了基因决定论的片面性泥潭。近几十年,尤其是人类基因组计划完成之后,分子遗传学、细胞生物学、表观遗传学研究的大量事实揭示出生物演化是基因与环境相互作用的结果,提出环境是真正的幕后主宰的新见解。

在 20 世纪 60 年代,地壳板块构造学说的创立和行星科学的发展,使人们对我们所处星球及其发展演化有了新的认识。加之近几十年来交叉科学研究的深入和取得的成果,都为把地壳构造运动、海陆变迁、气候变化与生物演化、人类起源与进化等结合起来研究创造了条件。

作者正是在这种思想的指导下进行思考和创作的。因而,在著作的结构安排和内容叙述上,对环境问题给予了应有的重视和分量,这也是该著作独特的视角,体现了作者思考和研究问题的深度和广度,给人以新的启示。尤其难能可贵的地方是作者在《人类文化进化》一书中关于现代人类进化出的自然属性的认识;关于 2500 年前人类成年后,由于精神觉醒,而形成的文化(或文明)多样性形态的认识;以及对中华优秀传统文化的深刻理解;对现代科学的反思和对西方文明的再认识;都有独到见解,多为前人之所未发,给人深刻启迪,体现了作者对人类社会发展的关怀。因而,这两部著作就成了每一位对人类前途和命运有所关怀的人们的重要参考书。

作者敏锐地觉察到,在人类起源与进化领域,以中国科学院南京地质古生物研究所、中国科学院古脊椎动物与古人类研究所、西北大学等为主的科研院所、高校,一批科学家,包括海外学子都取得了重要的杰出的成果,为国际学术界所瞩目。全国的考古工作者和学者通过辛勤劳动,使中华优秀传统文化以其辉煌业绩展现在世人面前。作者以高度使命感和责任感,满腔热情地讴歌,为他们鼓与呼,并且为他们对人类文明做出的杰出贡献由衷高兴,树碑立传。其强烈的爱国情怀溢于言表,让人敬仰,并深受教育。

因而,不揣冒昧,向大家推荐这两部著作,希望广大读者静下心来认真阅读,定会受益匪浅。

作者今年已 84 岁高龄,耄耋之年,仍身体康健,思维敏捷,经常思考许多重大问题,伏案写作,笔耕不辍。祝愿他健康长寿,做更多贡献。

中国科学院院士

西北大学教授、博士生导师

舒德干

2021 年 4 月

| 自序 |

我们人类是从哪里来的？不少人会不假思索地回答，达尔文都说了，人是猴子变的嘛！不错，人是从猴子变来的。可是，继续追问下去，猴子为什么会变成人，又是怎么变成人的呢？猴子又是从哪里来的？恐怕许多人，包括学过生物学的人，不是语塞，就是不甚了了。

有人问，研究猴子变成人，研究人类起源与进化，有什么用？的确，研究人类起源与进化不能制造产品，不能解决人的吃穿用问题。但是，人活在世上，除了吃饱饭，穿好衣，住得舒适，有汽车等好的交通工具出去玩以外，还有更重要的问题，不然，就不能成为人了。譬如，人为什么要受教育，怎样教育孩子比较好；人为什么要搞科研，为什么近代科学革命发生在西方，而没有发生在中国，是西方人聪明、中国人脑子笨吗；为什么东西方文化在语言、文学、艺术、思想观念等方面存在那样大的差异；又譬如为什么我们每个人的性状(身体高低胖瘦、脸型等)、语言(说话声音的高低快慢、语气等)、行为、爱好、性格等都不一样；还有什么叫幸福；为什么那么多人要信仰宗教。诸如此类问题，只有研究和了解了人类起源与进化后，才能给予比较好的回答。

1859年，达尔文(Charles Robert Darwin, 1809—1882)出版了《物种起源》一书，提出了生物进化论，使人类对生命现象的认识得到了一次飞跃，使人类从过去几千年对生物进行描述的阶段逐渐进入到分析阶段，认识到生命最重要的特点是演化。因而，进化论成了生命科学的灵魂，君不闻"离开演化，生物学就成了空话"，就什么也不是了。

20世纪，生命科学又经历了两次革命：DNA双螺旋结构的发现和国际人类基因组计划的完成，使演化学说得到了最直接、最可靠的证明。人类基因组计划完成之后，生命科学进入到一个新时期，以"基因组学"为领头羊的"组学"，使进化论进入了一个新的阶段——"演化组学"，所谓"演化组学"，就是要对生命进化进行系统观察和分析。

因而，运用系统的视角，依据达尔文进化论中遗传变异、自然选择、适者生存等基本观点，对人类起源与进化做系统分析就构成了本书的主题。

本书原计划分为八章，最终定稿为七章，在章节的次序安排上也体现了上述思想。第一章介绍生物进化的物质基础，即人类对遗传物质结构与其变异本质的认识；二、三、四章则描述自然选择，即地球环境的演变，也就是地球历史上的海陆变迁与气候变化，是如何影响生物进化的，这部分内容还包括人类起源的过程；五、六、七三章讲人类进化的过程，其中第五章讲早期人类生物进化，第六章讲智人。为什么要把智人单列一章？原因是早期智人是生物进化，晚期智人（现代人类）主要是文化进化，现代人类的起源和向全球扩散这一问题比较复杂，单列一章叙述比较好，以引起人们更多的关注。原来的第七章讲人类文化进化，这个问题也比较复杂，因为它涉及的是人类社会的发展，包括许多人文学科，如历史学、考古学、人类学、语言学、哲学、经济学、社会学等。以往，这些学科都是单独研究问题，最多也是学科之间的交叉结合，把复杂的社会现象简单化，如文化问题就讲不清楚。而生命科学，如遗传学、神经科学、脑与认知科学又不去思考社会现象与社会问题，不思考这些生命现象的产生对人类社会演变的影响。因此，这一章则正式把它们结合起来加以研究，阐述人类认识能力与创造能力的五次飞跃。也是做一次大胆的尝试，希望对相关研究有所启示和帮助。当然，从人类进化系统认识的角度写文章，这种思路是合理的，可以肯定。可是，这样做的结果是使该章的篇幅太长，从研究问题的内容到篇目结构都不够协调。因而，经再三思考，还是把有关人类文化进化的这一章分出来，单独出版，作为本书的姊妹篇。原第八章，也就是现在的第七章讲人脑的进化。人类具有智能的大脑，既是人类生物进化的结果，又是人类文化进化的基础。人脑大概是世界上最复杂的东西，人类对它的认识可以说才开始。长期以来，西方哲学家在诸如意识是什么，自我意识是什么，意识是如何演化的；思维是什么，思维是如何演化的；精神又是什么，精神和物质到底是什么关系等问题上纠缠不清。这些问题大概要依据脑与认知科学、神经科学等学科的研究和发展逐步解决。这一章只是简要介绍目前科学家对人类脑进化的基本事实的认识。

1859年,《物种起源》出版,达尔文提出"遗传因素"代代相传,决定后代的性状。由于达尔文的巨大影响,100多年来,遗传学成了生命科学的主要研究方向,取得了许多重大成果。这使人们深信基因遗传在生物进化中的决定作用。1953年,沃森(James Dewey Watson, 1928—)与克里克(Francis Harry Compton Crick, 1916—2004)发现DNA双螺旋结构以后,许多科学家更是陷入了DNA至上、基因决定论的羁绊。可是,近几十年,尤其是人类基因组计划完成之后,分子遗传学、细胞生物学、表观遗传学研究的大量事实揭示出生物演化是基因与环境相互作用的结果,而环境因素,包括海水成分、浓度、温度的变化和板块构造运动,海陆变迁,火山活动,气候变化,以及"天外来客"等,才是生物演化的动力,环境才是真正的"幕后老大"。

其实,达尔文晚年曾对遗传与环境问题做过深刻反思。1876年,他在给莫里茨·瓦格纳(Moritz Wagner, 1813—1887)的信中写道:"我想我曾经犯过的最大的错误,是没有给环境的直接作用赋予足够的分量,例如食物、气候,等等。这些因素是独立于自然选择之外的。在写《物种起源》的时候,以及在之后的数年内,我都只能找到很少的证据来证明环境的直接作用。"现在,证据层出不穷,可惜达尔文这个深刻的反思没有引起之后学术界的足够重视。

因而,我在写作本书时,在结构安排和内容的叙述上,即按照上述思想,对环境问题给予了应有的重视。人类起源与进化是个重大的科学问题,涉及的内容与学科很多,我出于爱好与工作关系,把自己的认识和想法写出来,旨在与大家共同讨论。但我深知自己能力终究有限,其中难免有错误和纰漏,故殷切期望专家学者能不吝赐教,当感激不尽。

刘舜康
2021年4月

目录 | Contents

/ 第一章 /
遗传变异与生物演化

一、遗传物质 DNA 与双螺旋结构

1859 年,达尔文的经典著作《物种起源》出版了,由此掀起了生物学的深刻革命。达尔文在书的结尾说:"我在本书所提出的观点,以及华莱士(Alfred Russel Wallace, 1823—1913)先生的观点,或其他关于物种起源的类似观点,若被普遍接受,我们则能隐约预见在自然史上将会引起一场明显的革命。"达尔文指出所有存在的物种来自少数共同的祖先,也许就是一个祖先。他认为变异会在一个物种内随机发生,每一个个体的生存或灭绝取决于它对环境的适应能力,他称之为自然选择。达尔文还暗示这个过程同样适合于人类,在随后的著作《人类的由来》中,他对此做出了更加充分的说明。

由于当时欧洲人和美洲人的思想受基督教神创论的影响,认为自然界的物种都是上帝创造的,人类是上帝创造的最后一环。达尔文的学说则与上帝创世说直接对立。相信达尔文的学说就等于把上帝拉下了神坛。因而,达尔文的《物种起源》出版后,就遭到了激烈反对。

除此之外,从学术本身讲,由于达尔文学说的核心内容,如遗传的物质基础是什么,变异的本质是什么,在当时的条件下都无法准确解答,而自然选择、适者生存的机制过程很长,当代人很难看见。而且,当时发掘出的化石也很少,缺少很多生物进化的中间环节,这些因素,使人们对该学说也产生了不少误解、质疑和批评。

100 多年后,遗传学,尤其是分子生物学的发展,使这些问题逐一得到了完满解决。没有一个严肃的生物学家会怀疑进化论对生命奇妙的复杂性和多样性的解释。事实上,所有物种通过进化机制而相互关联恰恰是生物学的一种深厚基础。难以想象,若是没有它,人们怎么来学习生物学。

1. 遗传物质 DNA

达尔文的洞察力在当时非同寻常,他在《物种起源》中提出自然选择学说和进化论,然而他并不了解决定生物标志的究竟是什么,揭示这一奥秘的人是与他同时代的奥地利修道士孟德尔(Gregor Johann Mendel, 1822—1884)。孟德尔于1854年开始,在修道院默默做了10年的豌豆实验,进行了艰苦的观察研究,并以数学方法分析实验,写出了科研论文。后人将孟德尔的发现表述为两个定律,即分离定律和自由组合定律,并将孟德尔原文中的"因子"换成了一个如今大家耳熟能详的名词——"基因"。

孟德尔在1860年《物种起源》第二版德文译本上写有批注,以自己发现的自由组合定律解释了物种多样性的来源。由于孟德尔的研究和发现在当时很超前,尤其是他用数学方法分析实验结果,超越了当时大多数生物学家的研究,所以他的理论不被人重视和理解。直到1900年,有三位年轻的科学家分别得出了与孟德尔相同的实验结果,人们才开始重视孟德尔的研究结果。孟德尔这位孤独的天才迈出了遗传学研究的第一步,是当之无愧的"遗传学之父"。

20世纪初,遗传学研究取得了重大发展,有两位科学家做出了奠基性成果。英国著名内科医生伽罗德(A. E. Garrod, 1857—1936)自1896年开始研究患有一种罕见的黑尿病的病人,认为黑尿病病人患病现象验证了孟德尔通过豌豆实验于1865年提出的隐性遗传模式。1909年,他出版了《遗传代谢性疾病》。1931年,他又出版了《先天性疾病因素》。然而,伽罗德关于遗传物质控制体内特殊蛋白质直接作用的研究,直到20世纪50年代才被人们理解。鉴于伽罗德对生化遗传学的贡献,人们将他称为"生化遗传学之父"。

另一位做出奠基性成果的是美国科学家摩尔根(Thomas Hunt Morgan 1866—1945)。他于1910年开展的研究终于确定了染色体是基因的载体,是遗传的物质基础,从而使染色体学说从纯粹的理论发展成为一门有坚实实验证据的学科。后来,摩尔根带领着他的研究生继续做果蝇实验,并获重大发现。1915年,他出版了《孟德尔遗传机制》一书,提出了连锁与交换定律,这是对孟德尔理论的重要补充。它与孟德尔提出的分离定律、自由组合定律合称为遗传学三大定律。1926年,摩尔根划时代的著作《基因论》出版,该书系统地阐述了细胞水平的基因理论,基因学说从此诞生,遗传学逐渐成为20世纪最为活跃的研究领域之一。

　　然而，由于这些遗传模式背后的机制尚不清楚——因为还没有人能成功推断出遗传的化学基础，也就是分子层面的基础——因而，在20世纪前半叶，大多数的研究仍然认为，遗传性状必定要通过蛋白质来传递，因为蛋白质似乎是生物体内最具多样性的分子。直到1944年，由艾弗里（Oswald Theodore Avery，1877—1955）、麦克劳德（John James Richard Macleod，1876—1935）、麦卡蒂（Maclyn McCarly，1911—2005）所做的微生物实验才证实了遗传物质是DNA，蛋白质不具有传递遗传性状的能力。

2. DNA双螺旋结构

　　近100年来，虽然人们已经知道了DNA的存在，但一直认为它只不过是包装核质的东西而已，因而并没有激起人们什么特别的兴趣，也没有引起科学家的关注。

　　1868年—1871年，年轻的瑞士科学家米歇尔（Friedrich Miescher，1844—1895）在德国图宾根大学从事细胞的化学组分研究，他从附近医院回收了一堆废旧外科手术绷带，并从中分离出血液中的白细胞。当时人们认为白细胞的细胞核主要由蛋白质组成。但是，经过处理后，米歇尔发现在细胞核中有一种酸性物质。其磷和氮的含量很高，但不含硫（某些蛋白质含硫）。研究显示它不是蛋白质，而是一种新的物质。随后他的导师也开展了这项研究，并在酵母和其他细胞中发现了类似的物质，从而证实了米歇尔的发现。1871年，反映这一研究成果的论文发表，这是科学史上第一篇关于核酸的论文，因而成为了遗传物质研究领域划时代的丰碑。

　　由于这种新物质仅来自细胞核，因此米歇尔把它称为"核素"。在以后的研究中，米歇尔发现了核素的一系列物理化学性质，但始终没有认识到它的重要功能（藏有生命的奥秘）。这与当时及后来很长时间人们普遍认为蛋白质是遗传物质是有关系的。

　　直到1944年，美国科学家艾弗里小组花了10年时间追踪英国科学家格里菲斯（Frederick Griffith，1879—1941）1928年对肺炎致病菌——肺炎双球菌细菌转型的重大发现，才最终证实肺炎细菌的转型因子是DNA而不是蛋白质。至此，科学家终于把下一次重大实验的目标放在了DNA上。

　　既然DNA是遗传物质，那么揭开DNA的化学组成和分子结构就成为科学家的主攻目标了。不到 10 年,这些问题,也就是遗传物质的化学本质就有了空前精彩的答案。

1950 年,奥地利化学家查戈夫(Erwin Chargaff , 1905—2002)分离了核酸的化学组成物——4 种碱基,并分析了 4 种碱基在核酸中的含量。在分析比较了人、牛、猪、羊,以及酵母菌(一种真菌)和细菌等不同生物的 DNA 后,他发现虽然不同物种的 DNA 中 4 种碱基(核苷酸)的数量和相对比例大不相同,但各种生物中嘌呤和嘧啶的总数量大致相当,其中腺嘌呤(A)与胸腺嘧啶(T)数量相当,鸟嘌呤(G)与胞嘧啶(C)数量相等。这种嘌呤和嘧啶间的当量关系表明,DNA 分子中 A 与 T、G 与 C 互相配对。此外,查戈夫还发现 4 种核苷酸在 DNA 分子中并不是简单重复,而是按一定顺序排列的。这些发现为沃森(James Dewey Watson, 1928—)和克里克(Francis Harry Compton Crick, 1916—)发现碱基配对原则并最终提出 DNA 双螺旋结构模型,提供了直接的帮助。

1953 年,沃森和克里克在确定 DNA 结构的激烈竞争中脱颖而出,沃森、克里克、威尔金斯(Maurice Hugh Frederick Wilkins, 1916—2004)利用富兰克林(Rosalind Elsie Franklin, 1920—1958)提出的数据推测 DNA 分子具有双螺旋的结构,沃森形容其像圆柱体一样,碱基沿着双链呈互补排列,只要知道一条链上的序列(碱基的序列),自然就能推知另一条链上的序列。这显然是细胞分裂前染色体在复制时基因的遗传信息能准确重现的原因。DNA 分子像拉链一样拉开,形成独立的两股,每一股都可以作为新股合成的模板,于是一条双螺旋就成了两条。

有科学家把双螺旋结构形容为一把扭曲的梯子,梯子的两边由单调的脱氧核糖基和磷酸长链组成,梯子中间的横档由 4 种碱基(或叫核苷酸)组成,这 4 种碱基中 A 的成形只能与 T 配对,而 G 只能与 C 配对。这些就是"碱基对",有 4 种可能的横档:A-T、T-A、G-C、C-G,如果一条隔档上的任一横档(碱基)受损,很容易用另一条横档上相应的碱基来修复,例如 T 只能由另一个 T 来代替。我们还是把梯子的横档当作拉链的链比较形象,双螺旋直接暗示自我复制的途径,因为每一条子链都可以作为横档来合成一条新链。如果你把每一对碱基分开,好比从中间抠开梯子的横档,每一半边梯子都包含重新组装一条原来完整拷贝所需的全部信息。

DNA就像是电影和戏剧的脚本,或是计算机软件程序,位于细胞核内,编码语言只有4种字母(用计算机语言说,是2个比特),一种被称为基因的特殊指令由成百上千个编码字母构成。细胞所有的复杂功能,以至像我们人类这样复杂的生物体,都受这一脚本中的字母顺序所指导(图1-1)。

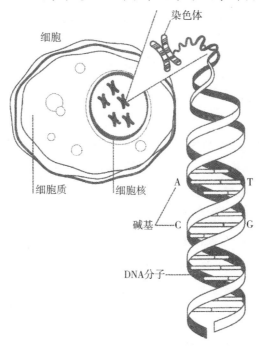

图1-1　DNA双螺旋

遗传信息由化学碱基的排列顺序所携带(A、T、G、C)。DNA包裹于染色体中,染色体存在于细胞核中。

DNA既然是由A、T、G、C构成的线性序列,就像我们撰写书籍时偶尔也会写错字一样,所有的A、T、G、C在染色体复制时,也会出现极少量的错误。这些错误就是遗传学家近50年来一直探讨的遗传突变。在英文中,将"i"变为"a","Jim"就会变成"Jam";在中文中,把"己"变成"已"或"巳",或把"戊"变成"戎"或"戌",词意也就大不一样了。而在DNA中,将T变为C、ATG就变成了ACG。它是随机的,在每一代生物和每一个生物体中都会发生遗传突变。DNA双螺旋结构的发现是20世纪人类认识生命现象的一场伟大革命,该发现从分子水平上揭示了达尔文在《物种起源》中所说的遗传变异的本质。

DNA 的双螺旋结构揭示了生物遗传的秘密。但是，蛋白质却是生命活动的基础，是生命的活跃分子，它提供了生物主要的构成要素。DNA 之所以能控制细胞、控制发育，乃至生命运转，就是通过蛋白质。而蛋白质是由 20 种氨基酸链组成的生物大分子。现在的问题就摆在科学家面前——寻找 DNA 内的编码信息（由 A、T、G、C 构成的分子链）是如何转换到由 20 种氨基酸组成的蛋白质上的。

为了解决这个问题，一批科学家经过艰苦努力，终于揭开了谜底。现在我们知道，氨基酸是在细胞中的核糖体内合成蛋白质，核糖体是包含 RNA 这一第二种形式的核酸存在于细胞内的小粒子。

RNA 有许多种，一种叫转移 RNA（简称 tRNA），每一个转移 RNA 分子的表面有特定的碱基序列，能连接对应的 RNA 模板片段，从而在蛋白质合成时，依序排列氨基酸。还有一种 RNA 就是信使 RNA（简称 mRNA），信使 RNA 被证实为蛋白质合成的模板，信使 RNA 从两个核糖体单位之间通过，各自带着氨基酸的转移 RNA 附着到核糖体内的信使 RNA 上，让氨基酸在以化学键形成多肽链前先排好顺序，这就是谜题的谜底。

DNA 编码基因的信息通过 RNA 转换生成蛋白质是一个极其复杂的物理化学过程，为了方便了解，我们在此作简要说明。通过鉴定出信使 RNA 的存在，科学家知道，组成一特定基因的 DNA 信息被复制于一条单链的信使 RNA 上，后者就像只有一半横档的梯子。它从细胞核（信息仓库）中来到细胞质（一个高度复杂的环境，含有蛋白质、脂肪和碳氢化合物等），在那里，它又进入一个叫核糖体的蛋白质合成工厂，工厂内有一组复杂有序的转运者负责解读那一半梯子上携带的碱基，从而把信使 RNA 携带的信息转化为一种由氨基酸构成的特定蛋白质。RNA 上由 3 个横档组成的一组信息决定一个氨基酸，它的产物就是蛋白质，它们在细胞内行使功能并且为细胞提供结构框架（图 1-2）。

由 A、C、G、T 的随机排列所构成的三联体密码共有 64 个，但氨基酸却只有 20 个，这就意味着必定存在着重复。比如 DNA 和 RNA 的 GAA 对应于谷氨酸，而 GAG 也对应于谷氨酸。

对许多生物体的研究，从细菌到人类，表明这套"遗传密码"在所有已知生物体中都是通用的，正是通过它，DNA 和 RNA 中的信息被翻译成蛋白质。GAG 对应于谷氨酸,这套程序运行于土壤中的细菌、芥末草、南美鳄鱼,以及人类身上。

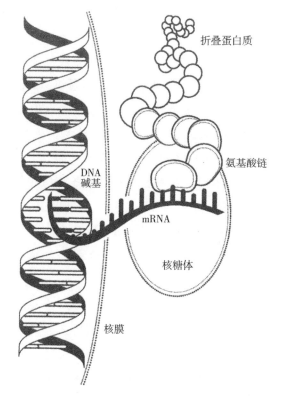

折叠蛋白质

氨基酸链

DNA
碱基

mRNA

核糖体

核膜

图 1-2　分子生物学中的信息流:DNA→RNA→蛋白质

二、人类基因组计划

1. 为什么要进行人类基因组测序

自 1953 年沃森与克里克发现了 DNA 的双螺旋结构,此后二三十年间,对基因的解读很快催生了分子生物学这一全新的科研领域,并揭开了生命科学现代化的序幕。到 20 世纪 80 年代,科学家已经知道人的身体复杂得令人迷惑。但通常而言,生物学家关注的却是一小部分,即使在分子生物学来临前,这种基本的思路和做法仍然没有改变。科学家大多仍只擅长一个基因,或涉及某条生化路径的一群基因。如果我们把人体简单比作一辆汽车,发动机就是遗传系统,如果要开动这辆汽车,不但要了解发动机的每个部件,还得了解控制系统、电器系统等。基因的情况也一样,若要了解决定生命的遗传过程,我们不仅必须对个别基因或环境有详细的认知,还需要把这些认知放进整个系统,也就是在"基因组"的框架上去认识。

基因组是存在于每个细胞里的遗传指令,当时人们已经知道,人类细胞核的染色体包含两个基因组,分别来自父母双方。从我们的父母那里继承到两个染色体复本,让我们的每个基因都有两份,因此有两个基因组。基因组的大小视物种而不同。从人类单一细胞内 DNA 数量的测算值来看,可以估计人类基因组大约包含 30 亿个碱基对,也就是 30 亿个 A、T、G、C。

基因是攸关我们生老病死的遗传因子,如果要彻底了解它们,并最终能够处理与它们有关的问题,就得编出一份我们身体所有遗传因子的清单。

最重要的是,人类基因组还包含着我们之所以为人的关键,比如人类与黑猩猩的受精卵刚形成时,至少从表面是无法区分的,但一个包含的是人类的基因组,一个包含的是黑猩猩的基因组。从这个受精卵开始,一个相当简单的细胞会变成极度复杂的成体,例如,人就是由 50 万亿个不同类型的细胞所构成的,这个过程就是由 DNA 一手操控的,但是只有黑猩猩的基因组能制造出黑猩猩,也只有人类的基因组能制造出人类。要回答是什么原因造成人类与自己的近亲有如此大的差异,就必须彻底弄清人类与黑猩猩基因组之间的差异,就必须搞清楚人类基因组这本指令书。

巧的是在医学领域也碰到了同样的难题,急需一个完整的人类基因组序列,这也许就是人类生物学零件的清单,即一本最具权威性的医学教科书。

人类基因组计划第二任负责人柯林斯(Francis Collins, 1950—)描述了当时的情况,他进行了一种东北欧人群中极为常见的有可能致死的遗传疾病——囊性纤维化(CF)的治疗和研究。这种疾病通常在婴儿或儿童期得到确诊,患儿体重增长缓慢并伴有呼吸系统的持续感染。医生还知道,CF 病人的肺部和胰腺都有很浓的黏性分泌物,但对其中必定存在的基因失控情况则一无所知。

为了寻找 CF 的致病基因，全世界有 20 多个研究小组，花了 10 年时间，耗资 5000 万美元，才确定 CF 的致病基因位于 7 号染色体上一个具有 200 万碱基的 DNA 区域之内。一个先前未知的基因上有一个蛋白质编码区，上万的 DNA 密码中恰好有 3 个字母出错了，准确地说，就是 CTT。那正是大多数囊性纤维化疾病的发病原因，这一突变基因现被称为 CFTR，实际上就是 CF 所有病例的致病原因。

CF 的致病基因应该是最容易寻找的基因之一，因为这是一种相对常见的疾病，精确符合孟德尔的遗传法则。但是，怎么能想象，这一研究方法还可以应用于上百个亟待解决的更罕见的遗传性疾病。更具挑战性的是，怎么能想象，同样的策略还可以用于糖尿病、精神病、心脏病或其他病症中，因为这些疾病中的遗传因素特别重要。其中涉及许多不同的基因，如果要在这些更为困难的情况下找到成功的希望的话，就要得到基因组上每个犄角旮旯里详细准确的信息，更何况已知基因组中编码蛋白质的基因只是少数。

因而，在 20 世纪 80 年代中期，在美国，以沃森为首的一批奋斗在生命科学和生物医学前沿的科学家酝酿要实施人类基因组计划。他们开会讨论、搞宣传、辩论、提方案，游说政府和国会支持。这项造福人类的伟大科学工程最终由美国能源部和美国国家卫生研究院主持，联合包括美国在内的 6 个国家参与，投资 30 亿美元，从 1990 年开始到 2003 年 4 月结束，来自 6 个国家的 20 个公共基因组测序中心的 2000 多名科学家，用了 13 年时间完成了对人类基因组 30 亿个碱基对的测序。

2000 年 6 月 26 日，美国总统克林顿在为人类基因组框架图的完成所举行的白宫科学庆典上说："我们手中可能已经有了对抗疾病的强大新武器。而且，我们甚至可能对生物的组成和运作，以及我们和其他物种之间的差异有了全新的了解，从而洞察我们之所以为人的道理。"克林顿感谢参加该项工程的科学家为人类做出的贡献，他表示"还要感谢中国的科学家，对广泛国际合作的人类基因组计划做出了重要贡献"。

众所周知，6 个成员国在人类基因计划测序工作中的贡献率情况是：美国 54%，英国 33%，日本 7%，法国 3%，德国 2%，中国 1%。但正是这

1%,让中国成为这项世界性测序成就最后的贡献者。

2003 年 4 月 24 日,6 个成员国的政府首脑共同签署了《国际人类基因组计划宣言》,向世界宣布:我们 6 个国家的科学家已经完成了人类生命的分子指南——由 30 亿个碱基对组成的人类基因组 DNA 的关键序列图,人类基因组是全人类共同的财富和遗产。人类基因组序列图不仅奠定了人类认识自我的基石,推动了生命科学和医学科学的革命性进展,而且为人类的健康带来了福音,是我们向着更加幸福的未来迈出的意义非凡的一步。我们向参与人类基因组计划的所有工作者致以热烈的祝贺,他们的创新与奉献,在科学技术发展史上书写了光辉的一页,他们的工作和成就将永远成为人类历史上的一个里程碑。

沃森为中国科学家所做的贡献感到由衷的高兴,他在向中国领导人的贺信中说"通过人类基因组的一部分和整个水稻基因组的测序,中国在基因组学研究方面正式成为创造国家",这是对中国科学家的肯定,也是对中国科学家的鞭策。

2. 初步解读人类基因组

人类基因组是一部伟大的天书,人类的 24 条染色体(22 条常染色体和 2 条性染色体,即 X 和 Y 性染色体)的 30 亿对 A、T、G、C 碱基对中,包含了一个人从父母结合的受精卵开始直至生命走向终结的全部密码,还包含了从低等生命到人类的漫长进化历程中的全部密码。更重要的是,它还隐藏着人为什么会说话、会想象、会思考、有信仰、有意志等区别于其他所有生物,也就是人之所以为人的秘密。解读这些密码要靠科学家们对人类基因组的艰苦、精细的研究和探索。在以后的章节中,将对目前科学家取得的研究成果作简要说明,在这里先对初读人类基因组的启示作如下介绍:

最让人惊讶的是,人类基因组中包含的基因,也就是编码蛋白质的DNA 序列,居然出奇的少。科学家在测序前猜测人类基因有 10 万个,测序开始时科学家们打赌,有的说有 5 万个,有的说有 7.5 万个,他们都是凭经验推测。而当人类基因组全部测序完成后,找到的可编码蛋白质基因只有 26588 个。这样的话,基因数加起来也只占 DNA 总数的 1.5%,比科学家估计的要少得多。

如果与已经知道的简单生物体,如线虫、果蝇、植物等的基因数相比,这一结果就更让人惊奇,因为这些生物体内的基因数都在 2 万个左右。例如线虫这种简单的生物体只有 959 个细胞,其中 302 个是神经细胞,构成线虫极其简单的脑,而我们人类估计有 50 万亿个不同类型的细胞,我们的脑有 1000 亿个神经细胞。人体结构的复杂程度相较于线虫可以说有天壤之别,而线虫的基因数是 2 万个,我们人类的基因数也就 2.6 万多个。

为什么会这样?当时科学家认为人类 DNA 上只有 1% ~2% 的可编码基因,其他都是非编码基因,是无用的 DNA 片段,并给它们起了个不好听的名字——"垃圾 DNA"。为了解开"垃圾 DNA"之谜,一个由来自美国、英国、西班牙、瑞士、新加坡、日本的 442 名科学家和 32 个实验室组成的国际研究小组,对这个遗传学最大的谜团之一进行了研究,终于揭开了"垃圾 DNA"之谜,此举被称为 10 年来基因组最重大的突破。研究结果揭示:我们的基因组中的确只有 1% ~2% 的编码基因,其余被称为"垃圾 DNA"的垃圾区域有 80% 都对控制蛋白质和决定蛋白质在哪里产生起作用。研究发现,这其中有 400 万个区域就像单个基因的开关,决定着每个基因的活跃与不活跃程度,这些所谓的"垃圾 DNA"就在基因附近,这些信号实际上就是基因组的"操作手段"。

研究还发现,许多疾病都源于基因何时、何处,以及为何打开和关闭时的变化,而不是基因本身的变化。也就是说,许多疾病并不是基因本身的原因,而是基因调控系统造成的。因而,绘出一幅"基因开关图"对医学研究十分重要。

人类基因组的另一个显著特征来自我们这个物种(现代人类)内不同个体间的比较。在 DNA 层面,不论所选择的作为比较的个体来自世界哪个地方、哪个族群,都有 99.9% 的相同性。也就是每个人 DNA 的差异只有 0.1%。这就表明,我们全世界 70 亿人确实属于一个物种。这种个体间如此之小的遗传差异使我们不同于地球上大多数其他物种,其他物种个体间 DNA 的多样性比我们人类要多 10 ~50 倍。我们人类个体间的遗传差异如此之小的确令人惊奇。

群体遗传学家的研究领域涉及用数学方法重建动物、植物和微生物种群的历史。在考察了人类基因组的这一事实后,他们得出结论,我们这个物种的所有成员来自一群共同祖先,他们的人数有 1 万左右,生活于 15 万年前—10 万年前之间,而且他们极有可能生活在东非。这一信息和认识与化石记录基本吻合。

当科学家研究了许多不同生物物种的基因组,并把人类基因组与其他各个物种的基因组进行了仔细对比之后,发现了更多意义深远的启示。利用计算机可以挑选一段人类 DNA 序列,然后检测出其他物种的 DNA 中是否有相似的序列。如果挑选的是人类基因编码片段,用它作为指针进行搜索,总是可以在其他哺乳动物的基因组中找到匹配程度相当高的对应序列。许多基因还与鱼类基因有明显的吻合或匹配程度不是太高的对应序列,有些基因甚至可以在极简单的生物体,如线虫和果蝇中找到匹配序列。在某些尤为显著的例子中,这种相似性甚至还可能在酵母菌,甚至细菌基因中发现。

但是,如果我们挑选一段人类 DNA 两个基因之间的片段,那么在其他较低等生物的 DNA 中,找到相似序列的可能性就会降低。用计算机进行比较会发现大约有一半这样的片段与其他哺乳动物的基因组有吻合性,几乎全部片段与非人灵长类动物有相当高的吻合性。

这种现象意味着什么呢?它为达尔文的进化论提供了有力的佐证和支持。达尔文当年在有了进化论的想法后,25 年后才出版《物种起源》,就是因为他对遗传差异和自然选择的机制缺乏定量的方法来证实。因而达尔文之后的 100 多年来,人们只能在雀鸟和飞蛾的繁殖和生存中观察自然选择的作用。而现在我们可以通过基因组研究,看到遗传变异是怎么回事——是源于 DNA 的自发突变,例如我们人类大约每代每 1 亿个碱基对中,会发生 1 个错误,这就是说,因为我们有两套基因组,其中每一套都有 30 亿个碱基对,一个来自父方,一个来自母方,我们所有人大约都有 60 个新突变,而这些新突变却不存在于我们父母的基因组之中。

大多数的突变发生于基因组的非关键部分,有轻微影响或者无害。而那些位于多感区域的突变通常有害,它们常因降低生育适合度而很快被淘汰,但偶尔也会有个别突变,由于为突变过程带来了些许的优势而被保存下来。这种新的 DNA "拼写" 有较多可能性传给后代。久而久之,这些有利的稀有突变会在物种的所有成员中广泛传播,最终导致生物功能的巨大改变。

现在,我们可以明白自然选择和适者生存是如何产生的,因为 DNA 中包含的种种信息是达尔文无法想象和期望的,完全是新的、不同的。不过这些信息让他的进化理论更加坚不可摧。我们现在可以识别 DNA 中特定的变化,了解这些变化如何让生物适应不断改变的环境,进而进化出新的生命形式,后面我们将介绍这种进化的个案。

人类基因组计划原来设想用 15 年时间,对人类 DNA 中的 24 条染色体的全部基因进行序列测定和功能确定,以期揭开人类疾病的发病机理等奥秘。当时人们认为 22 号染色体最短小(实际上 21 号染色体更短小),因而首先将 22 号染色体作为突破口。1999 年 12 月,当 22 号染色体的测序与全部密码被破译后,却只发现了 679 个基因(其中 55% 为首次发现)。这些基因中很多与白血病等多种癌症、先天性心脏病、免疫功能低下、精神分裂症、智力低下等密切相关。22 号染色体的 DNA 序列信息对人们认识疾病的遗传和分子机制,以及疾病的诊断和治疗有重要的指导意义。

自人类基因组计划完成以来的 10 年间,生物医学还在利用基因组信息诊断并治疗与基因相关的疾病,尤其是在癌症方面取得了长足进步。当人类基因组计划开始时,只有 53 种基因变异体与疾病挂上了钩,而现在已经有超过 2900 种基因变异体与疾病对应了。

前面提到为了揭示"垃圾 DNA"之谜而开展的"DNA 元件百科全书"计划于 2012 年发表了研究报告,其中一个重大发现就是在"垃圾 DNA"中有超过 80% 的序列都发挥着调控"开关"的功能,是基因的操作系统,许多疾病都源于基因何时、何处,以及如何打开与关闭时的变化,而不是基因本身的变化。

另一个国际人类基因组单体型图计划,重点考察人类基因组中的基因突变情况,该计划对比了欧洲、中国、日本与非洲人群的基因组。初步研究表明,人类个体之间基因组的对比只有 0.1% 的差异,但对其有限变异的研究却是理解人类健康与疾病的关键。这项计划和后来的国际千人基因组计划研究了患病人群和健康人群,以期找到与疾病有关的遗传差异体,通过这种全基因组关联研究,科研人员找到了数千种可能影响一个人患病概率的遗传变异体。

因而,可以说人类基因组计划开启了人类医学的新时代。

3.基因重组

100年以来,经典遗传学认为染色体的排列组合和交叉互换是生物进化过程中产生遗传突变的基本方式。人们认为,基因是一段连续排列在DNA上的功能片段,遗传信息是从DNA上原封不动地转录为信使RNA(mRNA)的,mRNA再忠实地翻译成蛋白质。DNA上核苷酸所代表的氨基酸序列与相应蛋白质的氨基酸序列完全相同。

1977年,英国和美国的分子生物科学家罗伯茨(Sir Richard John Roberts)、夏普(Prillip Allen Sharp)分别独立发现mRNA并未像预期的那样与DNA完全互补,而是对应于DNA上隔开一段距离的个别片段。能与mRNA互补的DNA片段形成环状突起。他们据此认为,DNA上既有携带遗传信息的部分,也有不携带遗传信息的部分。也就是说,一个完整基因的信息在DNA上被不编码(即不表达)蛋白质的部分割裂成散段,他们将这样的基因称为割裂基因。

1978年,美国生物化学家吉尔伯特(Wally Gilbert)提出了内含子和外显子的概念,分别表示DNA序列中在成熟mRNA中不出现和出现的对应部分。割裂基因先转录出mRNA的前体(称为核内不均RNA),然后经过特定的剪接过程除去内含子的对应部分连接成为新的mRNA(图1-3)。割裂基因的发现加深了人们对真核基因结构的了解,使人们对生物进化,尤其是多细胞生物进化的遗传机制有了深刻认识。

直到该理论提出的30年后,即人类基因组计划完成后,当科学家把成千上万的基因放在一起对比分析时,才发现了吉尔伯特提出的内含子与外显子概念的合理性。他们发现,基因的外显子通常不是一个基因独有的,而是在许多基因里都能找到的,有许多基因片段都很相像。这说明,外显子在不同的基因里很可能是跑来跑去的。对于一个基因来说,它有可能获得其他基因的外显子,也有可能把自己的外显子送给其他基因。这就像扑克牌的洗牌一样。生物学上称这种外显子的"洗牌"为基因重组。那些经重组获得或失去一部分外显子的基因,叫作新基因。基因重组发生最频繁的地方在生殖细胞里,也就是精子和卵子里。通过精子与卵子的结合产生新生命,基因重组就能传递给下一代。

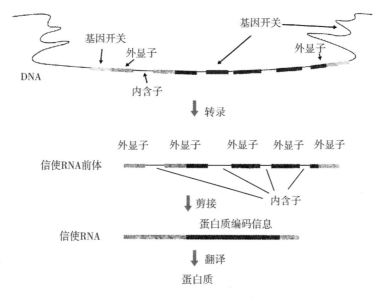

图1-3 基因重组原理示意图

发现了基因重组现象以后,科学家把基因重组与基因突变作了比较,发现了基因重组有如下特点,也正是因此,基因重组加速了生物演化的进程:

第一,对蛋白质功能的改变规模变大。基因突变的规模仅限于一个或几个碱基。当然,有的基因位点突变也很重要。但随机的基因突变位点很少会连接到那些重要的点。绝大部分的突变位点都不会一下子导致其编码蛋白质的功能发生很大的改变,而外显子重组对应的却是蛋白质的独立功能单元,可以通过"洗牌"产生的新基因能够快速获得与原有基因不一样的新功能。

第二,基因重组的环境更自由。基因突变常常有纠错机制以防止其出大错,而到目前为止,还没有发现基因重组存在任何"监督团队",基因几乎可以随便重组。但是,基因重组却时时刻刻都要面临大自然的考验。经过漫长的演化过程,只有对生物体生存繁衍更有利的基因重组才会被保留下来。

由于发现了基因重组可以产生新基因,又发现了基因重组相比基因突变的两个明显优势,科学家就能解释多细胞生物在过去6亿年里是如何在地球上演化出了几百万个物种,直至演化出我们人类这样有智慧的生命这一问题了。

三、DNA 与生物演化

1. 始祖基因

近些年,科学家对微生物开展了广泛研究,尤其是在对微生物基因组进行了深入研究和解读后,取得了许多重大发现。这些发现不但用确凿的证据证明了达尔文的进化论比他自己想象的还要正确,而且使人们对地球生命史有了全新的认识。

重大发现之一是发现了极端环境下的细菌。人们已经发现,生活在美国黄石公园热泉里的细菌,它们能够在沸腾的泉水中繁衍生息。有些细菌可以生活在海底火山口附近,有些细菌可以生活在地下 2000 米的石油矿区,还有些细菌甚至可以生活在火山喷发后形成的岩石中,更有甚者,有些细菌还可以生活在强酸、强碱、无氧、无光的环境里。

所有这些在极端环境下生长的细菌,被称为"极端微生物"。因为其生活偏好世上最不适合栖息的环境,生物学家给它们起了个名字叫古细菌,以示与其他细菌的区别。古细菌与其他细菌的不同,正如细菌与真核生物的原生生物,包括真菌、动物、植物等的不同,这个新的第三生物域,或者说生物类别,改变了过去的生物分类。达尔文时代,生物只被分为植物界和动物界,这个两元分类早在亚里士多德(Aristotle, 前384—前322)时期就已确定,接着在 1735 年由林奈(Carl von Linné, 1707—1778)系统化,1866 年,海克尔(E. Haeckel, 1834—1919)凭借着他对原生生物不凡的研究,在生物谱系上添加了第三界——原生生物界,而细菌和真菌直到 20 世纪 80 年代才被独立出来,成为原核生物和真菌界。

1938 年,法国生物学家沙东(Chardon)以细胞核存在与否为依据,提出"原核生物"和"真核生物"两个名称,这两个"超界"曾经涵盖一切已知生物。直到 1976 年,乌斯(Carl Woese, 1928—2012)着手对在美国黄石国家公园找到的新细菌物种进行研究。乌斯认为细菌界的分类一直很混乱,需要用更客观的方式来分类。乌斯在分子层次用大量的 RNA 分子来绘制细菌的谱系,但当他对那些嗜热、产甲烷的菌种按惯例分析时,却发现这些细菌和"典型"细菌的差异比它们和真核生物的差异还大,由此,他认为还有第三超界的存在。因为这些物种能适应极端的环境,依此推测,这种环境恰是地球初生的状态。所以他建议把这个新的超界称为"原始细菌",这个名称后来被修改为古细菌,以免与细菌混淆,并且将超界重新命名为"域"。这就形成了现在的古细菌域、细菌域、真核生物域,在真核生物域中又分为原生生物界、植物界、真菌界和动物界。

科学家在对多种微生物的 DNA 进行研究对比后,得到的另一重大发现是细菌和真核生物遗传行为上的重大差别。关于这个差别,沃森形象地说:"当我们对微生物的基因组更加了解后,一个惊人的模式开始出现,正如先前已经看到的,脊椎动物的演化就像一个累进的经济体,通过逐渐增多的基因调节机制,同一个基因可以做的事愈来愈多,即使有新的基因出现,它们通常也只是既有曲目的变奏曲。相对的,细菌的演化是一趟激烈得多的改头换面之旅。这个令人眼花缭乱的过程偏好输入或产生全新的基因,而不仅是修改已经存在的基因。"

人们一般认为,基因遗传是父母传给子女,就这样一代一代地传下去,这就是生命不断延续的本质,但是对细菌基因组进行研究后发现,细菌的 DNA 之间是横向遗传,也就是这一种细菌与另一种细菌之间的基因可以彼此转移。

细菌与真核生物基因组的以上两项重大差别,使科学家在进一步研究地球生命史,也就是达尔文的生命演化本质问题上,取得了全新的认识。

1857 年 9 月 26 日,达尔文在给赫胥黎(Aldous Leonard Huxley,1825—1895)的信中说:"虽然我无法活着看到那个时刻,但我相信总有一天我们可以描绘出各个生物界清晰真实的演化本质。"

现在,达尔文期盼的那个时刻来了。为了研究真核生物、古细菌和细菌之间的亲缘关系,生物学家艰难地理清了大量的基因发展史,也就是基因演化史,而这些基因并非都有相似的家族特征。

举例来说,在有些针对古细菌分子做的第一批研究中,生物学家发现古细菌和真核生物之间有显著的相似之处,古细菌用来把 DNA 包裹在染色体内,用来转录 DNA,还有用来解读 DNA 的蛋白质和真核生物体内执行同样功能的蛋白质是如此相像,所以真核生物被认为是从某些古细菌演化来的。这些激动人心的相似之处,有的就记录在古细菌外的蛋白质特征序列上,而且,只有某些古细菌和真核生物才有这些序列。这表明古细菌和真核生物之间的亲缘关系,比它们与细菌的还要近。

但是,在解读了古细菌和细菌的全部基因组序列之后,科学家出乎意料地发现,大部分古细菌的基因和细菌有相当大的相似度。接着,当更多真核生物基因组序列被解读出来后,根据分析,有许多真核生物的基因和细菌基因的关联性又等同于和古细菌的。这就像"如果你的姐姐同时也是你的阿姨,那你的血亲是谁"之类的谜题一般,简而言之,要区分哪些种群比较亲近,会把人搞得晕头转向。

这个谜题的解答来自一个关键的发现,古细菌和真核生物的相似处大多是在带有遗传信息的基因上,这些基因负责复制和解读 DNA。而真核生物和细菌的相似处多半在操作型基因上,这些基因关系到各种养分和细胞基础物质的新陈代谢。从真核生物的角度来看,就像它们的"脑"(信息基因)和"外表"(操作型基因)分别来自双亲之一。

真核生物是异种结合的成果,它们是古细菌和细菌基因的融合体。有关这项惊人的发现,实际上早在 1970 年马古利斯(Lynn Margulis,1938—2011)就提出了以下说法:"线粒体和叶绿体,这两种在真核生物细胞中提供能量的关键细胞器,是来自住在真核生物体内的细菌。"这个融合的过程就是走向共生,现在这个概念已经被广泛接受了。

但是,怎样使古细菌和细菌结合出真核生物呢?美国加州大学的黑米拉(M. Rivera)和莱克(J. Lake)得出这样的结论:真核生物确实有双重源头,是不同生物分支的综合体。他们分析了分属细菌、古细菌和真核生物的 7 个物种的基因组,找出了其中的共同基因。对这些共同基因的模式所做的综合分析表明,真核生物确实是某种古细菌和某种细菌结合的产物。生物的共生关系很常见,例如,美国黄石国家公园里的水生栖热菌就是从能进行光合作用的蓝细菌中取得能量,同等蓝细菌为这块菌类织锦染上色彩,有时候还会产生内共生现象。这是真核生物起源的较合理的解释,真核生物是内共生体和宿主基因组相融合的产物。这项结论让生物谱系之树的基部不再是单一的枝干,而是一个环状结构(图1-4)。

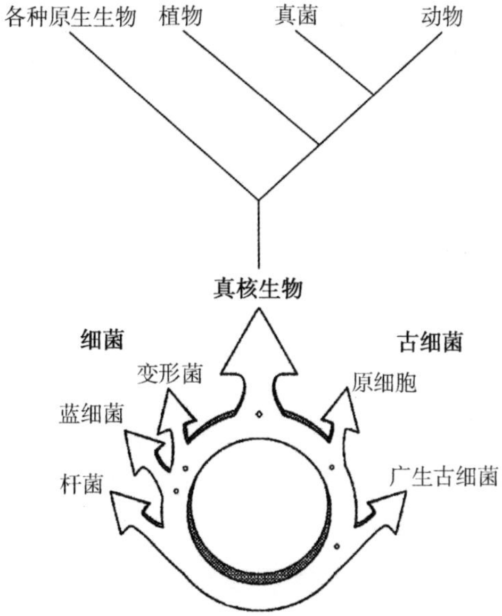

图1-4 真核生物的新谱系

DNA记录揭示,某些古细菌和某些细菌的结合,创造出真核生物。这个谱系的基底为一环状结构,而非传统的树状结构(该图转载自黑米拉与莱克2004年发表在《自然》杂志上的论文)。

解读基因组后,最令人关注的是,在比较生物三大界域的基因组时的发现。虽然三者各自内部的物种在基因的数量和种类上的差异很大,但生物的复杂度和基因数量不一定成正比,大部分细菌的基因数量是3000个,古细菌的基因数量相对少一些,也就2000多个。能够独立生存的物种最少也该有1600个基因。然而,即使同样由3000个基因组成的任何两种细菌的体型大小也可能会不同,动物大约有1.3万~2.5万个基因,有些动物之间的基因差距数以千计,果蝇单个细胞的基因数跟酿酒酵母相比只多了约1倍,人类的基因数也不过是果蝇的2倍,和老鼠的基因数差不多。

更让人震惊的是,比较过古细菌、细菌、真菌、植物和动物的基因组后,科学家发现大约有500个基因共同存在于各界域的生物体内。根据化石记录,古细菌和细菌有35亿年的历史,真核生物有20多亿年历史。这些基因抵挡了最少长达20亿年的突变冲击,即使这些物种之间有重大差异,这些基因的序列和意义也未曾发生重大的改变,这些基因叫"不朽基因",也叫"始祖基因"。

所有"不朽基因(始祖基因)"的功能都集中在细胞的生存所需和共有的执行程序上,如解读 DNA 和 RNA、制造蛋白质等。在地球生命诞生之初,正是有了复杂的 DNA,各种形式的生物才得以依靠这些基因活了下来,这些基因渡过了漫长的时光,即使未来继续演化,生物还是得依靠这套核心基因生存。

2. 南极冰鱼

南极海域出产一种冰鱼,也叫无血鱼,通体透明没有血液。自从 20 世纪初被发现后,就引起了生物学家的关注,但长期以来生物学家都弄不明白这种鱼为什么会是这样。这些南极冰鱼为什么完全没有红细胞? 在这之前,人们认为所有脊椎动物血液中都会有携氧红细胞。

没有红细胞输送氧气,冰鱼是怎样活下来的? 要解决这个问题能靠化石吗? 不行! 因为血液和肌肉不能形成化石,生物死亡后,这些软体组织就会逐渐腐烂,被分解殆尽,无法保存下来形成化石。

要解决这个问题,只能靠冰鱼的基因组。冰鱼 DNA 保存了它是如何从有血液变成无血液的,以及什么时候、为什么会一步一步变成现在这种样子的历史记录。只要把冰鱼的基因组测序分析出来,并与其他鱼类的 DNA 作详细的比较和解读,这个问题也就可以解决了。如果再把南极洲在地球历史上的海陆变迁和海水温度与盐分的变化这些环境变化一并考察,这个问题就会更加一目了然。

大家知道,红细胞的功能是向身体各部分传送氧气。红细胞中所携带的大量血红蛋白,在红细胞随血液流经肺或鳃时能让氧附着其上,并在红细胞经过身体其他组织时将氧释放出来。血红蛋白由被称为珠蛋白的蛋白质和名叫血红素的小分子组成。血液的红色便是来自血红蛋白中的血红素,而血红素同时也是吸附氧的成分。如果没有红细胞,人类必定死亡,所谓贫血就是红细胞数量不足的病症。就算是冰鱼的近亲,例如,南极银鳕鱼或新西兰黑鳕鱼,它们的血液也都是红色的,都含有红细胞。

当科学家研究和解读了冰鱼和相关鱼类的 DNA 之后发现,通常有两个基因与血红蛋白中珠蛋白的合成有关,但是在冰鱼及其近亲鱼类身上,这两个基因早已灭绝,其中一个已成为分子化石,仅仅是珠蛋白基因的残骸——它们仍旧存在于冰鱼的 DNA 中,不过已经完全失效,并逐渐消失,就像暴露在空气中的化合物被逐渐分解一样。另一个珠蛋白基因,在红色血液鱼类的 DNA 中多半和第一个基因相邻,在冰鱼体内已经完全不见痕迹,这是冰鱼永远舍弃这两个基因的铁证。然而,在 5 亿年前,这两个基因却是它们祖先赖以维持生命的要素。

它们究竟是为了什么决绝地放弃了所有脊椎动物都奉行不悖的生活方式呢?

我们再来看看南极的环境变化,就能明白个中原因了——自然选择的压力。板块构造学说揭示,地球历史上最近的一次泛大陆形成于 2.5 亿年前,当时,全球只有一个大陆被海洋包围。1.2 亿年前,泛大陆逐渐裂开,形成北半球的劳亚古陆和南半球的冈瓦纳古陆两部分。6000 万年前,也就是地质历史上的新生代时期,冈瓦纳古陆逐渐解体,形成南美洲、澳大利亚、印度、非洲等板块,并各自分离漂移。大西洋从 1.5 亿年前即开始以每年 3 厘米的速度向两边扩张,到 6000 万年前时已初具规模。海水在地球板块运动的作用下逐渐形成了循环系统,同时由于海水的盐分和温度的差异,海水在海洋的深层和浅层、赤道和南北极间不断循环。

在 5500 万年前,南极海域的温度下降,某些地方的温度从 20℃ 降到了 −1℃,在 3500 万年前—3400 万年前,南美洲与南极洲最终分离,南极洲则完全被海洋包围,海水循环发生变化,这种海陆变迁和海水温度、盐度的变化,给鱼类的生存带来了压力,如不适应这种变化就会死亡,这也是大部分鱼类的命运。在其他鱼类消失之时,有一些鱼类适应了生态环境的变化,冰鱼就是其中之一(南极鱼亚目现在大约还有 200 种)。

极地水域的低温对生物的生理功能是一项重大考验,就像汽车里的汽油在高寒地区的冬季会冻住一样,在南极冰冷的海水里,生物体液的黏性会增加,难以在体内流动,大多数在南极海域生活的鱼类以降低循环血液中红细胞的比容来克服这个难题。红细胞比容为一定量的血液中红细胞所占的体积比,人类的大约是 45%,南极鱼类的红细胞比容则大约是 15% ~ 18%,冰鱼则把这点发挥到了极致,它们将红细胞完全去除,并迫使血红蛋白基因产生突变而退化。这些鱼的血液相当稀，只有1%的血细胞（都是白细胞），甚至可以说，它们血管中流动的是冰水，在缺乏生存所必需的血红蛋白的情况下，这类生物又是如何存活的呢？

现在已经很清楚的是，缺少血红蛋白所伴随的一整套改变，让冰鱼能在0℃以下的水温中生存。

温水和冷水的重要差别之一就是氧在冷水中的溶解度比在温水中的溶解度高很多，因此，酷寒的海水是含氧量特别高的栖息地。冰鱼具有较大的鳃，并进化出没有鳞片的外皮，上面有着粗大得非比寻常的毛细血管，这两个特征增加了冰鱼从环境中吸收氧的能力，比起红血的亲戚们，它们拥有更大的心脏和血液量。

冰鱼的心脏和其他鱼类的心脏有很大不同，它们的心脏多半是白色的。肌红蛋白是另一种含血红素的携氧蛋白，它形成脊椎动物的心脏（和骨骼肌）的鲜红色泽，肌红蛋白的亲氧能力比血红蛋白大，它们将氧贮存在肌肉中备用。鲸、海豹的肌肉中有大量的肌红蛋白，所以它们的肌肉是褐色的。大量的肌红蛋白让这些哺乳动物得以长时间潜在水中。但是，在冰鱼体内，肌红蛋白并没有取代缺乏的血红蛋白，所以冰鱼的肌肉中也没有肌红蛋白。其中5种鱼连心脏里都没有肌红蛋白，因而它们的心脏也是蓝血的。脊椎动物体内的肌红蛋白由单一基因编码，而分析白色冰鱼心脏中的DNA会发现，它们的肌红蛋白基因产生过突变，多出了5对碱基，这5对碱基破坏了产生肌红蛋白的基因编码程序。在这几种冰鱼身上，肌红蛋白的基因同样处在迈向化石基因的阶段。由于彻底缺乏这两种基本的携氧分子，冰鱼的心血管系统发生了许多适应性改变，以供给机体组织足够的氧。

要在严寒的水中生存，还需要更多改变，冰鱼的DNA里多的是进化上的证据，就连每个细胞的基本结构都必须修改，以适应冰冷的生活环境。例如，微管在细胞内形成重要的框架，或者说是细胞的"骨骼"，它涉及细胞分裂和运动，以及细胞外形的形成。因为微管身负重任，组成微管的蛋白质就在最完整的状态下保存着，这不只限于脊椎动物，所有真核生物（包括动物、植物和真菌）都是如此。哺乳动物的微管在10℃以下会变得不稳定，如果这种事情发生在南极鱼类身上，它们就死定了。幸好南极鱼类的微管可以在冰点之下正常组成，并且维持正常的结构。微管性质的这项惊人的改变，是因为编码微管生成的基因发生了一系列变动，这是南极鱼类为了适应冰冷环境而产生的独特机制，冰鱼及它们红色血液的表现皆如此。

还有更多基因发生变动，才使得许多生命活动得以在冰点以下的环境中进行，但是适应寒冷不只限于基因的改变和退化，还包括发展出新的生理机制。最重要的是发展出"抗冻蛋白"。南极鱼类血浆中充满这种特别的蛋白质，它能够降低其体内冰晶形成的临界温度，让这些鱼类能在冰冷的水中存活。如果缺少这类蛋白质，这些鱼就会被冻成冰块。这类蛋白质的结构并不寻常，但足够简单，只由 3 种氨基酸重复排列 4～55 次，而一般的蛋白质多半由 20 种不同的氨基酸组成。生活在常温水域中的鱼类没有这种蛋白质，所以抗冻基因是南极鱼类的独特"发明"。

那么这种抗冻基因是从哪里来的呢？科学家发现，这组抗冻基因是由另外一组负责消化的基因衍生而来的，原与抗冻完全不相关。有一小部分基因片段从该组基因中脱落，移动到这些鱼类基因组的另外一个位置，从这一小组仅有 9 个"字母"的基因片段中延伸出一组形成抗冻蛋白的基因。

抗冻蛋白的起源是一个很好的事例，让我们知道进化多半以现存的基因来拼凑出新的内容——这个例子正是来自另外一组基因的一小部分——而不是凭空演变出的新的基因。

当科学家研究了南极其他鱼类的 DNA 后，对于冰鱼在演化过程中的胆量和创意，表示由衷的敬佩。就在几十年前，那时会开汽车的人都知道，当时的汽油在严寒的冬天被冻住后，要发动是多么不容易。而冰鱼竟然是在不停地游动过程中进行"引擎"的改造，它们发明了新的抗冻剂，提升了"汽油（血液）"的等级，使其黏滞性大幅降低，扩大了它们的"油泵（心脏）"容量，并在这一过程中丢弃了不需要的零件——那些在各类鱼体内运行了近 5 亿年的基因。

鱼类和其他物种的 DNA 记录是演化过程的新证据，它让我们得以超越可见的骨骼和血液，直接进入演化的现场，一窥演化过程。冰鱼的演化过程尽管有些烦琐，但在 DNA 的水平上仍然可以描绘出它在自然选择压力下为适应环境生存的演化历程。

冰鱼在演化前生活在温水海域，有着红色血液，并不适合在天寒地冻的环境中生活。为了适应南极海域气候与海水变冷的环境,它逐步使自己的肌体进行了一系列适应性变化,包括新基因序列的产生、旧基因序列的摒弃,以及许许多多其他改良。

　　比较不同的冰鱼、它们的近亲,以及其他南极鱼类的基因状态,我们可以发现在不同的进化阶段基因的变化情形。南极鱼亚目的 200 多种都有抗冻蛋白基因,这是它们较早的演变,微管基因的变化也是在这个时期产生的。但是仅有 15 种左右的冰鱼有血红蛋白的化石基因,这表示大部分冰鱼在分化出来时,便舍弃了血红蛋白基因。再者,有几种冰鱼无法产生肌红蛋白,但其他的冰鱼可以,由这点可以推出,肌红蛋白基因的变化比冰鱼的起源还要晚,因而,直到目前还在进化中。凭借检测各个物种的 DNA序列,我们可以将这些进化上的事件对应到南极环境演变中(图 1 - 5)。可以看出,2500 万年前进化出的南极鱼亚目的鱼类,以及 800 万年前进化出的冰鱼 DNA 记录告诉我们:冰鱼由生活在温水、依赖血红蛋白的生活方

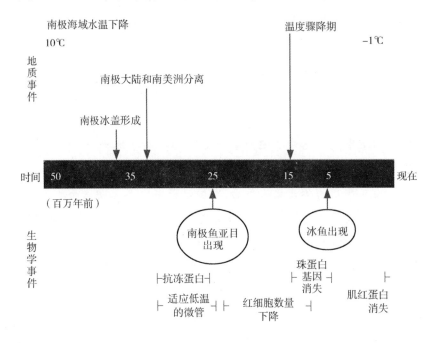

图 1 -5　冰鱼进化史

　　(上)南极大陆的地质变化,在过去 5000 万年间,引起洋流和水温的重大改变。(下)南极鱼亚目为了适应较低的水温,进化出抗冻蛋白和在低温中稳定的微管,还有低血细胞比容。最后,无血冰鱼共同祖先的基因化石化。

式转变成生活在冰水中、无须血红蛋白(有的甚至不需要肌红蛋白)的生活方式,是逐步进化而来,而非一次完成的。

从红色血液,生活在温暖水域中的冰鱼祖先绵延和进化到冰鱼,这个长期的进化过程累积而成的 DNA 记录,活脱脱地体现了达尔文进化论的两个关键原则——遗传变异和自然选择。

四、DNA 与人类进化

由于本书四、五、六章会重点叙述人类进化,所以本节只把目前研究认为的人类进化过程中几个关键节点上与基因变异相关的内容加以简要介绍。

1. 鼻子退化了,眼睛复明了

在人类和哺乳动物身上有两个重要的信息系统负责与外界的信息沟通,一个是嗅觉系统,一个是视觉系统。嗅觉系统负责闻气味,视觉系统负责看颜色和形状等。

通过对这两个系统在 DNA 层面进行研究和比较,科学家发现它们具有此消彼长的关系,也就是当现在的哺乳类,尤其是其中的灵长类(包括人类)的嗅觉系统逐渐退化的时候,视觉系统反而逐渐进化,日益发达。这一现象正好反映了哺乳动物为适应环境变化压力而不断进化的轨迹,而人类在这两个系统中的此消彼长则表现得最为明显。

许多哺乳动物都有灵敏的嗅觉用以觅食、寻找伴侣和幼仔,以及侦察危险环境等。不同的气味到底是如何被感知和分离出来的一直都是个谜。直到 1991 年,巴克(Linda B. Buck, 1947—　)和阿克塞尔(Richard Axel, 1946—　)发现了一个编码气味感受器(嗅觉受体)的基因家族。接着他们在哺乳动物的基因组中,发现嗅觉受体基因竟然是一个庞大的基因群,如老鼠,在其 2.5 万个基因中大约就有 1400 个这类基因,嗅觉系统的每个受体和不同的神经元连接、不同的受体相组合,可以感受不同种类的气味,某种化学气味是如何被感受到的,要看与其接收的受体组合。

科学家经过仔细研究人类嗅觉基因后发现,它们大半已经化石化,无法产生任何有功能的受体。人类和其他哺乳类最明显的差异,是一组由 Vir 基因所构成的嗅觉受体,老鼠大约有 160 个正常的 Vir 受体,而在人类基因组的 200 多个 Vir 基因中,只剩下 4 个是有用的,这反映了我们人类的嗅觉受体功能已经"没戏唱啦"。

为什么会是这样? 科学家在哺乳动物的视觉系统进化中找到了答案。他们在把许多其他哺乳类、灵长类的 DNA 作比较后发现,化石嗅觉受体基因的比例和完整辨色力的进化之间呈现显著的相互关联,在缺乏正常视力的老鼠、狐猴和新大陆猴身上,大约有 18% 的嗅觉受体基因是化石化的;在疣猴身上,这个数量是 29%;在猩猩(婆罗洲猩猩)、黑猩猩和大猩猩身上升高到 33%;至于人类,竟高达 50%。化石嗅觉受体基因所占的比例在所有具有完整辨色力的物种中明显提高了许多,还提示我们三元辨色力(让一些灵长类用来觅食、求偶、感知危险的能力)的进化降低了物种对嗅觉的依赖度。在具有三个辨色力的物种身上,自然选择概括了对嗅觉受体基因的管理,因此,这部分基因序列渐渐丧失。相反,在极度依赖嗅觉的物种身上(如狗、老鼠),这部分基因的完整程度就高多了。

所谓三元辨色力的视觉,就是说物种的视觉可以看到由红、绿、蓝三原色所构成的颜色光谱。大部分哺乳类只有二元辨色力——它们看得到蓝色和黄色,但是无法分出红色和绿色。三元辨色力的重要性在于:嫩叶既营养又柔软,较容易消化。在热带地区,有一大半植物的嫩叶是红色的,其他觅食者看不到这种颜色,富有营养的嫩叶就让灵长类独享了。

2. 人类祖先与近亲黑猩猩分离

从分子层面研究人类进化始于 20 世纪 60 年代。1967 年,加州大学的威尔逊(Edward O. Wilson, 1929—)与同事利用蛋白质来分析人类与猿类在进化上分离的时间,他们认为人与猿大约在 500 万年前就分道扬镳了,这与当时古人类学家向来认为人类与猿类早在 2500 万年前就已分离的认识大相径庭,因而不被重视。

1975 年,威尔逊与他的研究生金(Mary-Claive King)研究推断出人类和黑猩猩的 DNA 序列的差异程度值仅为 1%。事实上,人类与黑猩猩的相同程度,比黑猩猩与大猩猩的相同程度还高。黑猩猩和大猩猩的差异程度大约是 3%。

接着,1982 年,威尔逊与卡恩(Rebecca Cann)利用线粒体 DNA 建立了当今整个人类的祖谱。其中有两个主要分支,一支包含非洲的不同族群,另一支则包含部分非洲族群和所有非洲以外的族群,这表示现代人起源于非洲,也就是我们所有现代人的共同祖先生活在非洲,而且,这个共同祖先生活在约 15 万年前。

人类基因组测序完成后的研究,进一步证实了威尔逊之前的推断和认识基本正确,并且取得了更新的证据。例如,科学家通过对人类与黑猩猩 DNA 的比较,使人类在进化谱系树上的地位进一步得到确定,人类与黑猩猩的基因组有 96% 是相同的。这种现象的进一步例证是对人类与黑猩猩的染色体的结构考察,染色体是 DNA 基因组的可见结构,在光学显微镜下观察分裂时的细胞就可以看见,每一条染色体上有成百上千个基因,人类有 23 对染色体,而黑猩猩有 24 对,染色体数目的这一差别是由于在进化过程中,人类的 2 号染色体由黑猩猩两条中等大小的染色体头对头地融合而成(图 1-6)。

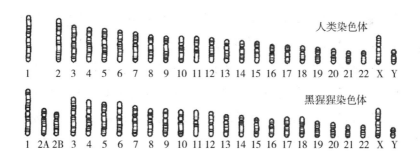

图 1-6 人和黑猩猩的染色体

人和黑猩猩的染色体(或"核型")在大小和数目上明显相似,但有一个显著的例外,人的 2 号染色体似乎是由黑猩猩两条中等大小的染色体(在此标为 2A 和 2B)头对头地融合而成。

进一步观察人类 2 号染色体,会发现其长臂位置序列确实与众不同,不涉及技术细节,该特殊序列出现在所有灵长类染色体的顶端,在人类中这种序列通常不出现于其他地方,但恰好就位于进化所预计的地方,即已融合的2号染色体的中间。当人类从猿进化而来时,所发生的染色体融合,正是在此处的DNA上留下了印迹,如果不假定有共同祖先的话,就很难解释这种现象了。

人类与黑猩猩源于共同祖先的另一个证据来自对转录基因的研究,当对黑猩猩和人类的DNA进行比较时,发现其中有个别基因显示出在一个物种中有功能,但在另一个物种中却丧失了功能,因为后者发生了一个或几个有害突变。例如,人类的Caspase12基因,上面就有几个会导致人体功能不正常的突变。而在黑猩猩的相应位置也发现有这一基因,黑猩猩的Caspase12基因功能正常,在几乎所有其他哺乳动物,包括小白鼠身上,它的功能都正常。

3. 脑为什么会变大

很多年前,人们已经熟知脑的大小受基因的影响非常大。近年来,先进的脑部扫描仪器不仅大大提高了脑部测量结果的精确度,还可以使科学家分开测量主要由神经元的轴突构成的部分(称为白质)和包含绝大部分神经元胞体与树突的部分(称为灰质)。非常明显的是,不论是分开还是一起成长的同卵双胞胎的灰质容积有95%是相似的,而异卵双胞胎与普通亲生姐妹一样,灰质容积只有大约5%相似。

这个震撼性的发现引出了一个显而易见的问题:我们能否识别出特征性的基因? 它在脑发育过程中可以控制前体细胞分化,继而影响脑的大小。近几年已经搜索到了一小群备选基因,这些基因的功能是在研究罕见的不可治愈的家族小头畸形之时被发现的。小头畸形是一种严重的遗传性疾病。它能导致患者的大脑体积只有正常人的30%,确切地说,成年小头畸形患者的脑的大小很接近黑猩猩的脑,也就是和我们250万年前的祖先南方古猿的脑差不多大。

对小头畸形的研究发现了若干与此病有关的基因变异的可能性。目前,了解最多的是其中一个基因ASPM。ASPM基因表达的蛋白质参与了细胞分裂,特别地,它有助于细胞生成有丝分裂纺锤体,后者对于新产生的子细胞得到相应正常的染色体组是非常关键的,此蛋白质的一个重要部位可以和信号分子钙调蛋白相结合。线虫的 ASPM 基因中钙调蛋白结合域的编码序列有 2 个拷贝,果蝇有 24 个拷贝,而人类则有 74 个拷贝。

此外,通过对人、黑猩猩、大猩猩、猩猩和猴子、恒河猴 ASPM 基因的点对点比较分析,科学家发现 ASPM 基因,特别是钙调蛋白结合域的进化,在类人猿时期得到了特异性的加速,ASPM 基因的最大差异程度是在从南方古猿进化到直立人的过程中发现的。因此,ASPM 基因和一些类似的基因可能在人脑体积膨胀的进化过程中扮演了重要角色。

/ 第二章 /

地球早中期环境与单细胞生物演化

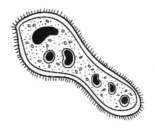

地球早中期指地球诞生后(约46亿年前)到寒武纪前(5.41亿年前)这段大约持续了40亿年的时期,在地质史上称前寒武纪。如表2-1所示,这段时期包括冥古代(46亿年前—38亿年前)、太古代(38亿年前—25亿年前)、元古代(25亿年前—5.41亿年前)。由于地球早中期时代久远,其环境变迁和生物演化的信息获取困难,加上后期海陆变迁对前期环境的破坏与改造,更增加了信息获取和认识上的困难,因而,对这个时期地球环境的变迁和生物演化只能作大概的叙述。

表2-1 地质时间表(一)

地球早中期(前寒武纪)

冥古代(46亿年前—38亿年前)	太古代(38亿年前—25亿年前)	元古代(25亿年前—5.41亿年前)

46亿年前　　　38亿年前　　　　　25亿年前　　　　　5.41亿年前
地球诞生　　　生命起源
　　　　　　　　　　原核生物　　　　　　　　真核生物

一、地球早期重大事件

1957年,苏联发射了第一颗人造地球卫星,标志着人类太空时代的到来。1958年,美国发射了第一个月球探测器,标志着行星科学进入了太阳系探测的新时代。截至2014年,世界各国已实施了200多次月球和行星探测活动和6次载人登月观察。

行星科学的发展使人们对我们生存的这颗星球的特征有了新的认识,与太阳系其他行星相比,地球是一颗复杂的行星,可称作是"最完备的行星"。因为它具有在太阳系其他行星上发现的所有个别特征:陨石撞击坑、火山(如金星、月球、火星)、磁场(如水星、土星、天王星、海王星等)、卫星和大气。而其他行星只具有某一或某几个上述特征,因此与地球相比,较为简单,更不要说地球还有能够庇护生命的液态水等其他特征。所以说,地球的这种完备性在太阳系所有行星中是最独特的。

地球是一个复杂的系统,所有因素的相互作用使我们对地球的认识更加困难。随着行星科学的深空探测技术、放射性测年技术、同位素测量技术和古地磁研究的发展，科学家对地球早期演化中的重大问题的探索有了新的突破，取得了比较深入的认识，本节内容就对其作简单的勾勒。

1. 月球起源于大碰撞

人们为什么对月球起源十分关注，因为对月球起源与演化的研究将为人类认识的最基本的科学问题，如太阳系的起源、地球与行星的起源、生命的起源等提供重要的科学依据。行星科学家要研究太阳系形成时期残留下来的固体，如小行星或彗星碎片、星际尘埃等，当然也包括行星及其卫星。其中，月球是研究地球和整个太阳系早期历史最精确的工具之一，因为它不(或很少)存在地球上的侵蚀和板块运动现象，而这些过程都会抹去行星早期环境的痕迹。当然，与月球类似，火星也可以为研究地球早期环境提供参照。

20世纪70年代，科学家提出，45亿年前，即地球形成后不久，有一颗与火星大小相当的行星猛烈撞击了地球，而月球正是由这次大碰撞产生的碎片形成的。为了找到这种理论的证据，几十年来，科学家深入研究了月球的方方面面，包括月岩化学、土壤样品分析，月面陨石坑探测，尤其是对月球陨石和地球上的几种主要元素进行了同位素分析，如大撞击导致岩石在气化过程中，锌的同位素和氧的同位素氧-16、氧-17、氧-18的丰度，即同位素比率；同时还对钨的同位素钨-122等进行了分析。同位素被誉为地质学的DNA指纹，其比率指示了地球或行星物质的基因。以上同位素都可作为月球是由行星对撞产生的证据，地球和月球物质的DNA指纹证据支持月球起源于大撞击的理论。

根据大撞击形成月球的理论还可得出一些重要推论，即月球、地球，以及其他行星在太阳星云中几乎同时由碎石尘埃聚集形成，并很快在大约1亿~2亿年的时间里熔蚀、分离、调整；最初，地球和月球的距离可能不到2.5万千米，随后迅速增大到现在的38万多千米。目前，地球和月球的距离仍在以每年3~4厘米的速度缓慢增加；在这次撞击后，地球开始自转，而且它的自转轴倾斜了，在天体演化和月球潮汐力的作用下，形成了现在的季节循环和每天的昼夜交替;地球潮汐是由月球和太阳对海水的引力造成的,这种潮汐力是巨大的,会诱发地壳较薄的地方每天发生两次幅度约为 60 米的波动;当太阳、地球、月球以地球为中心成一条直线时,太阳与月球的潮汐力会互相增强,这种满月和新月时的潮汐增强比平时要高出20%,会引起强风暴;强烈的引力作用扭曲了地球和月球的形状,最终月球只有一面朝向地球;潮汐耦合也使地球的自转变得稳定,保护地球免受气候剧烈变化之灾,否则,地球生命的演化会变得更为艰难。

2. 太阳系晚期重大撞击事件

太阳系形成早期,由于体积较大的行星(如木星、土星)在慢慢迁移到现在轨道的过程中,引力作用改变和拉伸了残留在太阳系的天体碎块的轨道,这些碎块不断撞击水星、金星、地球、月球和火星等近日的类地星球,带来了水、冰和其他冻结的挥发物。

由于小行星的撞击,火星表面布满了 30 多万个大大小小的陨石坑,使其看上去像"麻子"一样;月球表面更是覆盖着上百万个陨石坑。然而由于风和雨的持续侵蚀作用,地球表面的陨石坑却几乎被岁月隐藏得不见痕迹。根据加拿大地球撞击数据库的资料,如今地球表面记录在案的陨石坑只有大约 170 个,而这其中得到严格科学证实的仅有 128 个。

月球较好地记录了内太阳系中早期撞击的历史,对月球土壤样本的放射性元素衰变的测定结果表明,40 亿年前撞击事件已逐渐减少。但是月球上的月海盆地却更为年轻,它是由于大型撞击而形成的,年龄大约在38 ~ 39 亿年。这表明该时期大型撞击事件又突然增多了。同一时期,火星的南半球也经历过大型撞击事件。这个大变化时期被称为太阳系晚期重大撞击事件。对于地球上陨石坑年龄的研究尚未见到明确结果,但2002 年,在格陵兰岛和加拿大早期太古代沉积物中发现了钨同位素异常,暗示在这些岩石中存在着地外物质的成分,它们可能是太阳系晚期大撞击事件在地球上留下的痕迹。

太阳系晚期大撞击事件持续了 1 亿 ~ 2 亿年,在此期间,各种尺度的撞击平均每 100 年就会造成一个直径大于 20 千米的撞击坑,有些甚至达到 5000 千米,面积几乎和南美洲相当。这种大撞击事件对地球造成了什么影响,我们至今尚不清楚。虽然人们对生命起源的时间和环境因素充满争议,但可以确定的是,地球上很早就有了生命,人们普遍认可的最早的生命,其化石的年龄高达20亿年,而35亿年前地球上就已经有了生命迹象的这种论断,愈发被人们接受。这就把生命起源的时间推进到太阳系晚期重大撞击事件的末期。更为有趣的是,占地球生物量20%的古细菌却存在于地球的高温、高压、高寒,以及酸性较强的极端环境中,它们生存的地方被称为"生命的禁区",而它们在地球上存在的时间点可追溯到35亿年前。

3.地球磁场

地球内部圈层由外向内分为地壳、地幔(还可分为外地幔、内地幔)、外核和内核。其中内核由固态的铁组成,外核是黏滞性很低的导电液态铁。地球这种圈层结构是在地球形成之初,组成物质因质量不同而逐渐分异产生的,较重的铁、镁质形成地核,较轻的硅、铝质形成地幔。同时,地球因形成之初的大撞击而产生的自转速度在天体引力作用下不断减慢,而重力分异造成地球各圈层成分的不同,内核重物质在下沉中加快了自转速度,形成了不同圈层旋转角速度的差异。内核和地幔的差异旋转使外核的自由电子相对内核自转减速,相对地幔自转加速,产生了强大的环形电流,从而形成了地磁场(图2-1)。

近年来,科学家对澳大利亚西部杰克山有40亿年历史的锆石晶体进行了研究,他们利用高分辨率磁强计测量了困在25块锆石中的含铁矿物的微弱磁信号,这些信号显示了晶体形成时地球磁场的强度和方向,从而确定了地球磁场形成于40亿年前。

行星科学研究发现,行星熔化是一个十分有趣的现象。目前的理论认为,内太阳系的三颗行星——金星、地球、火星在形成之初应当具有类似的原始大气,但是人们今天看到的则是完全不同的景象:金星和火星上至今都没有发现任何液态水的存在,大气中的氧气含量低到可以忽略;地球上已探明的生命形式均无法在这样的环境中生存;金星和火星都没有巨大的偶极磁场,指南针无法使用,所有依靠地磁场导航的候鸟和人造飞行器在此环境里都会迷路。究竟是什么因素让地球成了一个湿润的天堂,而让金

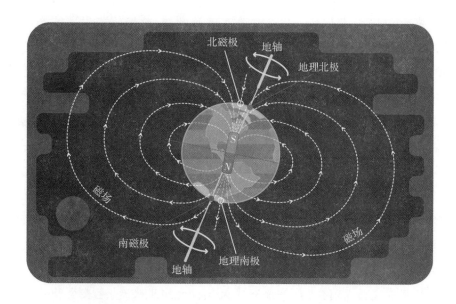

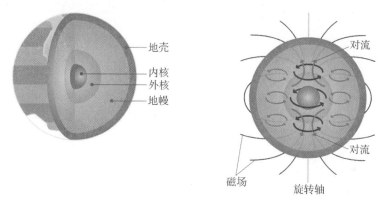

图2-1 地球磁场(上)、地球内部结构(左下)及地幔对流(右下)

星和火星变成了干旱的荒漠呢? 科学家很早就推测是地球磁场造成了这种巨大的差异。太阳每时每刻都在向四面八方喷出携带着磁场的等离子体,这种叫作"太阳风"的高速等离子体携带着巨大的能量,冲击着行星的大气。而地球的磁场却像一个巨大的气泡,把地球包裹在其中,避免了太阳风直接冲击到地球的大气层,成为生命的屏障。

科学家通过对不同年代生成的地层岩石的剩余磁性的测定,可以判断出当时地球磁场的强度和方向。地磁研究告诉人们地球磁场的强度与方向在地质历史上是变化的,在过去的1.6亿年里,地球的北磁极和南磁极平均每50万年就要倒转一次。在更久远的时期,数据的可靠性随着年代的久远而降低。最近的几万年里,磁场反转的过程有所加快,在最近的200万年中,有5次容易识别的反转过程;在最近的400年中,磁场强度一直不断地降低。

研究发现,地磁反转并无规律,但对气温变化和生物演化的影响极大。根据磁性沉积物的记录,最近一次地磁倒转发生在78万年前,在过去的1.6亿年里,地球磁场倒转发生得非常没有规律。长期数据显示,历史上稳定的地球磁场最长大概保持了4000万年之久(在白垩纪时期),而最短的只保持了几百年。作为"地球之盾",地球磁场本身异常是引起气候、地质等变化的重要因素。地球磁场强弱等变化是极端气候屡屡发生的重要影响因素之一。地球磁场保护地球大气和地表生物不受太阳风的冲击,地球磁场强度减弱或消失,会导致地球大气被太阳风吹走,地表生物将重演历史上出现过的大灭绝。

二、地表形成与地壳运动

1. 地表形成及其运动

地球从46亿年前形成后,经历了太阳系原始物质(陨石、彗星、尘埃等)的吸引、撞击,并与之融合。在引力和重力的作用下,又发生了分异和分层。在经历了诞生之初的大撞击和太阳系晚期的重大撞击事件后,形成了自己的卫星——月球,并逐渐稳定下来,为生命的起源与演化创造了条件。

35.5亿年前—8亿年前的近30亿年,是地球生命起源和早期演化时期,即单细胞生物(包括原核生物与真核生物)时期。这一时期就是地质学所说的太古代和元古代,其时长超过地球历史的3/5。人们对这个时期的地质环境知之甚少。目前,只能根据板块构造理论(将在第三章介绍),把这一时期的一些重大事件和当时的地质环境的基本轮廓勾画出来。

基于对板块构造动力学和机制的研究,我们知道在地球历史的早期,

地壳很薄,直到32亿年前,地壳的体积还不到现在地壳的15%。从32亿
年前开始,地壳体积迅速增长,到26亿年前时,其体积已达现在地壳的
60%,之后增速渐缓(图2-2)。在地壳形成初期,一直保持着稳定状态。
30亿年前,地壳几乎完全处于静止状态。因此,到底是什么力量引发了地
壳运动一直是地质学希望解开的谜题。研究认为,板块运动是早期大陆的
出现造成的。其实,地核的高温导致地幔形成一种热对流运动,而它又带
动地壳板块进行微水平运动,地幔的热对流就好像是个传送带,它做垂直
运动,使地壳与地幔物质进行交流,带动地壳板块的水平运动,这种机制已
经被地幔柱和板块之间的倾覆断层所证实。

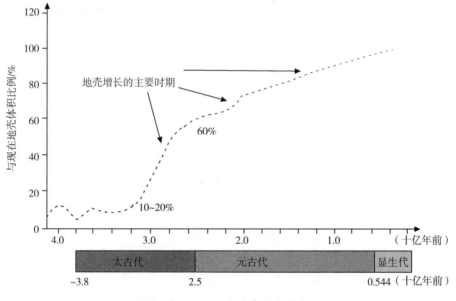

图2-2 不同时期地壳体积的变化

实际上,在灼热的地球内部不断有新的物质沿着海底山脉生成,随着
新的岩浆涌出地球,原来冷却变硬的岩浆被推向大洋边沿,新的地表就这
样不断生成。同时,在大洋边缘也发生着一个逆向过程,在不断从海底山
脉涌出的岩浆推动下,老的地壳在海沟带重新陷入地幔,随即消失。这就
是地壳不断再生的机制。

板块构造学说源于岩石密度和温度之间的关系。海底山脉的岩石
异常灼热且密度较低,这就有利于岩浆的涌动,但是在源源不断的岩浆
推动下,原来的岩浆逐渐远离海底山脉,同时变冷变硬,其密度也在不断

增加,直到高于下方的地幔,随即熔到地幔当中,于是这趟"旅程"也就结束了。

　　从30亿年前启动的这个机制从未间断,一直运动到现在。但在地球形成的初期,这个机制并不存在,原因是当时地球内部比现在更加灼热,火山活动更加剧烈,而地壳无法逐渐冷却,密度也无法逐渐升高,地壳的体积也很小,因此不能在生成的同时陷入地幔,也无法使板块发生运动。因此,促进板块运动的"发动机"并不存在,所以早期大陆是从几乎静止的板块当中出现的。经过模拟实验显示,早期的大陆可以对邻近的板块施加强大的压力。由于漂浮在岩浆上,早期的大陆发生水平扩张,同时带动板块下沉。早期大陆的扩张可以产生周期性的板块运动,直到地球内部温度逐渐下降,地壳和地幔密度增加且运动速度放缓,进而促使板块运动变成一个自我持续的过程。从这一刻开始,板块运动就再也没有停歇,地球的面貌也因此不断发生变化。

2.板块构造学说

　　板块构造学说是迄今为止人类关于地壳构造运动和海陆变迁最全面、最系统、最科学的现代地球科学理论。它是几代科学家和科技工作者经历了半个多世纪的艰苦努力,运用许多相关学科的理论和方法,对地球演化和地壳构造运动进行综合观察、分析、研究得出的重大理论成果,被认为是与进化论、量子论、相对论等有同等地位的现代科学理论。

　　板块构造理论的发展大体经历了三个阶段:

　　(1)大陆漂移学说的诞生

　　1915年,德国的气象学家、地球物理学家魏格纳(Alfred Lothar Wegener,1880—1930)的不朽著作《大陆与大洋的起源》出版,标志着大陆漂移学说的诞生。

　　1910年,魏格纳在观察世界地图时,偶然发现了大西洋两岸的大陆轮廓竟可以完美地拼合,即欧洲、非洲的西海岸与北美洲、南美洲的东海岸,其轮廓非常契合,一边大陆的突出部分正好能和另一边大陆的凹进部分拼合起来。于是,他萌生了一个想法:非洲大陆和南美洲大陆曾经是连在一起的,后来发生了分裂和漂移,形成如今被大西洋分隔的状态。于是,他开始收集位于大西洋两岸非洲和美洲的地层和古生物化石资料,来论证自己关于大陆漂移的假想。

他先分析了大西洋两岸的山系与地层,结果令人振奋,北美洲纽芬兰一带的褶皱山系与欧洲北部斯堪的纳维亚半岛的褶皱山系遥相呼应,暗示北美洲与欧洲以前曾经亲密接触;美国阿巴拉契亚山的褶皱带,其东北端没入大西洋,延伸至对岸,又在英国西部和中欧一带出现;非洲西部早于20亿年前的古老岩石分布区与巴西的古老岩石分布区相对应,二者的构造也彼此吻合;与非洲南端的开普勒山脉的地层相对应的,是南美洲阿根廷首都布宜诺斯艾利斯附近的山脉中的岩石等。除了大西洋两岸的证据,魏格纳还发现了非洲和印度、澳大利亚之间也有地层构造上的联系,而且这种联系大都限于2.5亿年以前的古生代地层构造。魏格纳随后又考察了大西洋两岸的化石和古代冰川的分布,其结果都支持大陆漂移的设想。

在大量证据和深入研究的基础上,1912年1月6日,魏格纳在法兰克福地质学会首次发表了大陆漂移学说,4天后,又在马堡召开的自然科学促进会上重申了他的学说,并于1915年出版了他不朽的著作《大陆与大洋的起源》。在这部著作中,魏格纳提出:在中生代以前,地球表面存在一个连成一体的泛古陆,由较轻的硅铝质岩,如花岗岩等组成,它像冰山一样漂浮在较重的硅镁质的岩石,如玄武岩之上,周围是辽阔的海洋。后来或是在天体引力和地球自转离心力的作用下,大陆发生了分裂、漂移和重组,大陆之间被海洋分隔,才形成了今天的海陆格局。

大陆漂移学说使人类对地球的探索向前迈出了关键的一步。在《大陆与大洋的起源》中,魏格纳综合利用地质学、地球物理、大地测量、古生物学和古气候学等方面的证据来论证大陆漂移学说。因而大陆漂移学说发表后,即引起了当时科学界的极大震动。不少地质学家对其提出质疑,主要原因是受当时科学发展水平限制,若该假说成立,整个地质科学的理论就要被改写,因此,必须有经得起充分检验的证据使人信服。最主要的还是,大陆漂移的动力机制在当时尚未得到合理的解释和证实。魏格纳认为可能是由于天体引力和地球自转的作用,使得漂浮在硅镁质大洋基底岩石上的硅铝质大陆发生了漂移。但根据当时物理学家的计算,依靠这些动力根本不可能推动广袤沉重的古大陆。

魏格纳在反对声中继续为他的理论搜集证据。可惜 1930 年 11 月,他在第三次赴格陵兰岛进行科学考察时,在 -60℃ 的极端严寒环境中不幸遇难,年仅 50 岁。

(2)海底扩张学说的形成

美国地质学家 H. H. 赫斯(H. H. Hess,1906—1969)于 1960 年首先提出海底扩张论,随后,R. S. 迪茨(Robert Sinclair Dietz,1914—1995)于 1961 年也用海底扩张作用讨论了大陆和洋盆的演化,他们被公认为海底扩张学说的创立者。

赫斯在耶鲁大学获博士学位后,在普林斯顿大学任教,第二次世界大战期间,曾参军任海军舰长。他利用在太平洋巡航的机会,用声呐对洋底进行探测,获得了大量洋底地貌数据。二战后,他回到普林斯顿大学继续执教和研究。在整理分析洋底数据时,他发现在大洋底部有连续隆起像火山一样但顶部平坦的山体。他还发现同样的海底平顶山离大洋中脊近的,地质年代较为年轻,山顶距海面较近;而离大洋中脊远的,地质年代较老,山顶离海面也较远。他对这种现象甚为困惑。赫斯综合分析了当时最新的海洋地质研究成果,如大洋中脊体系、海底沉积物带、海底热流异常、地幔对流等,并对此现象加以深入研究。1960 年,他在普林斯顿大学非正式刊物上发表文章,提出海底扩张学说,明确指出地幔内存在热对流,大洋中脊正是热对流上升使海底裂开之处,熔融的岩浆从这里喷出,遇水冷却凝固,并将古老洋壳不断向外推移,造成海底扩张。在扩张过程中,当其边缘遇到大陆地壳时受到阻碍,于是海洋地壳向大陆地壳下俯冲重新插入地幔,最后被地幔熔融吸收,达到消长平衡,从而使海洋地壳在 2 亿~3 亿年间更换一次。1962 年,他正式发表论文《海洋盆地历史》,充实和完善了海底扩张学说。

迪茨是美国海洋地球物理学家,曾参加过美国海军的海洋探测和海洋地磁填图工作,他在菲律宾以东的马利亚纳海沟也发现了类似的现象。1961 年,他在《自然》杂志上发表文章,也独立提出了海底扩张的观点。

1963 年,英国剑桥大学的研究生瓦因(F. J. Vine,1939—   )和他的导师,海洋地质学和地球物理学家马修斯(D. H. Matthews,1931—1997),通过海底磁异常条带、周期性侧转现象对印度洋卡尔斯伯格中脊和北大西洋中脊的洋底磁异常特征进行分析,发现磁异常条带记录了洋底扩张的过程,有力地佐证了海底扩张理论。随着海洋地质学的发展,当人们对从洋底钻取的岩芯进行同位素测年时发现,大陆地壳与海洋地壳的年龄有明显差异。大陆地壳除沉积岩外,主要由花岗岩类物质组成,岩石年龄都在30亿年以上,并已发现有37亿年以前的岩石,平均厚度为35千米,最厚处超过70千米。大洋地壳主要由玄武岩组成,都很年轻,一般不超过2亿年,平均厚度为5~6千米,而且离大洋中脊越近,年代越新,并在大洋中脊两侧大体呈对称分布。大西洋的扩张情况与太平洋有所不同,大西洋在洋中脊处扩张,两侧与相邻的陆地一起向外漂移,不断变宽。而太平洋在东部洋脊处扩张,在西部的海沟处潜没,因为潜没的速度比扩张的快,所以逐步缩小。

海底扩张说可以很好地解释大陆漂移说的动力机制,因而使大陆漂移说重新兴起,主体地壳存在大规模漂移运动的观点取得了胜利,也为板块构造学说的建立奠定了基础。

(3)板块构造学说的建立

1965年,加拿大地球物理学家威尔逊(John Tuzo Wilson,1908—1993)提出了大洋盆地从生成到消亡的演化循环,并建立了转换断层的概念,即威尔逊旋回,并最早使用"板块"一词。

1967年—1968年,美国的摩根(William Jason Morgan,1935—)、英国的丹·麦肯齐(Dan McKenzie,1942—)和帕克(R. L. Parker),以及法国的勒·皮雄(Xavier Le Pichon, 1937—)四位地球物理学家连续发表数篇论文,在大陆漂移学说和海底扩张学说的基础上,又根据大量的海洋地质、地球物理、海底地貌等资料的综合分析,提出了板块构造学说。

这个学说认为地球的岩石圈不是一块整体,而是被地表的生长边缘与大洋中脊和转换断层、地壳的消亡边界、海沟,以及造山带、地缝合线等构造带分割成许多构造单元,这些构造单元就是板块。勒·皮雄将全球划分为六大板块,即:太平洋板块、欧亚板块、非洲板块、美洲板块、印度板块(包括澳大利亚)和南极洲板块。其中,太平洋板块几乎全是海洋,其余五大板块都包括大陆和大面积海洋,大板块可以划分为若干次一级的小板块,如美洲板块可分为南、北美洲两个次板块,菲律宾、阿拉伯半岛、土耳其等也可以作为独立的小板块。一般来说,板块内部的地壳比较稳定,板块与板块的交界处是地壳运动比较活跃和不稳定的地带,往往是地震高发区,地球表面的基本面貌是由板块相对移动引发的彼此碰撞、挤压和断裂而形成的(图2-3)。

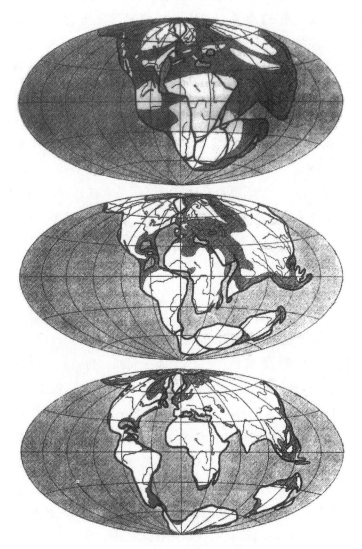

图2-3 板块漂移示意图

最上面的那幅图是魏格纳绘出的大陆漂移前超级大陆的地图,下面的两幅图表明了它逐渐分离并漂移的情形。

据地质学家估计,大板块每年可以移动1~6厘米,速度虽然很慢,但经过亿万年后,地球的海陆面貌就会发生巨大的变化。当两个板块逐渐分离时,在分离处即会出现新的凹陷。地幔物质的对流上升也在大陆深处进行着,在上升流涌出的地方,岩石圈发生裂解,形成裂谷和海洋,东非大裂谷和大西洋就是这样形成的。当大洋板块和大陆板块相互碰撞时,大洋板块因密度大、位置较低,便俯冲到大陆板块之下,插入到地幔之中;在俯冲地带,由于拖曳作用形成深海沟;大洋板块被挤压弯曲超过一定限度就会发生断裂,引发地震;而大洋板块被挤到700千米以下时,会被处于高温熔融状态的地幔物质所熔化吸收;大陆板块受挤上拱,隆起形成海岸山脉,上地幔中的大量熔融物质,又会以中酸性岩浆的形式上涌而形成火山岛弧(图2-4)。太平洋西部的深海沟和岛弧链,就是太平洋板块与亚欧板块相撞形成的,太平洋周围分布的弧形岛屿、海沟、大陆边缘山脉和火山、地震也是这样形成的。

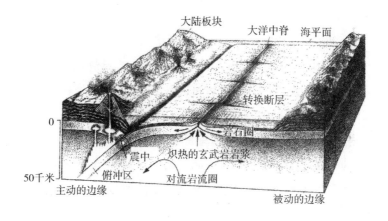

图2-4 板块构造

海洋和陆地的一个简单横切面,其中标出了热流传送的向上分支,新板块的形成使大洋中脊扩张,海洋板块在俯冲区消失了,图中还有弧形岛屿和岩浆的发源地。

为了进一步检验板块构造学说,揭示地球构造运动的真实面目,科学家从20世纪60年代后期开始,先后三次实施大规模海洋钻探科学工程项目,取得了丰硕成果:

第一次,深海钻探计划(DSDP),1968年—1983年,共15年。

1968年,在美国科学基金会协助下,斯克里普斯海洋研究所等5个单位联合实施"深海钻探计划",采用配备有先进设备的专用钻探船,重点开展海洋地壳的组成、结构和演化方面的研究工作,他们先用了5年时间完成了前三期钻探计划,取得丰硕成果。后来,苏联、西德、法、英、日等国相继加入,DSDP遂成为国际性的大型研究计划。至1983年11月结束时,在这15年时间里,共完成了96航次,总航程超过60万千米,钻探站位624个,实际钻孔逾千口,回收岩芯9.5万多米,获得了大量勘探成果和证据,验证了海底扩张学说和板块构造学说的基本论点,对现代地质理论的实践做出了重大贡献。

第二次,国际大洋钻探计划(ODP),1985年—2003年,共18年。

1982年,当DSDP进行到最后阶段时,科学家认为有必要将大洋钻探及相关研究继续下去。于是美国科学基金会和其他18个参加国共同出资,从1985年1月开始,实施了国际大洋钻探计划(ODP)。该计划采用了具有先进的动力定位系统、重返钻孔技术和升降补偿系统的可在暴风巨浪条件下进行作业的专用钻探船。

中国于1998年4月加入ODP。计划所用钻探船于1999年2月到达中国南海进行ODP第184次作业,历时2个月,在南海六个深水钻位钻孔17口,取芯5500米,圆满完成了由中国科学家担任首席科学家的中国海洋第一次大洋钻探项目,取得了数十万个古生物学、沉积学、地球化学等领域的高质量数据,如取得了自南海海底张裂以来近3200万年的连续深海沉积记录,为研究东亚和西太平洋地区的古环境演变历史提供了最佳剖面;同时也为揭示青藏高原隆升、亚洲季风变迁的历史,了解中国宏观环境变化提供了依据。

第三次,综合大洋钻探计划(IODP),2003年至今,是迄今为止历时最长、成效最大的国际科学合作计划。

ODP于2003年结束,并随即开启了综合大洋钻探计划(IODP),该计划的规模更大,钻探和研究的范围更广,它将为深海资源勘探开发、环境预测和防震减灾等实际目标服务。在揭示地震机理、探明海洋深部生物圈和天然气水合物(可燃冰)、理解极端气候和气候变化等方面发挥作用。其研究领域从地球科学到生命科学,手段也从钻探扩大到了海底探险、建立观测网和井下试验,从而构筑起新生代国际地球系统科学合作研究的平台。

3.地壳板块运动

板块构造理论的发展和对大陆的观测表明,目前地球上各大板块的运动会互相影响,导致大陆漂移,形成新的海洋地幔,并引起火山爆发。因为地球是球形的,板块的漂移是转动的,每年平均移动 1~6 厘米,这样的速度,1000 多万年或更长的时间就可以移动 100~600 千米或更远。印度板块最特殊,它曾以每年 15 厘米,每百年 15 米的惊人速度向欧亚大陆板块靠拢,在过去的 3000 万年时间里移动了约 4500 千米。至今,印度板块仍然以每年 5 厘米的速度推撞着喜马拉雅山脉。

已有资料表明,地球演化历史上,至少存在过三次超级大陆的聚合与分离。分别是元古代晚期(约 18 亿年前)的努纳超大陆(Nuna,也称哥伦比亚超大陆)、新元古代的罗迪尼亚超大陆(Rodinia)和古生代晚期(约 3 亿年前)的潘基亚超大陆(Pangea)。由于时间久远,且经过后期长时间的改造,专家指出努纳超大陆的重建过程困难重重,不确定性最大。罗迪尼亚超大陆所处的时代是地质历史上一段极端重要的时期,即 10 亿年前至 5.2 亿年前,这是已知地球经历过的最极端的气候波动时期,即从"雪球地球"的极端寒冷环境走向超热的温室环境。这一时期的后期,地球大气和海洋获得大量氧气,多细胞生命出现,生物多样性呈爆发式增长。因而,科学家对这次超大陆的聚散十分重视,有专家绘制出这个时期的全球板块构造图,为科学家开始这个时期的深入研究打下基础。潘基亚超大陆是最近一次超大陆,其聚合与分离,无论是对地球气候系统,还是对生物演化都产生了巨大影响,我们人类就是在这种影响下演化出来的,这在以后的章节里会详细叙述。

令人自豪的是,在对地质历史上第一次超大陆的发现与研究中,中国科学家赵国春独立发现了这次超大陆过程的存在,将其命名为"Hudson 超大陆",并于 1999 年 10 月将论文寄给国际著名学术刊物 *Earth-science Reviews*。赵国春于 2000 年第 15 届澳大利亚地质学会年会上首次就他的论文作了报告。可是,由于种种原因,该论文于 2002 年 1 月才得以发表,同一年稍早已有学者提出了与之类似的元古代中期超大陆,并将其命名为

"哥伦比亚超大陆"。为了不引起学术界的歧义和混乱,赵国春放弃了"Hudson"这一名字,转而采用"哥伦比亚超大陆"来称呼他发现的超大陆。罗根(J. W. Rogen)在著作中写道"赵国春及其合作者本可以使用不同名字称呼该超大陆,但为了避免文献上的混乱,他们颇有风度地决定采用'哥伦比亚超大陆',并给予不同的年龄和重建模式",充分肯定了赵国春是该超大陆的发现者之一。现在,哥伦比亚超大陆的存在已被更多地质学家和古地磁资料所证实,并成为国际地质界的一个研究热点。赵国春在 Earth: science Reviews 上发表的两篇论文已成为关于该超大陆研究的经典文献。

赵国春因该重大原创性研究成果先后荣获国家自然科学二等奖、第29届 Khwarizmi 国际奖一等奖和2018年世界科学院 TWAS 奖(发展中国家科学院地球科学奖)。

4. 大氧化事件

氧气作为地球气候一个重要的指标性气体,不但对地球气候变化产生重要影响,而且对生物演化,尤其是动物演化起到了决定性作用。因而,对大气中氧气含量,即氧气浓度与氧同位素比值的研究倍受地质学家、生物化学家、地球化学家和演化生物学家的重视。

以往,科学界通常认为地球大气氧浓度演化可分为四个阶段:第一阶段是从约46亿年前地球形成时到24亿年前,大气主要为无氧状态;第二阶段是24亿年前开始的"大氧化事件"时期,可能持续了2亿年,大气氧浓度激增至现代数值的1%;第三阶段是"大氧化停歇"到寒武纪生命大爆发时期,时间为大约21亿年前—6亿年前,大气氧浓度降低,维持在现代数值0.1%左右的状态;第四阶段是从寒武纪生命大爆发至今,大气氧浓度上升至现代数值并维持至今。

在地球历史中大约1/2的时间里,大气中几乎没有氧气,处于无氧状态。到大约27亿年前时,地球上进化出一种微生物蓝藻,也叫蓝藻古菌。这种微生物开始利用太阳光,把空气中的二氧化碳和水制成糖,正如今天的绿色植物一样。其实,蓝藻就是绿色植物的远古祖先,它们把氧气作为废料排出,从而使大气中的氧气含量激增,这一氧气含量激增的时间大约在24亿年前—21亿年前,科学家把这一过程称为"大氧化事件"。

为什么在20多亿年前的地球因"大氧化事件"出现了氧气,但直到6亿年前动物才崛起于这颗星球?这是因为在这之间的十几亿年间,大气氧浓度又降到了极低水平,出现了所谓的"沉默的十几亿年"。在耶鲁大学做博士后工作的中国青年科学家王相力参与了该项研究。他在《科学》杂志上发表的文章指出,他们分析了来自中国、美国、加拿大和澳大利亚的浅海沉积的富铁沉积物和页岩,这些标本的年代从30亿年前持续到现在。在氧浓度较高的情况下,地球岩石中的部分铬同位素易被氧化并溶于水,流入海洋,造成岩石中的这部分铬同位素含量降低。因此,研究不同历史时期的岩石中铬同位素水平可反映相关年代大气中的氧浓度。

此项研究表明,从"大氧化事件"到"生命大爆发"期间,大气氧浓度仅为现代数值的0.1%左右,不足以支持动物的出现。

北京大学沈冰课题组则用地球化学方法从另一个角度揭示了元古代温室气体的重要来源,证明了这个时期大气氧浓度的严重不足。沈冰课题组对吉林省南部的早期元古代万隆组地层中白齿碳酸盐岩的镁、硫同位素进行测试分析,发现白齿碳酸盐岩形成于海底沉积物"硫还原-甲烷生成"的重叠带上,而在重叠带的缺氧条件下,甲烷气体源源不断地大量产生并且释放到海洋里。

"白齿"构造是指25亿年前—7.5亿年前元古代地层中广泛发育的一种特殊的碳酸盐岩沉积构造。其形似白齿,并且由等粒微充晶方解石填充。白齿碳酸盐岩因为独特的形态特征和像谜一样的方解石填充机制,引起沉积学家的广泛关注。更有趣的是,白齿构造消失时,地球上正在发生一系列剧烈变化,如大气的氧化、全球冰期和动物的出现等。

此项研究表明,元古代海洋的广泛硫化使得当时的海洋沉积与显生宙时呈现出完全不同的地球化学结构,即硫还原带与甲烷生成带完全重合,两带的重合使海底甲烷的大量释放成为可能,这意味着除了众所周知的温室气体二氧化碳,甲烷很有可能是元古代大气温室气体的另一个重要来源。同时,约7.5亿年前的大气氧化阻止了海底甲烷的进一步释放,从而直接诱发了随之而来的全球冰期。

相关专家表示,此项研究不仅解释了"白齿"碳酸盐岩的形成机制,同时对元古代海洋、大气环境及全球冰期的产生具有重要指示意义。

三、地球早期生命

1. 生命起源假说

生命起源是生物学和化学领域最大的谜团之一。一种科学的答案是生命起源于单一的、能自我复制的分子,即生命由很简单的化学反应产生,但也能进行自我复制、变异、进化。达尔文推测这种过程孕育于"温暖的小池塘",而最近英国剑桥医学研究委员会分子生物学实验室的科学家提出,它也许始于"冰冻的世界"。

1870年,达尔文推测生命可能开始于"温暖的小池塘",此后引发了人们对生命起源的无尽猜想。直到今天,生命何时、何地、如何起源,仍是现代科学尚未完全解决的重大问题,也是科学家们关注并争论的焦点。

其中,"化学起源说"是广大学者普遍接受的生命起源假说。这一假说考虑到早期地球的高温、还原性环境,认为生命从嗜热微生物进化而来。支持这一假说的证据来自早期小天体对地球的撞击。生命的基本物质氨基酸可以在高速撞击中产生。彗星等小天体的主要成分是冰,还有氨、甲醇和二氧化碳等简单分子,当彗星等小天体撞击早期地球时,瞬间产生高温、高压,释放出巨大能量,将这些简单分子合成为更复杂的分子氨基酸。2014年,美国和英国的研究人员在实验室中制造出成分类似彗星的混合体,然后用一种特殊的高速子弹以7.15千米/秒的速度射击,结果表明,高速冲击不仅产生了可组成氨基酸的化学分子,而且所产生的热量还能将这些分子合成为氨基酸,生成了甘氨酸、D-丙氨酸与L-丙氨酸等多种氨基酸。这一结果表明太阳系里合成蛋白质成分有新途径,也意味着人类在了解生命的起源方面迈出了一大步。不过,研究人员还表示,由水和干冰等原始混合物形成复杂的氨基酸分子只是"迈向生命的第一步",至于氨基酸如何形成蛋白质,产生复杂的分子,以及这些基础成分怎样在适当条件下形成生命,进而发展繁荣,依然是未解之谜。

同一时期,捷克和美国的科学家合作在实验室中利用一种强激光重现了也许是地球上最原始的生命火花。他们使用的是一种150米长的激光器,其激光束在不到10亿分之一秒释放了约3.6万亿千焦的能量(相当于近500颗广岛原子弹爆炸所释放的能量),产生的温度超过4200℃。他们用这样的激光束辐射黏土和一种"化学汤",以模拟一颗小行星高速撞击地球后所释放的能量,实验结果产生了构成RNA所需的所有4种化学碱基。研究者断言,这些结果表明,地球生命的出现并不是一件事情产生的结果,而是原始地球上的环境及其周围环境共同作用导致的直接后果。

有意思的是,地球上有关最早出现的生命的化石证据是南非有着34.16亿年历史的叠层石化石。它看起来就像普通的海洋沉积物,浅滩和深海的沉积物中都已经发现了精密的纤维状结构,看起来像一层层的微生物。而其所处年代正是太阳系晚期大撞击事件的末期,对大多数有机体的生物学分析表明,很多早期生命的形成与热液系统有关,这一系统可能源于火山,也可能源于大撞击。在大撞击时期,太阳系的小行星体积还都比较大,"离群索居"的小行星撞击地球的频率也比较高。热液系统可以覆盖整个撞击坑深达几千米,为喜温喜热生物提供了生存的环境。

与以上假设相反,英国分子生物学家最近提出生命可能起源于一个类似于冰河世纪的寒冷世界。他们在最近一次针对RNA的研究中发现,RNA一个关键的催化因子在0℃以下的寒冷环境中利于表达和复制。现代分子生物学基于RNA序列的研究能提供通往古生物学的途径。受此启发,英国科学家已经制造了一个人工RNA分子,它可以复制比自身还长的RNA序列。这表明,一些RNA分子可以进行自我复制,这突破了之前人们所认为的RNA分子难以复制与自身长度相同的RNA分子的难题。他们能够完成这个人们认为"不可能完成的任务"的秘诀就在于他们给RNA分子复制提供了"水的环境"。他们发现了防止冰冻的解决方案——分子集中在水-盐水矿脉(即所谓的共晶相,即使在冻结温度下仍旧能保持液态)中可以帮助浓缩、构造模块并支持RNA的活性。

生命起源于严寒环境是一个违反人们直觉的观点,因为人们通常不会把冰冻和生命联系在一起。但事实是,即使在今天,冰块中也充满了微小的生命,科学家在南极年代为200万年前—180万年前的冰体中发现了依然存活的细菌和真菌,这些事实就支持了生命起源于冰冻世界的假设。

2014年,美国航天局的天体生物学家提出了一种海底电能使生命得以诞生的假说,也可看作是生命起源于"水世界"的论证,这种理论描述了几十亿年前地球海底自然产生的电能使生命得以产生。他们举出1980年研究人员在墨西哥附近的海底发现了被称为"黑色烟筒"的海底出口流出的灼热的酸性液体和2000年人们在北大西洋偶然发现了一个由碱性液体组成的巨大组合体。他们据此提出,几十亿年前,这些温暖的海底碱性热液出口保持着与周围远古酸性海洋之间的不平衡状态——这可能提供了促使生命出现的所谓自由能量。事实上,这些海底出口可能造成了两种化学不平衡。第一种是质子梯度,在这种情形下,质子即氯离子更多地集中在海底喷口的外侧,它又被称为矿物质膜。质子梯度可能被用来生成能量——我们人体中名为线粒体的细胞结构中就一直在进行这种活动。第二种不平衡可能是热液液体与海洋之间的电解度。在几十亿年前地球还很年轻的时候,地球海洋中富含二氧化碳,当海洋中的二氧化碳与海底出口的燃料(即氢和甲烷)越过喷烟口相遇时,也许就出现了电子转移,这些反应可能产生了更为复杂的有机化合物,即我们所知道的生命的必要成分。与质子梯度一样,电子转移过程经常发生在线粒体中。

要知道,即使在远古时期的地球表面也是不均衡的,其环境也不一致。在海洋中的火山,有的喷发口在碱性海水中;有的则在酸性海水中,有的在浅海或海滩,有的则在深海。它们受太阳光辐射的强度不同,温度、压力也不同,生物分子合成进化的路径也不完全一致。我们在探讨和研究生命起源时不能为一种假说和事实所束缚,影响了对真理的探索。

2.生命演化早期的"RNA世界"

自1953年DNA的双螺旋结构被发现后的二三十年里,由于分子生物学和生物化学的发展,使科学界对生命起源的认识也发生了转变,即从以蛋白质为主到以核酸为主的转变,形成了现代生命世界在分子层面的运作体系为"DNA—RNA—蛋白质"的中心法则。中心法则认为生命从细胞核的DNA中分裂转录,然后进入核外的核糖体中(分子加工厂)翻译成蛋白质,RNA只是在核糖体这个分子加工厂中起加工作用。

这样的运转体系就产生了一个问题，即 DNA 与蛋白质出现先后的问题。最早的生命是由一个 DNA 分子构成的，这就产生了一个矛盾，DNA 无法自行聚合，它需要蛋白质才能聚合。那么究竟是先有蛋白质还是先有 DNA？若是先有蛋白质，蛋白质却不具备复制信息的方法；若是先有 DNA，DNA 必须有蛋白质才可以复制信息。这就成了一个难以解开的谜。

要解开这个谜，还要在 RNA 上做文章。在现代生物体系中，DNA 的复制是不可少的，生物的代代相传和生长发育，生物性状的传承及偶然发生的遗传变异都离不开 DNA。这是一个非常复杂的过程，新的核酸链与原来的核糖链通过碱基互补，而相关联的模板核酸链则在一系列酶的催化作用下形成，生物信息由此以核酸序列的形式得以延续。如此看来，信息和催化就成了一个事物不可分割的两个方面，犹如一块硬币的正反面一样。

而 RNA 正具备了这两方面的功能，既能传递遗传信息，又具催化功能。20 世纪 80 年代初，科学家通过实验证明 RNA 在现代生物体内具有催化功能。而这些催化过程原来被认为是由蛋白质完成的。然而，实际上是由核酸 RNA 完成的，这类具备催化功能的 RNA 被称作核酸酶。当发现 RNA 在细胞中的重要角色后，克里克就设想，当生命以 RNA 为基础时，RNA 就是第一个遗传分子，也就是在现在所熟悉的"DNA 世界"出现前，地球上原本是一个"RNA 世界"。克里克猜想，RNA 不同的化学物质（它的骨干是核酸，DNA 则是脱氧核酸）可能赋予它酶的性质，让它能催化本身的自我复制。

克里克极力主张，DNA 的崛起原因可能在于 RNA 分子相对较不稳定，比 DNA 分子容易发生降解和突变。如果要有一个能够长期而且稳定地储存遗传数据的分子，DNA 当然比 RNA 适合得多。

克里克所提出的 DNA 世界之前有一个 RNA 世界的想法，起初几乎没人注意，直到 1983 年事情才有所改观。当时美国科罗拉多大学的切赫（Thomas Robert Cech, 1947—　）和耶鲁大学的奥特曼（Sidecy Altman, 1939—　）分别证实，RNA 分子的确具有催化性质。10 年后又出现了一个更确凿的证据证明 DNA 之前的确存在 RNA 世界。核糖体是蛋白质的合成地点,而已知与核糖体有关的蛋白质有60种,但加州大学的诺勒(Harry F. Noller)却证明,在蛋白质内将氨基酸链结合在一起的肽链并不是在这60种蛋白质中的任意一个催化之下形成的。相反,肽链的形成是由RNA所催化。其后,诺勒和其他人在对核糖体的主体结构进行精密分析后找到了原因,蛋白质散布在核糖体表面各处,远离核糖体中心的作用地点。

这些发现无意中解决了生命起源中"先有鸡还是先有蛋"的问题。当时,科学家认为:要有DNA,就必须有蛋白质,而要有蛋白质,就必须有DNA,这就陷入了无穷的悖论中。但是,RNA却对此提供了很好的答案。因为它的功能和DNA相当,能够储存与复制遗传信息;同时,又与蛋白质的功能相当,能够催生关键的化学反应。事实上,在RNA世界"先有鸡,还是先有蛋"的问题根本不存在,因为RNA既是"鸡"又是"蛋"。这样看来,在地球生命进化的早期,存在着一个"RNA世界"是确切无疑的,RNA成了珍贵的进化遗产。

3. 原核生物世界

生物学家研究揭示,从35亿年前的生命起源到8亿年前多细胞生物产生,在这27亿年的时间里,地球上生活和繁殖着大量单细胞的微生物,包括早期的细菌、古细菌和后来的真核生物。这些微生物个体都很小,肉眼根本看不见。它们群体生活,附着在一起,很难形成化石,即使有些"侥幸"形成了化石,也在后来的地质构造运动和侵蚀下被破坏了。对微生物的分类、结构、功能、演化、生态环境等信息的研究只能依靠遗传物质DNA提供的信息。

1953年,DNA双螺旋结构的发现为分子生物学和分子遗传学的发展打开了大门,生物学进入到分子生物学时代。20世纪90年代开展的人类基因组计划,使生物学进入到基因组和蛋白质学时代,生命的奥秘、生物演化的历史被全面揭示。现在,让我们把单细胞生物演化的基本面貌勾勒一下:

分子遗传学和进化生物学为了解决DNA与蛋白质生成之间的关系——谁先谁后,即所谓"先有鸡还是先有蛋"的问题——提出在DNA世界之前有一个RNA世界。RNA世界学说认为,地球上早期的生命分子先以 RNA 形式出现,之后才是 DNA。且这些早期的 RNA 分子同时拥有如同 DNA 的遗传信息储存功能,还有蛋白质的催化能力,支持了早期细胞或前细胞生命的运作。

前面讲到克里克为解决中心法则的难题而提出 RNA 世界的设想一度不被人们所重视,直到 1983 年才被切赫和奥特曼的实验证实 RNA 分子的确有催化功能。RNA 世界最早由吉尔伯特(Walter Gilbert,1932——)于 1986 年提出,他依据 RNA 有各种不同形态的催化功能,大胆提出了独立的 RNA 生命形态的概念,后被绝大部分生命科学家所认可。之前,人们发现有些 RNA 分子自身可以作为酶,这打破了人们认为只有蛋白质可以作为催化功能分子的传统认识。20 世纪 60、70 年代,人们认为 RNA 只扮演着信使的角色,近些年的研究让人们对 RNA 的认识大为改变。因为 RNA 无论是信息携带还是催化化学反应,其灵活性使得人们相信,在现在的 DNA 世界之前,确实曾存在一个 RNA 世界。在 RNA 世界里,RNA 分子既发挥信息储存的作用,即生命遗传功能,又行使化学催化,即产生蛋白质的功能。RNA 分子既是"鸡",又是"蛋",这就是生命早期演化的情景。

1966 年,微生物学家布罗克(T. D. Brock)与他的学生弗里兹(Frieze)在美国黄石公园沸腾的热液喷泉中发现了一种嗜热性微生物。布罗克经过对这种嗜热菌的探索,很快就引发了另外三项对生物学有深远影响的发现:第一项发现是这种亲热、亲甲烷和亲盐的菌和细菌不同,它们属于一种很大的生物领域,后被界定为古细菌;第二项发现是从这种水生嗜热菌体内分离出一种热稳定酶,可以在高温环境中复制 DNA,这种酶为基因研究带来一项有效、快速的新技术,这项技术能够使科学家从自然界得到大量、多样的 DNA 信息,同时在 DNA 医学诊断和法医鉴定方面有实用价值;第三项、同时也是最新的一项发现,来自对古细菌基因组的研究,对古细菌基因仔细检验分析后,科学家得到了关于 20 亿年前真核生物祖先是如何进化而成的关键线索。这些原始生物的 DNA,保存着许多目前在人类和其他真核生物体内仍存在的 DNA 编码。这些共同的 DNA 内容就是真核生物诞生的轨迹,同时也证明了古细菌是我们原始基因的来源之一。

利用我们在第一章里描述过的分子遗传学的基本知识,再来检视这些地球上最古老的 DNA,就会发现这种卓越的 DNA 承受了亿万年时光的冲击,一次又一次地撑过了可能将之摧毁的突变。同时,这些"不朽的基因"蕴藏着进化过程中两项关键因素的证据:一个是在自然选择压力下,如何保存 DNA 记录;另一个是从"共同祖先"那里继承的遗传记录。

解读 DNA 密码是个非常复杂的工作,由于本书的任务不在此,不可能将解读的详细过程一一叙述,只是将一些重要结果告诉大家。21 世纪以来,由于 DNA 测序技术的突飞猛进,科学家们能够对不同物种的基因组测序结果进行计算机储存,并从大量不同物种的基因组测序资料中进行分析、比较、研究,越来越多的事实能够揭示生物进化的奥秘。

DNA 编码解读发现基因的编码序列平均长度大约是 1200 个碱基对。有些物种——特别是细菌或酵母之类的微生物的基因密度极高,数千个基因中,留给非编码 DNA 的空间不大。人类及其他复杂的物种,基因只占了 DNA 很小的一部分,并被冗长的非编码 DNA 分离开。有些非编码 DNA 可以控制基因的使用方式,但大部分还是像"垃圾"一样。这些"垃圾"是多种机制积累的结果,多半包含一长串重复、无意义的内容,但除非它们是有害的,否则不会被清除掉。所以人类基因组的结构,就像岛屿(基因)被广阔的大海(垃圾 DNA)分开一般。

比较生物三大门类——古细菌、细菌和真核生物的基因组时,科学家发现大部分细菌的基因平均数量是 3000 个,独立生存的物种的基因最少也有 1600 个。动物大约拥有 1.3 万~2.5 万个基因,有些动物彼此之间的基因数量差距数以千计,这说明生物的复杂度与基因数不一定成正比。

更让人意外的是,比较古细菌、细菌、真菌、植物、动物的基因组后,科学家发现大约有 500 个基因共同生活于各界域的生物体内。根据化石记录,这些真核生物至少有 18 亿年的历史,古细菌和细菌的历史则超过 20 亿年,这些生物的共同基因抵挡了长达 20 亿年的突变冲击,即使这些生物之间有重大差异,这些基因的序列和意义也未曾发生重大改变,这些是不朽的,它们被称为古老基因。

在地球历史的早期,自从有了复杂的 DNA,各种形式的生物都依靠这些基因活了下去。这些基因度过了漫漫时光,即使未来继续演变进化,生物还是得依靠这套核心基因生存。

四、真核生物出现与微生物生态

1. 真核生物出现

真核生物的出现大概要算地球上生物演化进程中最伟大的事件。因为根据细胞生物学研究，多细胞生物的大多数器官和功能都可以在真核生物细胞里找到祖形，但是在原核细胞里却找不到。真核细胞与原核细胞虽然都是单细胞生物，但它们的大小、形状、结构、器官却大不相同，而其最大差别就在细胞核里。

研究发现，生命从简单的细菌（原核细胞）演化到复杂的生物，如真菌、藻类、植物、动物，直到我们人类，这一切的开端在地球历史上只出现过一次，就是真核生物的出现。这说明无论多复杂的生物都可以在早期真核生物那里找到与其他生物共同的祖先。

比较真核生物和原核生物会发现以下现象：

原核生物，如细菌、古生菌的体积都很小，基本都在千分之一到百分之一毫米之间。而真核生物平均体积是原核生物的 1 万～10 万倍。

原核生物的形态通常是球形或棒形，被细胞外面一层一层坚硬的细胞膜所包裹，里面什么都可看见，其细胞膜是外界环境与细胞行动的信息交流中心，也可以说是细胞行为的指挥中心，像多细胞生物的脑一样。原核生物的行为几乎都是为了快速繁殖，这也许是在长期的演化过程中为了生存的需要。许多原核生物保留的基因是能少则少，面临环境压力，它们能很容易地从别的原核生物那里获取体外的基因，强化自己的遗传资源，然后一有机会又赶快将这些基因丢掉。只要"原材料"足够，细菌等原核生物就能以惊人的指数级速率增长。有人计算过，如果有足够的资源（当然这个要求是无法满足的），一个重万亿分之一克的细菌只要不到两天时间就能够繁殖出重量和地球相当的群体，因为细菌繁殖的速度惊人，每20分钟就能繁殖一次。

真核生物与原核生物的最本质的区别就是演化出了细胞核。细胞核是真核生物的指挥中心，其中塞满了DNA，也就是基因的物质基础。真核生物不像原核生物那样有一个环形染色体，而是有许多条直的染色体，通常成双成对。其基因本身也不像原核生物那样串珠在染色体上，而是断裂成小碎片，中间有大片的非编码DNA。不知道为什么，真核生物的基因全是拼图。此外，真核生物的基因也不像原核生物那样是"裸露"的，而是被蛋白质严严实实包裹起来，就像现在我们日常使用的塑料袋一样把遗传物质DNA包裹其中，不被外界随便干扰，而核外面的世界和原核生物比就更是两重天了（图2-5）。

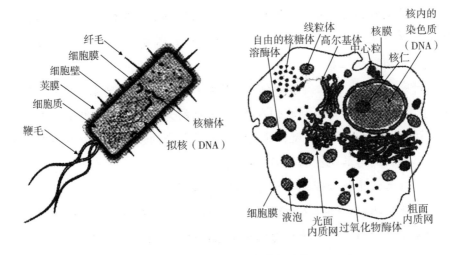

图2-5 原核生物与真核生物

真核生物（右）与原核生物（左）的差异：前者的细胞里含有很多东西，比如细胞核、细胞器、内膜系统。平均而言，真核生物的体积是原核生物的1万~10万倍。

真核生物的细胞膜与细胞核之间有很大的细胞质空间，里面装满了各种各样的东西，成沓的膜、成群的封闭泡，还有动态的细胞内骨骼，这些在为细胞提供结构支撑的同时，还能自我解体并重建，让细胞改变形状和运动成为可能。还有最重要的细胞器，专注于执行细胞内特定的任务，就像人体内的肝与肾专门执行某些特殊的任务一样，最重要的细胞器是线粒体，是细胞的能量加工厂，以ATP的形式生产能量。平均而言，一个真核生物有几万个线粒体，有些可能多达十万个。这些线粒体曾经都是自由活动的细菌，它们在演化过程中成了真核生物捕获的猎物。还有一个细胞器叫叶绿体,这是进行光合作用的细胞器,和线粒体一样,叶绿体也曾经是自由生活的细菌(在这里是蓝细菌),被所有植物和藻类的共同祖先整个吞掉了。这个祖先细胞只靠阳光、水和二氧化碳就能生存。只需这一吞,就有了光合作用的细胞器,它就推动了整个地球环境演变的车轮,最终将植物的静态世界和动物的动态世界分开。

从生物演化的角度看,虽然大氧化事件之后,约20亿年前,一些原核生物就开始转变为真核生物。但是由于当时地球上的氧气含量还不足以支持真核生物的大发展,原核生物还是地球生命的主角。也就是说,在地球生命诞生的前30亿年(从38亿年前到8亿年前),原核生物主导一切。它们彻底改变了世界,但自己却没有改变。细菌带来的环境改变令人敬畏,比如空气中所有的氧气都来自光合作用,而最早通过光合作用制造氧气的就是蓝细菌。22亿年前发生了大氧化事件,让空气和阳光所及的海洋充满了氧气,这永远地改变了我们星球的面貌,但这一改变在细菌上没留下多少痕迹,只是在生态上向喜氧细菌倾斜了而已。一类细菌比另一些细菌占了优势,但它们都还是细菌;其他里程碑式的环境改变带来的结果也是如此。20亿年里,海洋深处充满了硫化氢,细菌要为此负责,但它们还是细菌,细菌氧化了大气中的甲烷,导致全球冰冻,带来了第一次雪球事件,但它们还是细菌。在它们带来的所有改变中最为重要的一次,还是6亿年前复杂多细胞生物的兴起。

因此,历史从真核生物兴起开始,重大事件就接踵而来,5亿多年前的寒武纪生命大爆发,之后的五次生物大灭绝,五次灭绝期间和之后,又是不同类群生物的复苏与繁盛,如动物界的鱼类、两栖类、爬行类、哺乳类,直至演化出灵长类动物,再到人类,植物界则有开花植物的崛起、禾本科植物的扩散等。这些事件的主角都是真核生物,真核生物经历了各种类型的繁荣昌盛。但在这漫长的岁月中,细菌一直是细菌,向来如此。这说明,从简单的原核生物向复杂的真核生物转变是我们地球生物演化史上最重要,也是唯一一次生命本质的转变,而这之后,则都只能说是进化。

2. 微生物生态研究

微生物生态研究近年来备受科学家的关注,这是由于其不但对研究生命起源、演化与地球早期的环境极其重要，而且对当前气候变化研究也有重要意义。基于本书的重点，我们对其其他方面的实用价值不再赘述，重点叙述微生物生态研究对人们认识上的贡献。

(1) 谁是地球的主人

如今有不少人深以为我们人类是地球的主人，他们以为当今我们人类有 70 多亿人口，广泛分布在除南极洲外的各大洲，几乎所有的大洋岛屿都被人类占领，青藏高原、南极、北极都有人类的行踪。然而，微生物的生存范围仍要远远超过人类。在地球上，它们向下可达地表以下 10~12 千米，向上可达地表以上 10~12 千米，真是上天入地，无所不在，无孔不入。任何恶劣的环境中都存在着微生物，这些肉眼看不见的微生物才是地球真正的主人。在寒武纪生命大爆发以前是如此，在生命大爆发以后，真菌、植物、动物等多细胞生物繁荣，乃至人类诞生进化至今也是如此。

科学家发现有些细菌，包括名为液化莎雪菌的常见微生物，以及在西伯利亚永久冻土里发现的食杆菌原物种，都能够在 0℃ 以下、富含二氧化碳、无氧气大气层，以及只有 7 毫帕大气压(海平面的大气压平均为 1073 毫帕)的环境下存活。相比之下，大气圈的平流层(位于地表 20~50 千米上空)的环境要和谐得多，至少氧气是存在的，温度和压力环境与西伯利亚冻土非常类似。因此，这里也很可能存在着微生物。

微生物常常生存在极端环境里。人们通常认为，极端环境主要包括高温、低温、高盐、高酸、高碱、高压、高辐射，等等。此外，还有像裸露的岩石表面，在太阳的长期照射下，也是一种极端环境。

比起其他生物，微生物的变异能力超强，因为它们都是原核生物，生命越原始，变异能力就越强。而且这些微生物也能够找到保护自己的"外衣"，它们必须要依附其他物体才能生存。这些只有微米级的微生物可以附着于很小的颗粒之上。这些特性就决定了微生物适应环境的能力极强，比如在酸性的环境中，如果不具有耐酸性，微生物就会死去，只有耐酸的微生物才能生存，并且壮大种群。在一些极端环境中，存活下来的微生物经过长期演化，就成为一种适应特定环境的微生物物种，并很有可能演化出独特的机能、结构和遗传基因。

对这种极端环境中的微生物的研究，科学家最关心的就是与生命起源有关的内容。在生命最初出现在地球上的时候,地球完全就是一个极端环境。但也正是有了高温、高压的极端环境,才会有生命的基本物质。无机小分子演化为有机小分子,再合成有机大分子,然后形成遗传物质,最终产生单细胞生物就是生命诞生的过程。通过研究极端环境中微生物的遗传特性、物质组成、适应机制,以及基因结构,科学家就可以找寻生命起源的线索了。

(2)地层深处的19种微生物

一个国际研究小组自2000年以来,利用井筒和钻探技术,在全球不同地区向地下未知世界探索,获得了大量信息。他们在长达12年的钻探取样中发现,不论是在南非金矿,还是海底地层深处,有19种相同的微生物总会出现。而在南非金矿中"蹲守"10年的一组科学家发现了地下深处四五千米处寒武纪地层中存在微生物的证据。

问题随之而来,这些相隔数千千米,生存在地下深处岩石裂缝中的微生物为何会彼此相同,它们经历了怎样的演化过程,是否从相同地区产生并扩散到全球,在地下几千米的严酷环境中,它们又如何生存?

研究发现,分布于地层深处的这19种微生物,主要生存于蛇纹石当中,蛇纹石实际上是由橄榄石等超基性岩在水下风化得来的。在海洋刚刚形成的时候,海洋地壳的主要成分就是基性和超基性岩,这些岩石在与海水发生交换反应时,橄榄石会与水发生反应,释放氢气,而氢气是自养生物非常重要的能量来源之一,氢气还能通过与二氧化碳反应产生甲烷。

早期微生物的生存介质都是岩石、矿物环境,并依靠化学能量进行新陈代谢。由于地下高温、高压,甚至可能有高辐射的环境。这些微生物必须具有特殊的本领才能在这样的环境里生存下来,同时介质中有限的养分也让它们的生长速度很慢,按照理论计算,这些生活在极端环境下的微生物几个世纪甚至几千年才分裂一次。

在地球历史上,海洋和陆地经过多次聚合和分裂才形成了现在的格局,这些地下深处的微生物是否可能随着板块运动而从此分散?例如3亿年前的超大陆,南美洲与非洲同属一片陆地,后来因为大西洋的形成将其一分为二,如今,在非洲、南美洲,甚至北美洲都发现过一些相同的化石。

按照板块构造理论,大洋板块向陆地板块俯冲时,海洋表层、海底的微生物,甚至一些海水都可以被带到地下深部去,而全球的海洋是贯通的,微生物可以"乘着"海洋到达任何大陆,并通过海洋与陆地的相互作用而"上岸"。而地表的一些微生物也可通过地表与地下的通道,比如降水、流体通道,以及密度不等的岩石而到达地下。

(3)冰冻世界的微生物

与地下深部一样,冰川也是一种独特的生态环境。冰川覆盖地区气温极低,营养成分极度贫乏,生态环境非常脆弱,对全球气候变化也极为敏感。近十多年来,美国两组科学团队对从南极两处钻探获得的冰芯进行了取样分析,对微生物在冰冻世界的生态面貌方面取得了新的资料和认识。

一组科学团队在取自南极沃斯托克站,年代在200万年前—150万年前的冰芯中发现了依然存活着的细菌和真菌。这些活着的微生物随着冰芯年代的增长,数量在不断减少。在250毫升200万年前的冰芯中只找到了4个独立的活体微生物。冰芯中的微生物多数年龄小于500岁。沃斯托克站位于全世界已知的最大冰下湖泊上,湖中资源匮乏,完全是一个黑暗的世界,阳光根本无法照射到。在此生存,对于任何生命都是一种挑战。

大家知道,引起微生物分子、生物组织降解的主要原因是热和水,还有一些化学成分,比如酶和氧化剂,以及紫外线照射等。而冰层则有效地降低了所有或大部分这些因素的作用,寒冷减少了热量对它们的毁灭;冰层里水结晶体的形成使几乎没有流动的水存在,这就减少了化学物质对生物分子的腐蚀;光包括紫外线都可以穿过冰层,但是当冰层足够厚时,光的能量就已经减小了很多,几米厚的冰层下就几乎没有光了,这就是它们能在这样极端的环境中活下来的原因。

不过,要在这样的环境中找到生命确实不容易,研究人员通过无基因组合环境转录序列,对200万年前的冰芯中的那4个独立的微生物个体进行了检测分析。他们还对沃斯托克湖中取得的样本进行了分析,结果发现了至少有3500种独特的生命,其中大约95%是细菌,剩下的5%左右是真核生物,而这5%中有一半是真菌。在这些基因序列中,他们发现了大量嗜冷菌的特征,但也有一些是喜温细菌,这也许指示出沃斯托克湖中也有热液区存在。

另一个研究小组对南极惠兰斯湖的微生物进行了研究,也有新的发现。他们在湖水中采样分析,发现了十几种能利用化学能作为能量来源的古细菌,这些微生物主要以二氧化碳、铁、硫和氢等物质作为能量来源;湖水中还发现了单细胞的异养生物,它们以古细菌等化能生物丢弃的碳为食。

两队科学家在南极发现的这些微生物具有一些共性,它们非常适应那里的环境,耐寒冷、高压、黑暗,以及渐变的酸碱值等,它们的适应性比同地区的其他生物都要强。

第三章

过渡时期与寒武大爆发

过渡时期指单细胞生物向多细胞生物演化的非常重要的时期。如表3-1所示，其以7.5亿年前元古代晚期雪球事件的开始为开端，到寒武纪早期(5.2亿年前)结束，持续了2.3亿年时间，包括了元古代晚期的埃迪卡拉纪(6.35亿年前—5.41亿年前)和古生代的寒武纪早期(5.41亿年前—5.2亿年前)。它并不在早中期与晚近期之间，而是前后分别与这两个时期重合。寒武纪生命大爆发发生在埃迪卡拉纪晚期(5.6亿年前)至寒武纪早期(5.2亿年前)。在这4000万年里(约占地球生命史的百分之一)，包括现今地球上各个种类动物的祖先都出现在了这颗星球上。在寒武纪之前，虽然也出现过一些简单的多细胞早期生命，但总体上，生命依然处于"隐而不发"的状态，因而被称为"隐生宙"。而从寒武纪开始，多细胞生物以极显眼的方式活跃于地球舞台上，地球迎来了生命绚丽绽放的时代，因而寒武纪及其之后的时代被称为"显生宙"。

表3-1 地质时代表(二)

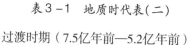

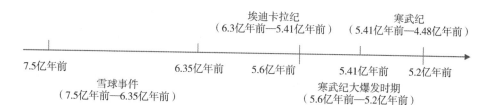

一、雪球事件

1992年，美国地质学家约瑟夫·科什文克(Joseph Kirschvink)首次提出了"雪球假说"，但在当时并未受到学术界的足够重视，因为那时人们对地球早期的气候状态知之甚少。1998年，加拿大地质学家保罗·霍尔曼(Paul Hermann)在《科学》杂志上发表论文，重新论证了雪球假说，这才引起了国际地球环境与生命科学界的广泛关注。

雪球假说认为，在10亿年前—8亿年前，格林威尔造山运动引起大规模的剥蚀和沉积，使大气中二氧化碳的消耗量超过火山作用的释放量，二氧化碳含量大幅降低,导致"冰室效应"。该效应导致地球南北两极冰盖的形成,随着冰盖面积扩大,冰面对太阳光的反射增强,导致地球气温进一步下降,年平均气温只有 -50℃,全球海洋冻结,冰层厚达上千米,冰川作用蔓延到赤道,地球成为一个大雪球。此时,水循环基本停滞、消耗二氧化碳的化学风化也基本停止。但地球上的火山活动依然活跃,不断产生的二氧化碳在大气中日积月累,持续了上千万年,最终达到足够高的浓度,产生了强大的温室效应,才使地球迅速回暖。

根据近年来的研究,科学界认为,这种雪球事件在地球历史中曾出现过很多次。在7.5亿年前—6.35亿年前的成冰纪,地球经历了斯图特冰期和马里诺冰期两次雪球事件。

地表气温存在冷热交替的变化与波动。由于长期的严寒条件,致使海洋被完全冰封,地表水气交换完全受阻,地表的风化作用与海洋生物的固碳作用近乎停滞,再加上火山喷发出的大量二氧化碳在大气中集聚起来,当二氧化碳浓度足够高时,面对强烈的温室效应,全球冰盖再也支撑不住,很快就消融了。

2019年5月,中美联合研究组通过对中国华南地区两个成冰纪地层中沉积物的高精度测算,为两次成冰纪的年代确定取得了精确的数据。研究人员对贵州东部地区一处斯图特冰期之上的沉积凝灰岩样品进行测年,得到斯图特冰期的结束时间为6.588亿年前,另一处云南东部马里诺冰期顶部的沉积凝灰岩年龄为6.346亿年,这与此前在湖北宜昌进行的类似测量结果基本一致,表明马里诺冰期结束于约6.35亿年前。

对以上地区的测年为之后研究贵州瓮安生物群、云南澄江生物群、湖北三峡和宜昌清江生物群的历史提供了条件。

关于这次冰期引发动物进化的问题,美国马萨诸塞州伍兹霍尔海洋学研究所的生物地球化学家在《自然》杂志网络版上报告说,他们测量了在古海洋中形成的富含铁的矿物中的磷含量,并将此作为海水中磷含量的标准,结果发现在过去的30亿年中,磷的丰度变化不大,其中只有一个例外,那就是从约7.5亿年前持续到6.35亿年前的一次比通常水平强了数倍的激增。

这次含磷量的激增很好地契合了动物进化的一个新兴局面。研究人员注意到,马里诺冰期结束的时间大致恰逢化石记录中最早的动物的出现,这意味着冰川作用触发了进化的飞跃。他们分析,冰川磨碎了大陆的岩石,当冰川退却时释放出磷,这些磷会被冲刷进海洋。在那里,它们为藻类的兴盛提供了养料,进而促使有机物质和氧气含量大幅增长。而进入海底淤泥中的更多的有机物质将为日后留下更多的氧气,并最终提高大气和海洋中的氧气含量。

该项研究为磷与冰川作用和氧气浓度,以及由此而来的生物进化之间的关系提供了一种具有极大吸引力的可能性,不过还需要进一步深入研究,以获得更多更可靠的证据,不过对于地球雪球事件及其确实的年代来说已是可靠的证据。

近年有研究揭示,这种全球极寒冰冻事件出现过两次,第一次就是发生在7.5亿年前—6.35亿年前的雪球事件,第二次则出现在5.8亿年前—5.4亿年前之间,第一次冰期之后出现了埃迪卡拉生物群,第二次之后则出现了寒武纪生命大爆发。

二、寒武纪生命大爆发

1. 埃迪卡拉生物群

1947年,澳大利亚地质学家斯普里格在澳大利亚埃迪卡拉地区发现了一个巨大的化石生物群。这里的化石种类繁多,形态各异,有的为柄状印痕,与现代海鳃的形态相似;有的为圆形压印,与现代水母的形态相似;有的为蠕虫一样的细长印痕,由马蹄形的头和约40个体节组成,与现代环节动物的形态相似;还有的是椭圆形、盾形印痕和T形纹等,这些可能是古代节肢动物留下的,但这些动物与已知的任何一种生物都不相似。这个化石生物群被称作埃迪卡拉生物群,地质时代为前寒武纪,距今约5.6亿年,是迄今发现的地球上最古老的无脊椎动物群之一。

埃迪卡拉生物群的发现和研究极大地促进了前寒武纪古生物学的发

展,纠正了过去认为无脊椎动物在寒武纪初期才出现的观点。更重要的是,埃迪卡拉生物群与寒武纪生命大爆发现象有着直接联系。前寒武纪动物与寒武纪动物之间的差别标志着原始生命形态在经过30亿年的积累之后,即将爆发出巨大的生命能量和无穷的创造力,从而揭开生命演化史上的新篇章。

21世纪初,中国科学院南京地质古生物研究所的袁训来在安徽省休宁县蓝田镇发现了蓝田生物群,其时代为6.32亿年前—5.8亿年前,比澳大利亚埃迪卡拉生物群稍早。由此可见,在新元古代极端寒冷气候之后,氧气激增,促进了早期动物的进化。华南地区保存着6.32亿年前—5.8亿年前的蓝田生物群,它们来自水深50~200米或更深的海水环境。专家指出,蓝田生物群是地球上迄今最早的宏体生物,它们为早期复杂宏体生命的研究打开了一个新的窗口。

在此之后,南京地质古生物研究所的科学家对我国贵州省瓮安生物群进行了发掘和研究,并取得了重大发现。陈均远及其美国合作者在瓮安陡山沱组地层中发现了微体生物的胚胎化石(图3-1),他们利用目前世界上最先进的微体化石三维成像技术——同步辐射相位衬度显微断层成像技术研究了两颗立体保存且有极性分化的动物胚胎化石,发现有些是单细

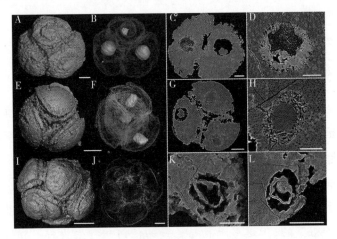

图3-1 贵州瓮安发现的微生物化石

陈均远等在贵州瓮安5.7亿年前的埃迪卡拉纪地层中找到的单细胞胚胎微体化石,其细胞配置与现生动物一样。

胞的受精卵,有些已进入下一个分裂阶段,一个球内含有 2 个细胞,另外一些则含有 4 个、8 个、16 个细胞。诸如此类,古生物学家无从揣测这些胚胎具体将变成什么东西,但根据其体积及分裂模式,最可能的便是三胚层动物。

古生物学家把初期的多细胞动物分为双胚层动物和三胚层动物,像水母等原始动物就是双胚层动物,其他稍高等的动物则有三胚层:外胚层分化出皮肤及神经;中胚层形成肌肉、骨骼及内脏;内胚层则形成消化道。

在 5.7 亿年前的沉积地层中能够发现微体生物的胚胎化石,在世界上实属罕见,为研究早期生物演化结构提供如此珍贵的化石证据,意义非凡。

1998 年 2 月,权威期刊《科学》和《自然》几乎同时报道了瓮安陡山沱组地层海绵动物和后生动物胚胎化石的重大发现,引起了国际古生物界的普遍关注。因而,瓮安生物群被国际科学界认为是继澳大利亚埃迪卡拉生物群和中国云南澄江生物群之后,20 世纪古生物界的又一重大发现,并将瓮安动物群胚胎化石的发现列为 20 世纪国际古生物界四大进展之首。

2013 年,中国科学院南京地质古生物研究所陈哲、周传明、袁训来与弗吉尼亚理工大学教授肖书海在中国三峡地区大约 5.5 亿年前的地层中发现了一类特殊保存的新的动物化石。该化石再现了一条行进中的虫子的"最后时刻"——该动物的遗体和它生命中最后一次行进的痕迹同时被保留在了一块岩石上(图 3-2),这一化石证据表明,在埃迪卡拉纪出现了具有运动能力的且身体分节、两侧对称的后生动物。

科研人员以发现地点湖北省宜昌市夷陵区将这种动物命名为"夷陵虫",夷陵虫身体为长条形,两侧对称,呈三叶形,具有明显的身体分节和前后及背腹的区别,这是一类全新的动物化石,在其他地质历史时期和现代都没有发现与其形态相同的动物。

传统的埃迪卡拉生物群被认为是身体没有真正分节,缺乏运动能力,走向演化盲端的生物类群。对称、分节、具有运动能力——这些特征对大多数现代动物而言已经成了它们的"标配"——曾长期被认为只能出现在寒武纪生命大爆发时期及以后的动物身上。身体两侧对称和分节现象的产生是动物演化史上极为重要的事件。分节的出现意味着身体结构有了

夷陵虫

行进痕迹——

图3-2 夷陵虫及其行进痕迹化石

分区,功能上也就有了分工。但是,这类体型复杂的动物何时出现,自达尔文以来一直是古生物学家和演化生物学家关注的焦点。

寒武纪生命大爆发时期出现了大量的以三叶虫为代表的具分节的两侧对称动物,因此,寒武纪被称为三叶虫时代。长期以来,大家推测在寒武纪之前的埃迪卡拉纪,它们应该有更加古老的祖先,但一直没有找到可靠的化石证据,夷陵虫是目前发现的在寒武纪之前唯一身体分节、两侧对称,具有运动能力,并可形成连续进行遗迹的动物,为探索该时期众多遗迹化石提供了重要的证据,也为探索早期动物演化提供了重要证据,相关成果发表于2019年9月4日的《自然》杂志上。

2. 生命大爆发

生物多样性是生命存在的基本形式,也是人类赖以生存之本,是当今世界最受关注的话题之一。但生物多样性是演化的产物。目前,科学界普遍认为,发生于5.6亿年前—5.2亿年前的寒武纪生命大爆发,是现代生物多样性形成的基本框架,现今世界上所有的动物门类几乎都在这一时期同时出现,而且之后的地质时期再也没有产生过新的动物门类。

为什么在寒武纪早期短时间内动物物种会爆发般涌现,这个问题是达尔文物种起源和生物进化论无法解决的难题。因而,自达尔文以来,寒武纪生命大爆发就备受科学家们的关注。几代古生物学家、地质学家、遗传学家、演化生物学家等都倾注了大量的精力,甚至将终生心血投入到这个问题上,以求破解寒武纪生命大爆发之谜。最近二三十年的努力,终于为解决这个难题找到了曙光,相关发现和研究成果不时让学术界感到振奋、受到启迪,同时又企盼新的成果不断问世,为这个问题的最终圆满解决画上句号。

1909 年,美国古生物学家沃尔科特(Charles Doolittle Walcott)在加拿大落基山脉的布尔吉斯山发现了三叶虫和软体动物的压印化石。第二年,沃尔科特及其团队在布尔吉斯山开始了大规模的化石发掘工作,除了三叶虫和海绵动物化石外,他们还发现了 100 多种保存得十分完整的无脊椎动物化石,几乎所有现生物种均可以在发掘的 6.5 万块化石中"认祖归宗"。这些生物被命名为"布尔吉斯生物群",给当时的科学家以极大震撼,它不仅证实了寒武纪生命大爆发,还使科学家第一次清楚地认识到,在寒武纪海洋中绝大多数动物是软体动物,纠正了以前人们认为寒武纪仅有三叶虫等少数硬体动物的错误认识。布尔吉斯生物群的发现对研究多细胞宏体生物起源与演化有重大意义。

1984 年 7 月,中国科学院南京地质古生物研究所侯先光等在我国云南省澄江市帽天山发现了 5.3 亿年前的无脊椎动物化石——纳罗虫,随着这块当今世界上最古老、最完整的软体动物化石被确认,一大批寒武纪生物化石陆续在帽天山被发现。1985 年,中国正式公布了澄江动物群(图3-3)的消息,立即在国际地质古生物学界引起巨大轰动,被称为是 20 世纪最惊人的发现之一。迄今,来自国内外的古生物学家已在澄江动物群发现了海绵动物、腔肠动物、棘皮动物、节肢动物、腕足动物等 40 余个门类,其中有寒武纪早期的巨型食肉动物代表奇虾,节肢动物的原始类型抚仙湖虫,尤为可贵的是,在此还发现了最早的脊椎动物昆明鱼、海口鱼等,澄江动物群生动展现了寒武纪早期最古老的带壳后生动物爆发事件。

澄江动物群对了解前寒武纪晚期,也就是埃迪卡拉纪晚期到寒武纪早期生命的进化具有重大意义。它与约 5.15 亿年前的布尔吉斯生物群和5.65 亿年前—5.41 亿年前的埃迪卡拉生物群并称为地球早期生命起源与演化的三大奇迹,为揭开寒武纪生命大爆发的奥秘提供了科学证据,也丰富了生物演化过程中渐变与突变并存的认识。2001 年,帽天山被批准为国家地质公园,随后又被列入联合国全球地质遗址预选名录,成为代表地球重要历史阶段和生命记录的突出模式。

图 3-3　澄江动物群复原图

(1)云南虫,海口虫的姐妹;(2)—(7)多腿缓步类,分别为(2)心网虫、(3)微网虫、(4)爪网虫、(5)贫腿虫、(6)怪诞虫、(7)罗哩山虫,是现代节肢动物的远祖;(8)抚仙湖虫,节肢动物的祖先类群;(9)(10)大附肢节肢动物,是包括蝎子、蜘蛛在内的现生螯肢动物祖先类群的代表;(11)奇虾,最古老的巨型捕食者;(12)川滇虫,奇虾的主要食物来源;(13)金壁虫,生活在软泥表面的微型节肢动物,是不少捕食者重要的食物来源;(14)三叶虫,其外骨骼为抵御捕食者的攻击提供了进化上的优势;(15)先光海葵,海葵最古老的代表;(16)帽天山栉水母,现代海葡萄的祖先;(17)海绵;(18)海豆芽,经历了5亿多年延续至今却形态变化不大的腕足动物;(19)曳鳃类,曳鳃动物门的祖先,与现在的曳鳃动物类形态相似;(20)古虫类,一类灭绝了的生物类群,与节肢动物具有密切的亲缘关系;(21)火把虫,可能是现生蚯蚓、沙蚕等环节动物的祖先类群;(22)依尔东钵。

中国科学院院士、西北大学教授舒德干从20世纪80年代开始,即以澄江动物群为基地,长期进行寒武纪生命大爆发研究,先后发现了昆明鱼、华夏鳗和包括西大动物、北大动物、地大动物在内的古虫类等动物化石,取得了多项重要研究成果,对寒武纪早期最原始、最古老的脊椎动物及其中间过渡类型,也就是对人类远祖的起源与演化的研究取得了重大突破,为国际学术界所瞩目(第四章有详细叙述)。他率领的研究团队,年轻、有创造活力,个个表现不凡,成果丰硕。

舒德干的学生刘建妮教授,致力于节肢动物的起源探索。2006年,她在澄江化石群发现了一些造型奇特的古生物化石,经过五年的研究,最终发现了这种奇特化石所传达的关键信息，即化石中的叶足动物已经发育出分节的附肢，但却保留着柔软的蠕形躯干，确凿的化石证据表明节肢动物附肢的分节早于躯干的分节。这一发现首次揭示了节肢动物门起源于寒武纪早期，初步解决了节肢动物起源这一长期困扰学术界的科学难题。2011年，她有关仙人掌滇虫（图3-4）的论文以封面文章的形式发表在《自然》杂志上，并入选2011年度"中国高校十大科技进展"；2012年，仙人掌滇虫入选国际十大生物新属种，并且是当年唯一入选的化石新属种，也是唯一代表中国入选的生物新属种。刘建妮也因此入选"第十一届中国青年女科学家"，是10名获奖者中最年轻的一位，当时她年仅36岁。

图3-4 仙人掌滇虫复原图（图片由刘建妮教授提供）

　　仙人掌滇虫于2000年在云南澄江动物群化石库被发现。这种动物的奇特之处在于它们虽然长着强壮坚硬的附肢，但身体却没有坚硬的外壳覆盖，被认为是一种古老的动物种类向节肢动物进化的过渡物种。

　　西北大学韩健研究员与剑桥大学、中国地质大学合作，对5.35亿年前的陕南宽川铺生物群中的微型动物化石进行深入研究后，不仅发现了多种基础动物和原口动物，而且发现了最原始的后口动物——冠状皱囊虫（第四章有详细叙述）。

　　这种皱囊动物应该与创造鳃裂雏形的微型人类远祖密切相关，恰好代表着迄今已知的毫米级的人类远祖近亲。有关冠状皱囊虫的论文于2017年2月以封面论文的形式发表在《自然》杂志上。

　　舒德干不仅进行化石发掘与研究,还不停地进行理性思考和理论创新。2008 年,他在著名国际期刊《冈瓦纳研究》上发表长文,将寒武纪大爆发的基本内容与地质历史上的多细胞动物起源及演化成型紧密联系在一起,创造性地提出了寒武纪"三幕式大爆发"新假说(图 3-5),阐述了三幕式爆发依次诞生了动物界的三个亚界:前寒武纪晚期的第一幕爆发,形成了多门类基础动物亚界的繁荣;5.4 亿年前寒武纪初期的第二幕爆发,不仅延续了基础动物的繁荣,而且还诞生了原口动物亚界的大多数门类;约5.2 亿年前的澄江动物群启动了第三幕的爆发,这期间不仅有基础动物亚界和原口动物亚界各门类的继续繁荣昌盛,而且首次出现了后口动物亚界中几乎所有门类的始祖代表,甚至还创造了初具鳃裂构造的一个已灭绝的动物门——古虫动物门。正是鳃裂构造的出现,引发了所有后口动物在取食和呼吸上的新陈代谢革命。舒德干还依此创作了早期动物演化树。

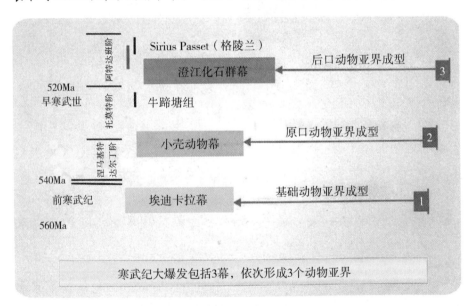

图 3-5　寒武纪"三幕式大爆发"假说(图片由舒德干院士提供)

　　达尔文早年主张生物演化的渐进论,坚持认为"自然界不存在飞跃,寒武纪物种大爆发不过是化石记录保存不全造成的假象"。但寒武纪大爆发在占地质历史不到 1% 的时间内,"瞬间"产生了 90% 以上的动物门类,这种奇特现象使达尔文困惑不解。

　　100 多年后,古生物学家发现的化石记录越来越多,"动物大爆发景观"也越来越清晰。于是,美国著名古生物学家古尔德(Stephen Jay Gould, 1941—2002)提出"一幕式爆发"猜想,许多人也附和以"几乎所有动物都站在同一起跑线上"的说辞。对此说辞,神创论者喜笑颜开,他们认为能够发动如此非凡爆发的,非上帝莫属。达尔文的进化论把上帝赶下了神坛,但古尔德的"一幕式爆发"说又为神创论者找到了新的支点。然而,舒德干的"寒武纪三幕式大爆发"理论以充分的化石证据与严密的科学逻辑使人信服,以科学的证据发展了达尔文的进化论,没有给神创论者留下任何余地,被认为是目前最接近自然历史真相的科学理论。

舒德干团队成员张兴亮教授带领研究生于2007年暑期在湖北宜昌长阳地区进行野外勘探时,发现了拇指长的半只古生物化石,这个"虾状"节肢动物正是布尔吉斯页岩型化石库很有代表性的林乔利虫,紧接着他们又在这个位置找到了寒武纪早期的无脊椎动物纳罗虫化石。在与蕴藏着5亿多年前生命信息的林乔利虫化石"邂逅"之后,他们在这片地区的研究延续了12年,找出了2万多块化石样本。研究团队在对其中4351件珍贵化石标本进行初步研究后,已分类鉴定出109个属,其中53%为此前从未见过的全新属种。他们将这个生物群命名为"清江生物群"。

清江生物群由于特殊的埋藏条件,软躯体生物居多,其中已发现的原生物种属中85%不具备矿物骨骼,绝大多数为水母、海葵等没有骨骼的基础动物。生物统计学的"稀疏度曲线"分析显示,清江生物群的动物多样性将有望超过其他所有已知的寒武纪软躯体化石库。

2019年4月,张兴亮、傅东静的论文《华南早寒武世布尔吉斯页岩型化石库——清江生物群》刊登在《科学》杂志上。

2020年,舒德干与韩健在《地学前缘》第六期上发表长篇论文《澄江动物群的核心价值:动物界成型和人类基础器官诞生》,被该期刊给予高度评价:"该文对澄江动物群进行了高屋建瓴的总结,并由此初步破解了达尔文留下的几个重大科学难题"。总之,对澄江动物群的研究代表了中国科学界给国际基础研究领域做出的一项重大贡献。为发展和完善科学进化论提供了关键性突破支撑。

舒德干在论文中指出,澄江动物群以富含多门类精美软躯体构造化石享誉世界,是寒武纪大爆发的见证者,它展现了地球动物进化树上几乎所有主要门类祖先的首次"大聚会"。对该动物群30多年的调查研究进一步丰富和发展了动物起源三幕式进化的假说。

三幕式寒武纪大爆发理论揭示了地球上动物门类由低等到高等分阶段大爆发创造的本质内涵,即历时0.4亿年的三幕式寒武大爆发与动物进化树阶段性快速成型的内在耦合性。第一幕发生于埃迪卡拉纪晚期,创造了众多基础动物门类(包括大量灭绝门类),也可能出现了少量原口动物的先驱分子;第二幕发生于寒武纪的第一世,除了延续基础动物门类的繁盛外,更创造了原口动物亚界里的主要门类(也包括蜕皮类和触手担轮类);第三幕爆发于寒武纪第二世(以澄江动物群为代表),不仅延续了基础动物和原口动物门类的兴盛,更重要的是创造了后口动物亚界里的所有门类。至此,整个三分动物树的框架成型(图3-6),寒武纪大爆发创新事件宣告基本结束。寒武纪大爆发也决定了地球此后5亿多年中动物进化的基本方向。

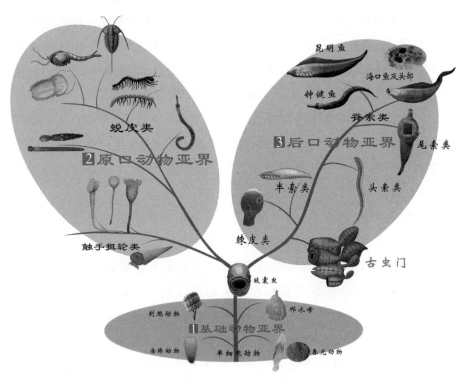

图3-6　寒武纪大爆发三分动物树(图片由舒德干院士提供)

三、点燃大爆发的原因

长期以来,科学家一直在思考是什么原因点燃了寒武纪生命大爆发,即究竟是何动力推动了寒武纪物种大爆发。为了解决这个问题,科学家深入分析了埃迪卡拉生物群和寒武纪大爆发时的生物群,找出了它们之间的差异,并进一步研究了两者之间的生态环境与生物地球化学的异同。

截至目前,通过各种途径的研究分析,终于找到了一种比较容易让人信服的原因。通过分析埃迪卡拉生物群和寒武纪大爆发时的生物群,科学家们发现两者之间的最大差别在埃迪卡拉生物群中没有捕食动物,这时的动物都以微生物为食,它们在温暖、安静的海水中繁衍生息,海藻和动物们和睦相处、生死相依。而寒武纪大爆发时的生物群则出现了奇虾这样的大型捕食动物,它们以捕猎其他动物为生。这一方面说明寒武纪时涌现出了一大批新型动物,另一方面也说明这时生物演化迅速,生物的生存压力大增。有科学家形容这是地球历史上第一场"军备竞赛",一旦有捕食动物出现,其他动物要生存,就要能够及时躲避捕食者或者进行防御,而为了更加有效地捕获猎物,捕食者也需要有更有效的办法和"工具",这就刺激了双方的进化。

从埃迪卡拉生物群到寒武大爆发时的生物群,这种生态环境及动物行为的改变,可以从南非纳米比亚最早的动物礁石中得到证明。2014年,英国爱丁堡大学的地质学家在非洲西南部的纳米比亚那马组岩礁中发现了最早的动物礁石,其年龄约5.48亿年。这些多细胞动物的出现要比寒武纪大爆发高潮期早200万年,这是动物造礁的最早案例。

古生物学家推断,微生物造礁至少可追溯到30亿年前,而动物造礁则在寒武大爆发时遍布整个地球,动物的骨骼造礁需要磷酸钙外壳的沉积,而微生物造礁通常包含有蓝细菌和其他微生物。

纳米比亚动物礁石展示的是从一种生态到另一种生态的进化,这一发现第一次证明,微生物和有骨骼的动物在埃迪卡拉纪晚期都对礁石的建造做出了贡献。

珊瑚礁是由微小的滤食性动物（被称为克劳德管）构成的，这是一种生活在寒武纪大爆发前并被现代科学家广泛研究的动物。研究认为，现代礁石是一种生态压力的反映，珊瑚礁通常有助于保护建造它们的动物免遭捕食者的侵袭，同时还提供了一种从水中获取营养物质的手段。

最新的研究表明，生活在海底的克劳德管通过分泌由碳酸盐构成的"天然水泥"，附着在固定物体表面并彼此黏结在一起，从而形成坚硬的结构。随着硬体结构的出现，海洋生物的多样性剧增，这反映出克劳德管被捕食的威胁也日益增加，于是它们可能因此进化出构造礁石、保护自己不被猎食的能力，同时，礁石也让它们有机会获得海洋洋流中的营养。

这些古老礁石的发现与对其的研究，比较好地解释了从埃迪卡拉生物群向寒武纪大爆发生物群过渡时的动物生态环境的变化及进化压力增加的事实，但它却无法回答这种进化的动力，即造成这种进化的原因。

不过，在过去的几十年里，科学家们还是收获了一些关于埃迪卡拉纪终结的雪泥鸿爪。从纳米比亚礁石和其他地方收集的证据表明，早期认为寒武纪大爆发实际上源自触发重要进化形成和微小环境改变之间发生的复杂的相关作用的理论过于简单。如今，一些科学家认为是氧气的临时性小幅增加突然超过了生态阈值，使捕食者得以出现，食肉动物的崛起可能引发了一场进化上的"军备竞赛"，导致如今海洋中随处可见的复杂身体形态和各种生存行为的出现。这是地球进化史上最重要的事件。

在纳米比亚、中国和地球其他地方，研究人员收集了古代海底的岩石，并分析了它们中铁、钼和其他金属的含量。这些金属的溶解度对周围的氧气量有很强的依赖性，因此它们在古代沉积岩中的含量和类型反映了很久以前沉积物形成时水中氧气的含量。对这些岩石进行地球化学的研究结果表明，海洋中的氧气浓度是通过几个步骤升高的，并且在约5.41亿年前寒武纪开始时接近今天海洋表面的氧气浓度，而当时正是更加高等的动物突然出现并走向多样化的前夕。这支持了将氧气作为进化爆发关键触发因素的观点。

一项对古代海底沉积物进行的大型研究，从定量的角度进一步揭示了寒武纪生命大爆发的引爆与氧气有关。美国斯坦福大学的古生物学家编制了一个数据库,其中含有4700条关于铁的测量结果,这些结果是从全球岩石中采集的,并且跨越了埃迪卡拉纪和寒武纪。他们发现,在埃迪卡拉纪和寒武纪的边界,喜氧或厌氧海水比例的增加并未出现统计学上的显著性。

为了弄清楚氧气含量在这一关键时期到底发生了什么变化和它们在点燃寒武纪生命大爆发中到底起了什么作用,斯坦福大学的科学家通过研究全球现代海洋中的氧含量减少的区域,以寻求对埃迪卡拉纪海洋的进一步了解。通过收集自己和其他人此前公开的研究数据发现,微小蠕虫可以在氧含量极低——低到全球海洋表面平均氧气浓度的0.5%以下——的海底区域生活。这些氧气贫乏环境中的食物网很简单,动物直接以微生物为食。在海底氧含量较高的地方(约为海洋表面平均氧气浓度的0.5% ~ 3%),动物种类更加丰富,但食物网依然受限,动物仍以微生物而不是彼此为食。不过,在氧浓度为3% ~ 10%的地方,捕食者出现并开始吃掉其他动物。

此项发现说明氧含量对进化的影响是深远的。寒武纪之前,可能发生的氧含量小幅上升不足以触发一场大的变革。如果氧含量为3%,并且上升越过10%的阈值,这将对早期生命进化产生巨大影响。受氧含量小幅上升的驱动,捕食者逐渐出现,而这对明显缺少防御能力的埃迪卡拉纪生物群来说是一场大麻烦。

对纳米比亚礁石的研究显示,到埃迪卡拉纪末期,较弱小的动物确实开始成为捕食者们的猎物。当英国爱丁堡大学的古生物学家分析礁石的形成时,发现了一种名为克劳德管的原始动物占据了部分微生物礁石,这些锥形生物没有在海底扩散,而是生活在一个拥挤的聚集地,那里能隐藏其易受攻击的身体部位,从而躲过捕食者——这便是现代礁石中出现的生态动力学。

寒武纪早期的遗迹表明,当时的动物开始在微生物垫下面的沉积物中挖出几厘米的洞,而这为获取此前未被利用的营养物质提供了途径,并且成为逃过捕食者的避难所。动物们还有可能向相反的方向移动,躲避捕食者及其追逐猎物的需求,或者进入海底上方的水柱,在那里,氧含量的增加使它们得以通过游动消耗能量。

中国科学院南京地质古生物研究所朱茂焱团队长期进行早期生命与环境演化关系的研究，取得了多项重要成果。

早在 2006 年，朱茂焱团队就提出了阶段性辐射和灭绝的寒武纪大爆发过程模型，并发现了动物早期演化的阶段性辐射和灭绝过程，与海水中碳同位素的异常变化存在耦合关系。但是这种相关性之间的具体原因和机制一直不明。

俄罗斯西伯利亚是解决这一问题的关键地区，因为该地区的寒武纪早期地质剖面不仅化石丰富，更重要的是这些剖面由一套连续的碳酸盐岩沉积序列构成，记录了该时期全球海水碳同位素的完整演化过程，从而为揭示该时期包括碳、硫同位素等的海水化学变化与生物演化过程之间的相关性提供了可靠的研究材料。

朱茂焱团队通过与俄罗斯同行合作，于 2008 年在西伯利亚开展野外工作，采集到了一套珍贵的寒武纪早期碳酸盐岩地层样品。随后，由来自中、英、俄的科学家组成的合作团队在详细的地层学和生物化石多样性演化研究的基础上，对这套样品开展系统的碳、硫同位素实验分析和数学模型计算，获得了令人兴奋的研究成果。

地球生物化学循环模拟计算表明，该地区海水碳、硫同位素在寒武纪早期，即 5.24 亿年前—5.14 亿年前期间发生了五次同步变化，其变化幅度反映了大气和浅海中氧含量的变化幅度。而自 5.14 亿年前以后，碳、硫同位素的不同步变化则反映了海水的普遍缺氧。

综合生物地层资料研究表明，在寒武纪早期约 5.24 亿年前至 5.14 亿年前之间的 1000 万年时间里，也就是寒武纪大爆发的高潮时期，海水碳和硫同位素值发生的同步波动的次数和幅度，与动物化石多样性变化的次数和幅度在时间上高度吻合。而在距今 5.14 亿年之后的大约 200 万年里，碳和硫同位素之间的变化则是不同步的，硫同位素保持明显的负异常，而碳同位素频繁波动。巧合的是，这一时期内发生了全球性寒武纪动物群的大灭绝，就是说，寒武纪动物大爆发的狂欢从此结束了。

朱茂焱牵头的这项研究首次采用定量模型论证了寒武纪大爆发的幕式过程受控于大气和海洋的氧气含量变化，而发生在距今 5.14 亿年前后的寒武纪动物群大灭绝事件是海水缺氧造成的。此外，该项研究也从实验方法学上证实,碳酸盐岩中的微量硫酸盐中的硫同位素可以很好地用于追踪古代海水中硫的循环,相关研究成果发表于 2019 年 5 月 6 日的《自然·地球科学》上。

已有研究表明,早期地球是极端缺氧的,地球早期大气和海洋的氧含量长期保持在极低水平。为了揭示地球早期缺氧海洋在何时被氧化、又是如何被氧化的,朱茂焱等中英两国研究团队于 2019 年 9 月 2 日在《自然·地球科学》上发文,回答了这一问题。

研究团队在对 9 亿年前以来全球海水碳酸盐的碳同位素演变过程的研究中发现,前寒武纪海洋中的有机碳库在 5.7 亿年前之后明显减少,这表明那个时期的深部海洋已经开始氧化。这一发现的直接证据是在 9 亿年前—5.4 亿年前的前寒武纪晚期,海水中的碳同位素值出现多次巨大的负异常变化。其中,发生在 5.7 亿年前的一次碳同位素负异常事件是地球历史上规模最大的一次,但这种现象在寒武纪大爆发之后彻底消失。

研究团队提出的新的地球系统模型解释了这一现象。新模型强调,地球内部作用引起的岩石圈运动,是地球表层系统发生革命性改变的原始驱动力。新模型不仅验证了寒武纪海洋中巨大的有机碳库存在的假说,还为海洋中巨大的有机碳库的变化控制着前寒武纪末期地球多次大规模冰期发生的假说提供了支撑。

海洋有机碳库的氧化是受构造驱动的,其向大气中释放了大量的二氧化碳,气候由此变得越来越暖。大规模造山运动将大量蒸发岩输入海洋,蒸发岩作为大洋的氧化剂,使得寒武纪大爆发之前普遍缺氧的深部大洋得以氧化,从而导致大气和海洋中的氧含量快速增加,为地球上复杂的大型多细胞生命的快速演化奠定了基本条件。

正是由于海洋的氧化,海洋中的有机碳库变小,它作为地球早期气候调节器的作用也就减弱了,因而寒武纪之后的地球,再也没有出现过类似于前寒武纪"雪球事件"那样的极端冰期气候。

板块构造运动研究表明,地球在演化过程中至少存在过三次超大陆聚散过程,分别是古元古代晚期(约 18 亿年前)的努纳超大陆,新元古代(约 8 亿年前)的罗迪尼亚超大陆和晚古生代(约 3 亿年前)的潘基亚超大陆。努纳超大陆的历史过于久远,科学家对其了解甚少。而罗迪尼亚超大陆的聚合与离散时间在8亿年前至5.2亿年前,正好是前寒武纪晚期到寒武纪生命大爆发的时间,这验证了朱茂焱团队提出的地球系统模型,强调了地球内部作用引起的岩石圈运动,是地球表层系统发生革命性改变的原始驱动力这一认识。

英国埃克塞特大学的研究人员及其同行也提出了同样的观点,认为寒武纪生命大爆发或由板块构造运动所导致,他们计算了当时板块运动对地球碳循环的影响,首次对寒武纪前夕的大气氧含量变化进行了定量分析。

大气氧含量是生物发展的关键"阀门",限制着生物的能量利用效率,只有大气氧含量达到一定程度,才可能出现体型较大、运动能力较强、神经系统发达的捕食动物。大量地质证据显示,寒武纪之前的数亿年中,氧含量曾经多次上升,但目前对这种氧含量上升的事件都缺乏完整的研究与分析。

研究人员利用一种生物地球化学模型分析显示,在埃迪卡拉纪(6.35亿年前—5.41亿年前),大气氧含量表现出长期上升趋势,总共增加了50%,最后达到了现今氧气含量的25%。根据该模型,埃迪卡拉纪的大气氧含量上升是因为地球板块构造运动频繁碰撞、火山活动剧烈,导致大量的二氧化碳从地幔进入大气。再加上岩石风化加剧,析出了更多磷等营养元素,导致生物光合作用增强,有机碳的生产和埋藏速率提高,也使大气氧含量持续增加。此前的研究认为,寒武纪大型掠食动物的出现,需要大气氧含量达到现今水平的10%~25%左右,而该研究团队的新模型数据和分析结果与同位素标记的地质特征恰好吻合。

/ 第四章 /

地球晚近期环境与人类起源

地球晚近期指地质史上古生代至今这段持续了约5.41亿年的时期，如表4-1所示，这段时期包括古生代（5.41亿年前—2.52亿年前），中生代（2.52亿年前—0.66亿年前）和新生代（0.66亿年前至今）。现在世界上已经发现的现生生物有200多万种，都是在这个时期演化出来的。我们人类就是这200多万种中的一个生物种。因而，要真正了解人类的起源与演化，就要对这个时期的环境变化（包括海陆变迁、海水的变化、气候演变等）与生物演化进行深入研究。否则，就只能是缘木求鱼。

表4-1 地质时间表（三）

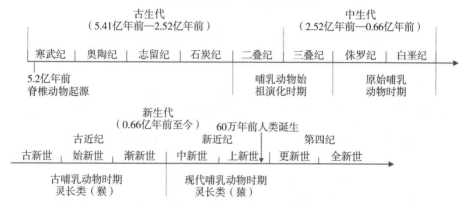

注：为版面布局，此表中各线段长度未与其所代表的地质时代的实际时长按比例对应。

一、研究人类起源的意义

前面讲过，寒武大爆发与人类起源是困扰达尔文生物进化论的两大难题，达尔文对这两个问题进行了长期思考，但久久无法解决。而在这两个难题中，人类起源问题的难度和意义远比寒武大爆发更大。寒武大爆发可以说基本上是个科学问题，而人类起源问题则不单是科学问题，它还涉及宗教问题，因而大大增加了解决问题的难度。

著名古生物学家、哈佛大学教授古尔德（Stephen Jay Gould，1941—

2002)说:"达尔文的发现颠覆了人类以往的自满和自信,其震撼力非其他科学革命所能比拟。稍可相提并论的是哥白尼和伽利略,这两人将人类宇宙中心的地位贬到一个环绕太阳周边的小小的物体上……达尔文进化论革命的对象,却是人的意义和本质(限于科学可以讨论的范围),以及人类来自何处、和其他生物又有什么样的关系。"

古尔德一针见血地指出,达尔文的进化论把人们长久以来信奉的人的创造者——上帝彻底赶下了神坛。因而,自从1859年达尔文的《物种起源》发表后,一个半世纪以来,生物进化论在各个时期都遭到了不同形式的质疑和反对。这些反对声的来源,有宗教神职人员,有政客和政府工作人员,甚至还有教育工作者。而且,最让人不可思议的是,对进化论反对最强烈的国家竟是世界上科学技术最先进的美国,请看以下事实:

20世纪初,在美国就闹了一出反对进化论的丑闻,即"斯科普斯猴子审判案"。

1922年,肯塔基州浸信会传道理事会通过决议,要求该州立法,禁止公立学校讲授进化论。这项荒唐的决议仅因一票之差未被州议会通过。但反进化论运动却在政客布莱恩(William Jennings Bryan, 1860—1925)和神创论信徒的推动下深入美国南方各州。在此影响下,1925年,田纳西州最先通过了禁止在学校讲授进化论的法案,这就是臭名昭著的《反进化论法案》,也称《巴特勒法案》。

美国公民自由联盟认为,该禁令剥夺了教师们的言论自由,因此强烈反对。他们誓要推翻这种荒谬的禁令,宣布将替任何一位田纳西州违反此禁令的教师辩护。

《反进化论法案》出台不久,受到美国公民自由联盟资助的田纳西州代顿镇的青年物理老师兼足球教练斯科普斯(Scopes)表示,自己曾教过《公民生物学》中有关人类进化的章节,自愿成为被告受审。

接下来闹剧开始了。公民自由联盟预期斯科普斯将被判有罪,并被处以罚金,这样他们便能着手上诉。可是情况出人意料,本案起诉人的代理人和被告的律师都是当时赫赫有名的大人物,这就使原本简单的案件迅速升级为公众关注的焦点。起诉方的代理人是前面提到的布莱恩,他曾三度获得民主党提名竞选总统,又曾担任威尔逊(Thomas Woodrow Wilson,

1856—1924）总统的国务卿，同时他又是有名的反进化论者，由他带领的反进化论运动令全国瞩目。他宣布愿意"协助"该案起诉。而担任被告律师的达罗（Clarence Darrow）则主动请缨为公民自由联盟效劳，自愿为被告辩护。达罗是美国著名律师，他因1924年给两名只为"好玩"就杀死了一名大学生的人辩护胜诉而登上全美新闻头条，名震一时。

有这样两位名人打对决，这场审判本就充满了戏剧性，又恰逢当时收音机首度在一般美国家庭普及，更使这场官司获得了全美瞩目。详细过程不去细论，后人只知道达罗在庭审过程中以一连串古怪刁钻的问题使布莱恩疲于应付，而又使自己在斯科普斯猴子大审中名声大噪。但达罗关心的只是其在审判中的精彩"表演"而根本不在乎进化论，加之本案的法官和绝大多数陪审团成员都是虔诚的基督教徒，斯科普斯最终在此案中败诉，被判决罚款100美元。"猴子审判"是美国法制史上著名的宪法事件，它并没有解决进化论与神创论之间的冲突。该案的结果是公民自由联盟失去了挑战禁止教授进化论这一荒谬法案的机会。这就导致美国公立学校的教师在讲授生命起源问题时尽量采用模棱两可的态度。很多出版商为避免引发争议或遭受处罚，在教材中也尽量淡化有关进化论的内容，以致美国进化论教育长期陷入低谷。就在田纳西州进行斯科普斯猴子审判的同时，布莱恩及其盟友更是进一步促成了密西西比州、阿肯色州、佛罗里达州和俄克拉何马州通过了类似的法令。"猴子审判"事件后，《反进化论法案》在田纳西州持续存在了长达40年之久，尽管此后再也无人因此被起诉，斯科普斯的100美元罚款也于1927年被田纳西州最高法院免除。

虽然进化论教育在美国受冷，但20世纪40、50年代，美国却成为进化生物学的温床，杜布赞斯基（T. Dobzhansky，1900—1975）、迈尔（E. W. Mayr，1904—2005）、辛普森（G. G. Simpson，1902—1986）等科学家使美国成为现代生物演化综合论的大本营。在美国蓬勃发展的古生物学和遗传学令全世界艳羡，可是这些新知识却极少能够从研究所、博物馆和大学生物学系流向一般大众。因为基督教创世论者对教科书出版商施加压力，不准在课本中提及进化论，出版商怕丢生意，只好屈服。

1957年，苏联发射了第一颗人造卫星，使全美对科学教育，包括进化论教育落于人后而大为恐慌。于是教科书编辑开始重新审视进化论内容，到了 1967 年,就连田纳西州议会也废止了《反进化论法案》。

然而神创论者并不甘心失败,他们想尽各种办法,改头换面继续反对进化论。

20 世纪 80 年代以来,有人在美国一些州掀起了一股不小的风波。在中学的生物教学中用所谓的"智能设计",即用"宇宙和生物的某些特性用智能原因可以更好地解释,而不是来自无方向的自然选择"的论断,来取代进化论教学。到 21 世纪初,此风愈演愈烈,丑闻不断。

1989 年,"智能设计"的鼓吹者们出版了《关于熊猫和人》一书,他们打算将这本书作为九年级学生的教材,像西雅图发展研究院这样的机构也开始宣称"智能设计"是一种切实可行的进化论的替代理论。

1999 年,堪萨斯州管理委员会的保守派成员严肃认真地审视了这一想法,并决定起草州教育标准修改方案。这种修改可能引起人们对于进化论的怀疑和不确定。在某些情况下,他们其实就是要把进化论(包括关于地球年龄及宇宙大爆炸的理论)从标准中整个删除。不过他们的提案引起了全球的关注和强烈反对,这导致了创世论者联盟成员在 2000 年的几次落败。

然而,事情并未就此结束。2005 年 10 月,堪萨斯州教育委员会还是通过了他们新的教育标准。这一修改不仅涉及进化论,还涉及对科学的重新定义,关于世界的超自然解释由此在科学中获得了一席之地。

不仅如此,其他州也尝试过停止或减少在公立学校中关于进化论的教学内容。2004 年 10 月,宾夕法尼亚州多佛市的一个乡村学校更进一步开始执行"智能设计"教学。当地的教育委员会给他们的新科学课程加上了这样的说明:"学生将意识到在达尔文理论和其他进化理论之间的分歧或问题,这些其他理论包括'智能设计',但并不仅限于'智能设计'"。

教育委员会还要求多佛市的老师在所有的生物课堂上大声宣读一种声明:进化论只是一种理论,而不是事实,而"智能设计"是一种不同于达尔文观点的关于生命起源的解释。声明中还说:"如果学生试图了解关于'智能设计'到底包括什么,参考书《关于熊猫和人》为他们提供了了解这种观点的途径,学生应该被鼓励持有一个开放的心态。"

多佛市的科学教师对这样的决定感到惊讶并拒绝宣读声明,管理者不得不进行干涉。但当学生问起在"智能设计"背后是怎样的一个设计时，管理者却只能告诉他们，这得回去问他们的父母。

两个月后，多佛市地质学校的 11 名学生家长提起诉讼，认为这样的声明违反了美国宪法第一修正案，因为它象征了不被允许的宗教的建立。而教育委员会反驳说，他们并没有这种意思。学校首席顾问理查德·汤普森（Richard Thompson）则说："多佛市教育委员会所做的一切，都是为了让学生能够窥见科学界正在进行的如火如荼的论战。"

汤普森何许人也？他是密歇根州托马斯·莫尔法律中心的主席，而该中心却"献身于对天主教的宗教自由，以及保卫和促进人类生活的神圣性"。早在 2000 年，该法律中心的律师们就已经拜访过全国各地的教育委员会，试图找到一个委员愿意在科学课堂上讲授《关于熊猫和人》。根据《纽约时报》2005 年 11 月的报道，该中心的律师们保证说，如果教育委员会被起诉，他们将免费为其打官司。在西弗吉尼亚州、明尼苏达州和密歇根州，该中心的律师们都被拒绝了。但是在多佛市，他们的运气就好得多了，多佛市教育委员会成员表示可以开始讨论他们应该怎样把"智能设计"加入科学课堂中，"从而把祈祷和信仰重新带回学校"。

"智能设计"是什么，它的本质是可以被揭穿的。在法庭上，由于东南路易斯安那大学的科学哲学家芭芭拉·福里斯特（Barbara Forest）的证词，审判最终解决了关于"智能设计"起源的问题。芭芭拉比较了《关于熊猫和人》的初稿和定稿，她为大家展示了作者为何在初稿中 150 多次运用到诸如"神创论"或"创世科学家"等字眼，而之后都把它们转变为"智能设计"。

这次审判对神创论者的打击是毁灭性的，法官宣判："我们的结论是，'智能设计'的宗教本质是很容易被旁观者——不论是成人还是小孩——所意识到的。"这一结果宣告鼓噪了十几年的"智能设计"运动就此惨败。

还有两则趣闻反映了美国社会深层反进化论的暗流。

2004 年，西雅图发现研究院胜利宣布他们的成员之一斯蒂芬·C·迈耶（Stephen C. Meyer）在同行审阅的刊物上发表了一篇关于"智能设计"的论文。迈耶在《华盛顿生物学学会公报》上发表的一篇评论文章中声称"寒武纪大爆发不可能是进化的结果"。但很快华盛顿生物学理事会就声明，处理迈耶论文的前任编辑违反了期刊有关同行评论的规则。他们认为

"智能设计作为一个可检验的假说来解释有机物多样性的起源,并没有可信的科学证据,因此,迈耶的论文并不符合《公报》的科学标准。"

2005 年,也就是在多佛市法院宣判"智能设计"惨败的同时,犹他州参议员克里斯·巴塔斯(Chris Batas)博士在《今日美国》上发表了他对进化论的意见。他认为,进化论"声称人类是由其他物种进化来的,这一理论的漏洞比用钩针编织的浴缸还多"。克里斯不顾近年来科学发现的大量化石证据,竟断然声称"并没有任何科学的化石证据把猿跟人联系在一起"。同年,克里斯还发起了一场要求改变犹他州生物课程的运动,他希望老师不要把进化论作为今天物种多样性的唯一可行的科学解释,他希望学生能够学到他的"神的设计"。根据《盐湖论坛报》的报道,"相信上帝是造物主",这就是克里斯认为的"神的设计"。

以上这近一百年来发生在号称世界最先进、最文明的国家里的种种反科学、反进化论的丑闻让人啼笑皆非,不可思议。世界上许多古老民族都有关于人类由来的传说,而且多有宗教的色彩,至今还在民间广为流传。这些都说明,对于进化论而言,有关人类起源的研究是一个意义重大且最为激动人心的领域,它不仅仅是个科学问题,而且是把人类的思想从宗教神学和神权的桎梏中解放出来的伟大事业。

二、人类起源于寒武纪大爆发

1. 化石证据

达尔文想解决人类起源问题,但苦于当时化石证据的匮乏,只能在《人类的由来与性选择》的结尾处大胆猜想"人类的遗传构造永远打上了低等生命创造的印证"。达尔文的假说认为,人类起源于低等动物,他盼望之后的科学家能予以证实。150 年之后,终于有一支中国的科学家团队成了攻克人类起源问题的劲旅。中国西北大学舒德干教授带领的早期生命与环境创新研究团队经过 20 多年艰苦的野外化石发掘和细致入微的观察研究,在云南寒武纪澄江动物群和陕西宽川铺寒武纪动物群取得了一系列重大的突破性研究成果,其研究论文均发表在《自然》《科学》等权威杂志上。在脊椎动物起源问题上,他们找到了包括从最原始的后口动物到最古老的脊椎动物和中间的过渡物种在内的大量化石证据,并由此取得了对早期脊椎动物的起源与演化历史的系统认识。这里,对他们的发现和研究成果作简要介绍。

(1)昆明鱼和海口鱼

1998年12月,舒德干带领当时还是博士生的张兴亮和韩健,在云南澄江生物群获得的化石标本(发现于云南罗湖)中发现了保存完好的距今5.3亿年的早寒武世鱼类化石。舒德干将其命名为昆明鱼和海口鱼。仔细研究后发现,这两种无颌类脊椎动物形态相似,其中昆明鱼(图4-1)的保存形态尤为完好,除其身体前部有清晰的鳃囊构造和组成躯干的"之"字形肌节外,还完好地保存了原始偶鳍和围心腔。海口鱼在肌节、原始偶鳍、围心腔构造上与昆明鱼极为相似,但咽腔中已出现了软骨型鳃篮,背鳍中产生了鳍条,这表明海口鱼比昆明鱼更为高等。

图4-1 昆明鱼

昆明鱼是所有脊椎动物的祖先,在它身上科学家找到了包括我们人类在内的所有脊椎动物的头脑、脊椎和心脏的起源。人体50多个器官分为8大系统,昆明鱼已经演化出5大基础器官系统——运动系统、消化系统、呼吸系统、循环系统、神经系统,被称为"天下第一鱼"。

长期以来,学术界认为最早的脊椎动物是4亿多年前的甲胄鱼,化石资料也只有其骨片,这对研究脊椎动物的起源不能提供有效的生物学信息。而昆明鱼和海口鱼的发现揭示了在早寒武纪生命大爆发时,脊椎动物就已经出现的事实。这一重大发现将脊椎动物的起源时间向前推进了5000万年。

1999 年 11 月 4 日,《自然》杂志以《逮住天下第一鱼》为题发表了这一重大突破性成果。评论认为"舒德干等人发现的两条鱼是学术界期盼已久的早寒武世脊椎动物,填补了寒武纪生命大爆发的重要空缺"。3 年后,他们又发现了大量保存更好的早寒武世鱼类化石,为"天下第一鱼"家族添加了新成员——钟健鱼(为纪念著名古生物学家杨钟健而命名),创建了"昆明鱼目"。

(2)华夏鳗

1996 年,舒德干在云南澄江化石库发掘出一块 5.2 亿年前具有许多脊索动物基本特征的化石。通过仔细观察研究,发现该化石呈鳗鱼状,具有肌肉节、咽腔、鳃裂和脊椎印痕,沿其腹部的一系列 V 字形分节与现存的原始脊索动物文昌鱼的肌肉节非常相似。化石背部有一条很深的褶痕,是该动物的脊索留下的痕迹。这证明脊椎动物的脊椎骨就是由原始脊索动物的这种脊索构造演化而来的,即脊索动物是脊椎动物的早期祖先。

舒德干将这种化石动物命名为"华夏鳗"(图 4 - 2),有关华夏鳗的研究论文发表在当年的《自然》杂志上。这一重大发现表明脊索动物于寒武纪生命大爆发之初就已出现,解决了困扰学术界多年的疑惑,将脊索动物的演化历史向前推进了 1000 多万年。

图 4 - 2　华夏鳗复原图

(3)古虫动物门

1998 年 3 月,舒德干等人在云南澄江发现了一块 5.3 亿年前的奇特的早寒武世古生物化石,这种生物的特别之处在于其身体由两部分组成,后部与原口动物分节特征一致,而前部却与后口动物的咽腔接近,尤其是前端的"双环式"大口的独特构造与比它晚 2.5 亿年的晚石炭纪生物,一种被认为是无颌鱼类的皮鱼极为相似。按照当代生物学家普遍认同的科学分类法,高等两侧对称动物可划分为原口动物和后口动物两个亚界,但人们对两大类动物之间的演化关系认识各不相同。现在有不少学者从发育生物学和分子遗传学的角度探索两者之间的演化关系,但一直都缺少可靠的早期化石形态学证据。而这块罕见的化石兼有原口动物和后口动物的基本特征,这一过渡类型化石的发现为探索这两大亚界物种之间的演化关系提供了重要的证据。舒德干将这块化石命名为"西大动物",研究论文发表在当年的《自然》杂志上。

　　三年后,也就是2001年,《自然》又发表文章《中国澄江化石库中发现新的原始后口动物门》。文中,舒德干等人认为西大动物属于一个已绝灭的远古动物类群,并将这一奇特的绝灭类群命名为"古虫动物门"(图4-3)。该门至少包括四个属,其显著特征是具有后口动物独有的咽腔鳃裂和十分奇特的二分躯体构型,它们是在与更进步的脊索动物的生存竞争中遭淘汰而灭绝的。此前的后口动物亚界中只有半索动物门、棘皮动物门和脊索动物门三个门类。古虫动物门的发现和确认说明了后口动物存在着已经灭绝的第四个门类。

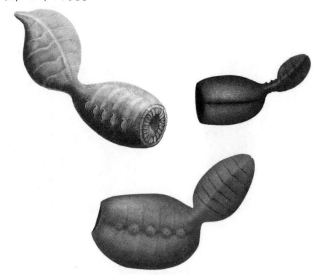

图4-3　古虫动物门

　　古虫动物门包括西大动物(左上)、北大动物(右上)、地大动物(下),是后口动物亚界最原始的已灭绝种类,它们没有头,却长出了肛门,并进化出了比冠状皱囊虫的简单塞孔更为复杂的鳃裂,为动物进化史上的一大里程碑事件。

英国皇家学会会员、剑桥大学古生物首席教授在评论舒德干的科研成果时称赞道:"这些研究成果代表着进化生物学上一些最为重要的进展。因为后口动物的起源和崛起与脊椎动物的早期演化这两个论题被学术界广泛认为属于生物演化中最重大的事件,其学术重要性应当不亚于对动物开始征服陆地的研究,以及对人类起源的探索那样的科学命题。针对这两个极具挑战性的进化论题做出如此重大的贡献,其本身的意义应该是不言而喻的,即使一个科学家只对其中一个论题做出如此重要的贡献,这位学者和他的祖国都将会因此而感到自豪。"2012 年,舒德干与他的博士生欧拓等人再次深入研究了古虫动物门所有成员的鳃裂构造、肌肉系统和消化系统,确定了它们应该属于后口动物亚系中的原始类群。

(4)冠状皱囊动物

2017 年初,舒德干团队成员韩健等人在《自然》杂志上发表了封面论文(舒德干为通讯作者),该文章报告了该研究团队在对 5.35 亿年前的陕西宽川铺生物群中的微型动物化石进行研究时发现的最古老、最原始的后口动物——冠状皱囊虫(图 4-4),这种奇特的微型动物代表着显生宙最早期毫米级的人类远祖近亲。

图 4-4　冠状皱囊虫化石(左)及复原图(右)(由韩健研究员提供)

冠状皱囊虫是地球上最早长出嘴的动物,也是一种非常原始的两侧对称动物,被认为是寒武纪早期的人类远祖近亲。

冠状皱囊虫呈近椭球形,成体大小约 1 毫米,位于腹面可以伸缩的环状口部与澄江动物群中的西大动物的双环口部非常相似,表面四对体锥更与澄江生物群中古囊动物的两个体锥毫无二致。最奇特的是,所有标本皆未发现该物种有任何尾巴和肛门的迹象。由于口部腹位和缺乏肛门恰是两侧对称动物基于类群异涡形虫类具有的两个典型特征,由此推测,这种已知最古老、最原始的具有雏形鳃孔的后口动物可能代表着后口动物亚界的一个"根"。

舒德干认为,该项发现的深层次人文意义在于,在后口动物亚界范围内,5.35亿年前的皱囊动物应该与进化出鳃裂雏形的微型人类远祖近亲相关;而此论文报道的这一皱囊动物恰好代表着迄今已知的毫米级人类远祖的一个很近的至亲。

(5)寒武纪化石证据的意义

人体生物学研究揭示,我们人类有8大系统,共50多个器官,这些器官是如何进化出来的? 根据舒德干的研究,在寒武纪早期,后口动物亚界的进化谱系中,由该亚界较低级的类群古虫动物门进化到最高级的类群脊椎动物门,经历了3次重大的形态创新——鳃裂的出现,脊索－肌肉节咬合构造的形成和头脑、脊椎、心脏的诞生。其中进化意义最为重大的是鳃裂的出现和头脑、脊椎、心脏的诞生。鳃裂的出现标志着后口动物亚界由此产生,而头脑、脊椎、心脏的诞生则宣告了脊椎动物(也称有头类)的高调登场,从此在地球生命的角斗场中,智慧将发挥越来越重要的作用。总之,在短短4000万年的寒武纪大爆发时期,首创了包括我们人类在内的动物界的消化系统、呼吸系统、运动系统、循环系统和神经系统的最基础的器官,从而确保新陈代谢的正常运转和持续升级,完成了由球囊体经过二分体,最终形成三分体的全过程。

以上化石的发现与研究,用确凿的、无可反驳的证据揭示了脊椎动物从最原始、最古老的有口无肛的微型囊状动物,演进为具有成对鳃孔的后口动物,再演化到具有脊椎动物基本形态,并拥有心脏和大脑的鱼类。这一过程经历了2000多万年的时间,在此过程中,还涌现出大量中间过渡类型。几百万年甚至上千万年时间,对地质年代来说只是一瞬间,但生命大爆发的特殊地质时期,对多细胞生命和复杂生命的诞生与进化来说却是弥足珍贵的。

2. 基因证据

从 20 世纪 80 年代开始进行的基因研究和发育生物学、演化生物学研究，从分子层面也为寒武纪生命大爆发提供了证据。我们人类是一个庞大的细胞集合体，有 250 多种细胞，组成身体的不同器官和系统。最奇妙的是，每一个个体都是从一个最原始的细胞（受精卵）开始，发育成胚胎，同时基因开始制造蛋白质，再由蛋白质控制胚胎的发育。有些蛋白质会激活或关闭别的基因，有些则会离开制造它的细胞，向外扩散，并对附近的细胞发出信号，令细胞改变"身份"；或从胚胎的这一头爬到另一头，找个新家落脚；有些还会不停分裂；有些则干脆"自行了断"；当这些剧情演完，我们的身体就成形了。

地球上还有数百万种不同的个体，都是这样形成的，要了解它们每一种的起源都是极大的挑战。所有动物起源自同一个单细胞的祖先，但科学家至今仍在研究为什么动物会发展出这么多不同种的个体。这个问题的答案藏在动物的体内和体外，也就是藏在动物的内部遗传史和外部生态环境史中。

科学家近年才开始揭露基因"建造"动物的方式，这些研究结果极富革命性。大部分动物，包括我们人类，都使用一套标准的建造身体的基因工具箱。其中，有的基因叫总管基因，负责建造动物个体的总体骨架，如脊椎动物从前到后，从左到右的脊椎骨和肋骨；另外一些基因是控制身体的器官发育的基因，如有的负责控制内脏（如心脏、肺、胃、脾脏等），有的则控制头部的五官等。除此之外，还有负责四肢发育的基因，等等。

根据化石记录，这套基因工具箱必定是在寒武纪生命大爆发以前的几百万年内逐渐演化形成的。动物因为它而具备了超强的适应能力，能够进化出各种新的形态，只需要改动几个小地方——如改变基因活动的时机，或改变其活动的部位——便可制造出截然不同的新的身体构造。因而，动物虽然千变万化，却全部都遵循某些固定的法则。因此，我们从来都不会看到有 6 只眼睛的鱼或者长着 7 条腿的马，由此可见，这套基因工具箱似乎同时也封闭了某些演化的路径。

动物栖息的环境也在控制动物的多样性，任何新的动物都要在生态系统里找到一个可以生存的地方,否则,必将消失。任何新动物的命运都不可预测,经常会凭运气。以陆栖脊椎动物为例,它们都具备四肢和爪子,当然也包括蹄子和指头,但这并不是因为这种结构最适合在陆地上行走,所以才进化成这样。其实,一些鱼类在尚未离开水域的时候就已经进化出脚和脚趾,只不过这个结构凑巧让最初登陆的脊椎动物用来在干旱的陆地上行动而已。5亿多年来,动物演化所经历的一切伟大转变都遵循着同一个规矩:演化只能利用生命史早期,也就是寒武纪生命大爆发时已经创造出来的成品,增增减减、修修补补一番。

20世纪80年代,当科学家发现了同源异形基因后,寒武纪大爆发的谜底才逐步被揭开。

原来在各种动物体内都有一种共同的总开关基因。生物学家发现,无论研究的对象是柱头虫、海胆,还是枪乌贼或蜘蛛,全都具备同样的总开关基因。总开关基因可以用同样的指令,建造出极不相同的身体部位。如蟹腿为中空圆筒状,肌肉生在里面;而人腿中央有一根骨头,肌肉则包在外面。然而,许多建造螃蟹和人类肢足的基因却一模一样。眼睛的情况亦然,虽然人眼为透明胶质所构成的单一球体,并具有一个可伸缩的瞳孔,而果蝇眼却由数百个复眼共同构成;人的心脏具有一组心室,可将血液送进肺部,再流遍全身,而果蝇的心脏则是一个管状的双向泵。即使如此,无论是人类还是果蝇,协助建造这些器官的总开关基因却完全一样。

这些共同的基因工具如此精密,绝不可能是由各谱系分别进化出来的,必定是在这些动物的共同祖先体内进化完成的,待不同的动物谱系由此共同祖先分支后,总开关基因才开始负责控制不同形态的身体部位。因而,尽管动物的形体五花八门,但负责建造它们的基因,在5亿多年的时间里都丝毫未变。

生物学家发现了总开关基因之后,方领悟到5亿多年前引发寒武纪生命大爆发的原因。第一批出现在化石记录里的动物包括水母、海绵等原始动物全是双胚层动物,在这些动物体里几乎找不到总开关基因。原始双胚层动物独立分支以后,总开关基因才在其他动物的共同祖先体内出现。各种新形态的动物因为它,才可能拥有较复杂的身体结构,诸如前后分节、两侧对称。它可以在发育的胚胎体内建立一片协调网络,将身体区分出更多部位、更多感觉器官、更多消化食物或制造荷尔蒙的细胞,以及更多用以在海洋中移动的肌肉。

那个共同祖先的身体到底是什么样子的目前还很难确定,但它很可能是那种在埃迪卡拉生物群中留下神秘痕迹的生物,有待古生物学家们艰苦地发掘与研究。

古生物学家现在相信,唯有当基因工具箱进化完成以后,寒武纪生命大爆发才可能发生,因为只有这个时期,在外部环境条件具备的情况下,基因工具箱才可能通过修修补补、增增减减,制造出不同形态的腿、眼、心脏、神经网络,以及身体的其他部位。虽然动物形态千变万化,但建造身体的基本程序却一成不变。

这种变通性最富戏剧化的例子是神经系统的起源。所有脊椎动物都有一根脊髓,也就是神经系统,顺着背部分布,心脏与消化道则位于腹侧;而昆虫和其他节肢动物却正好相反,神经系统在腹侧,心脏及消化道在背侧;但控制两者发育的基因却一模一样(图4-5)。

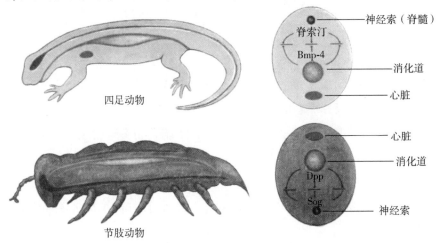

图4-5 基因证据

脊椎动物的神经起源于寒武纪生命大爆发时。所有脊椎动物的神经索(脊髓)都在背侧,心脏、消化系统则在腹侧(上);节肢动物则与之相反(下)。但控制这两者发育的机制却相同。如上图右侧横截面所示,阻挡神经发育的蛋白质(在脊椎动物体内为Bmp,在节肢动物体内为Dpp)会在胚胎体内扩散,直到其受另一种蛋白质(脊索汀,即Sog)的阻挡,神经才得以发育。

当脊椎动物胚胎开始形成时,背侧及腹侧的细胞都具备变成神经元的潜能,但它们并没有生出顺沿腹部的脊髓,那是因为脊椎动物胚胎的腹部细胞会释放出一种名叫 Bmp－4 的蛋白质,来抑制细胞变成神经元。Bmp－4蛋白质逐渐从胚胎的腹部扩散至背部,沿途抑制神经元的形成。

倘若 Bmp－4 一直扩散到另一侧,脊椎动物的胚胎便不可能形成任何神经元。然而,随着胚胎的发育,其背部细胞会释放出一种可以阻挡Bmp－4、名为"脊索汀"的蛋白质,以此来保护胚胎背部不受 Bmp－4 的影响,以便让细胞转变成神经元,最后发展出顺沿背部的脊髓。

现在再来看果蝇发育的过程,当果蝇胚胎刚开始形成时,背部与侧部同样都可以长出神经元。可是果蝇胚胎在背部制造出一种名为 Dpp 的抑制神经元的蛋白质,Dpp 向果蝇腹部扩散,遭到另一种名叫 Sog 的蛋白质阻挡,最终,果蝇腹部细胞不受 Dpp 影响,便形成神经索。

昆虫与脊椎动物体内的这两套基因,不但执行相似的任务,就连进行的顺序也几乎一致。抑制神经元形成的基因 Dpp 和 Bmp－4 遥相呼应,其对手——Sog 与脊索汀亦然。它们是如此相似,如果你从果蝇体内取出一个 Sog 基因,移植到脊椎动物青蛙的胚胎内,这只青蛙便会在腹部长出另一根脊髓来。同样的基因在昆虫与青蛙体内,也会造出同样的结构(神经索和脊髓),只不过上下颠倒了。这就是有关进化的有力的基因证据。

如此类似的基因,又负责如此类似的工作,必定有一个共同的祖先。加州大学伯克利分校的格哈特(Gerhard)对这种转化提出看法:第一批拥有基因工具箱的动物,在身体各侧长出好几根小神经索,而非只有一根。这批始祖动物具有一种基因,即脊索汀和 Sog 的前身,它们会促进神经元在胚胎中将形成神经索的地方发育,然后这个共同祖先在寒武纪生命大爆发时期分支成许多谱系:在节肢动物这一支里,所有神经索全顺沿至腹部合并成一根,脊椎动物的脊髓却全部移向背部。建造神经索的原始基因并没有消失,只不过它们活动的地方变了。假以时日,它们便会发展为现今的颠倒结构。

3. 现生动物证据

寒武纪生命大爆发时,脊椎动物的新变化还不止一根横贯背部的脊髓而已,靠着拨弄那个基因工具箱,它们还进化出眼睛、复杂的脑和骨骼。脊椎动物因此变成了游泳健将和高明的捕食者,从此逐渐成为主宰海洋和陆地的动物。

前面已经讲过,已知最古老的脊椎动物化石是舒德干于澄江动物群中发现的昆明鱼、海口鱼和钟健鱼,其年代可追溯至5.3亿年前的寒武纪大爆发中期。生物学家为了解这第一批脊椎动物是如何从其共同祖先中分化出来的,便开始研究与我们血缘关系最近的现生脊索动物,即中国海南文昌鱼。

文昌鱼初生时为细小幼虫,在海岸浅水域漂浮,吞咽漂过它身边的细碎食物。等长到1.5厘米左右大小时,成年文昌鱼便钻入沙中只露出头部,继续过滤海水摄食。

文昌鱼拥有脊椎动物的关键特征,它的身体前方为成对的"围鳃腔",相当于鱼类的鳃;它有一条顺沿背部的神经索,由一根名叫脊索的细长柱支撑。脊椎动物也有脊索,但只存在于胚胎时期,稍后脊索会退化,脊柱却愈长愈大。这说明,脊椎动物身体的某些重要器官,已经在它们与文昌鱼等的共同祖先体内进化成形了。可是文昌鱼仍然缺少脊椎动物许多独有的构造,比如它没有眼睛,它的神经索中枢只是个小小的凸起,而非一眼看上去可以称之为脑的一大团神经元。

不过我们仍能在文昌鱼身上看见眼睛和脑的前身,文昌鱼可借一个布满感光细胞的凹陷结构察觉光线,这些细胞连成一片,亦如脊椎动物的视网膜,并且连续接到神经中枢前方,就像我们的眼睛和大脑连接一样。文昌鱼神经中枢的小凸起虽然只有几万个神经元(我们人类的大脑有1000亿个神经元),但它也分成几个部分,就像是脊椎动物脑部分区的简化版本。

不仅文昌鱼的神经中枢和脊椎动物的脑很像,就连制造它们的基因也很像。形成脊椎动物的脑部及脊椎的基因,也以几乎一模一样地按照从头到尾的顺序在文昌鱼胚胎内执行同样的任务。而促使文昌鱼感光器官细胞发育的基因,也和制造脊椎动物眼睛的基因一样。这些证据可以让我们很有把握地说,文昌鱼与脊椎动物的共同祖先拥有与其后代相同的、可以制造相同的基本脑部组织的基因。

待脊椎动物与文昌鱼的祖先分家之后,脊椎动物的祖先经历了非比寻常的演化之旅。它们不断进行基因复制,才演化出更复杂的身体结构。脊椎动物开始长出鼻子、眼睛、骨骼及强壮的吞咽肌肉,这样一来,早期的脊椎动物不必再被动地从海水中过滤食物。从此以后,它们可以开始掠食了,并把大块食物咽下。而能够捕捉较大的食物后,它们的体型也逐渐演化变大。然后,其前部的鳃裂又演化出颌,以及附着在颌周围的强大肌肉组织,这样一来,它们就可以将更大块的食物咬碎分解,从而极大地提高了能量的摄入效率。这让脊椎动物不论在捕食、进食还是与其他动物竞争搏击中都有了新的武器,并占据优势。

三、地球晚近期环境:毁灭与演化

1. 追寻生物灭绝的元凶

寒武纪生命大爆发后的 5 亿多年来,生物的演化并不是一帆风顺、一路高歌的,也不是像有的学者主张的那样,生物是有目的地从低级向高级,从简单到复杂地演化;而是经历了无数次的灾难,每次灾难都造成了大量生物的灭绝。这些灾难有的是局部的,有的是全球性的。因而,生物的灭绝,有的也是局部的,有的则是全球性的。造成灾难和灭绝的原因有的是"天外来客",如小行星、彗星、陨石雨等;有的则来自地球内部,如火山喷发、地震、海啸、水旱灾害等。科学家为了寻找这些元凶及其造成的灾难和毁灭场景,可以说是费尽了心思,采用了各种办法,从而为我们描绘了某些大灭绝的基本场景。

诸如小行星等"天外来客"是导致地球物种大灭绝的重要原因,其中最著名的是 6600 万年前白垩纪末期,一颗巨大的小行星突然造访地球,在墨西哥东南的尤坦卡半岛撞击出一个直径 161 千米,深 19.32 千米的大坑——希克苏鲁伯陨石坑。沉积岩记录了爆炸性熔解、大地震、海啸、山崩和森林大火的痕迹。这次小行星撞击引发了第五次物种灭绝,造成了中生代霸主恐龙的灭亡,有关这次撞击,后面还要详细描述。

其实小行星撞击是非常常见的现象，太阳系中的行星从诞生之初，在吸集过程中就一直受到小行星的轰击，而且在太阳系晚期重大撞击事件期间强度增大，这造成火星表面像麻子一样布满了大大小小30多万个陨石坑，而月球表面更是覆盖着上百万个陨石坑。月球南极地区的艾特肯盆地，其实就是一个直径2500千米，最低点深度12千米的巨型陨石坑，在该盆地底部还存在着由后来的多次撞击留下的大量较小的陨石坑。月球没有大气，因而它保留了迄今为止所有的撞击痕迹。而在地球上，由于板块构造运动、火山运动、风和水造成的侵蚀、沉积等作用，抹平了那些撞击留下的疤痕。如前文所说，地球上大约有170个陨石坑记录在案。科学家基于陨石撞击的速率和地壳的年龄推测，认为直径85千米甚至更大的陨石坑，地球表面大约有8个，关于它们的地质记录是完整的。直径大于6千米而小于85千米的陨石坑有70个，地质记录是准确的——研究人员表示，这类陨石坑，在地球上不会有更多的发现了。而据推测，直径介于0.25千米至6千米之间的陨石坑，还有350个依然未被发现。

显然，辨别最近的撞击要容易些，因为那些古老的撞击造成的陨石坑和碎片已被埋入大洋和沉积岩之下。地球上最古老的一个陨石坑直径为250~300千米，它位于南非，在约翰内斯堡西南110千米处的弗里德堡地区，至今已存在了约20亿年。这个陨石坑很有可能是由一个直径10千米的小行星造成的，这颗小行星的大小与造成希克苏鲁伯陨石坑的那颗相近。而最新的陨石坑是美国亚利桑那州的巴林杰陨石坑，直径1.3千米，它形成于5万年前，是一个直径大约50米的小型镍铁质小行星撞击的结果。空间观测利用光学和雷达技术，在利比亚东南部发现了两个同时形成、直径分别是6.8千米和10.3千米的陨石坑，估测其年龄为1.4亿年，它们是由一对直径大约500米的小行星造成的。

一次小行星撞击会释放出巨大能量，其数值取决于撞击天体的大小、密度和速度，当小行星的撞击速度达到6.5万千米/小时时，其能量相当于2000万吨黄色炸药（TNT）或广岛原子弹的1300倍。小行星撞击的威力还跟撞击地点的岩石成分有关，希克苏鲁伯陨石之所以尤为致命，原因之一是其撞击点为碳酸盐岩和硫酸盐岩区。碳酸盐和硫酸盐在地球表面的构成物质中仅占2%，但这次撞击使这些岩面发生了气化，将二氧化碳和二氧化硫灌入大气,这就是这次撞击造成毁灭性灾难的关键。与之相比,大小排世界第四的西伯利亚波皮盖陨石坑,是由 3570 万年前的一个体积与希克苏鲁伯陨石相近的小行星造成的,但它并没有造成任何明显的生物大灭绝。

彗星也有一定可能成为引发物种灭绝的天外来客之一。大部分彗星位于太阳系外沿的奥尔特云中,当太阳经过其他恒星附近时,它们的引力可能会引起彗星轨道的摄动,在很罕见的情况下会将它们送上一条可能与地球发生碰撞的轨道。像哈雷彗星那样来自柯伊伯带的周期性彗星并不是最危险的,由于它们有规律地回到太阳附近,因此科学家很了解它们的轨道参数。

近些年,随着深空探测技术的进步,科学家了解到结成彗核的物质并不是坚硬的岩石,彗星更像是由冰和粉末大小的粒子松散地聚集在一起,其坚固程度和一个雪团差不多。这就决定了它们显然比小行星更加脆弱易碎,当它们中的某一个遇到地球并投入地球大气时,可能因为承受不住超音速前进产生的巨大能量,而在到达地球表面以前就被撞击波劈成了碎块。

1908 年在西伯利亚通古斯地区发生的事件——通古斯大爆炸就极有可能是彗星爆炸的结果。但那里几乎没有发生过撞击的迹象,只有相当于 1500 万吨黄色炸药爆炸后留下的痕迹。这次爆炸发生在地表之上 6~8 千米的高空,产生的冲击波和高速风夷平了超过 2000 平方千米范围内的所有树木,并杀死了大量当地的驯鹿。据估计,该爆炸在地表只留下了直径仅 50 米的坑,但爆炸产生的噪声在半径 800 千米范围内都能听到。这次爆炸还造成俄罗斯,乃至西欧上空被粉尘笼罩了两天以上。所幸爆炸发生在低人口密度的地区,因而未见人类伤亡报道,如果这次事故发生在人口稠密的城市,那很可能会造成几百万人的丧生。

陨石雨也是引发物种灭绝的元凶之一。1898 年,新疆阿勒泰地区青河县的牧民发现了一块重达 28 吨的陨石,后来被确定为铁陨石,是目前在中国发现的最大的陨石,也是世界上第 4 大的陨石。最近几年,在阿勒泰地区不断发现了一些铁陨石碎块,其中比较大的有在木垒地区发现的 430 千克重的乌拉斯台铁陨石,小东沟附近发现的 35 千克重的新疆铁陨石,在阿勒泰克兰峡谷发现的 5 吨重的乌希里克陨石和 18 吨重的阿克布拉克陨石。

紫金山天文台陨石研究团队经过对这些陨石的微量元素地球化学分析，发现这四块陨石的化学成分高度一致，来源于同一个母体，是同一次陨石雨降落的。

从地理分布看，这次陨石雨降落在阿勒泰地区东南—西北方向 425 千米长的地带，远超过世界公认的纳米比亚 275 千米的陨石雨带。国际陨石学会已正式批准将该陨石雨称为阿勒泰陨石雨。对该陨石雨的研究对了解小行星的轨道演化和小天体撞击地球的历史有重要启示作用。遗憾的是，这样一场堪称壮观的陨石雨并未在历史文献上留下任何记载，说明这场陨石雨很可能发生在人类文明之前。

在地质历史中，地球内部造成生物灭绝的最大罪魁祸首要属火山喷发，最著名的事件是 2.5 亿年前，二叠纪末期被称为"西伯利亚暗色岩事件"的西伯利亚大规模火山喷发，它造成了超过 90% 的地球生命的灭绝。该火山喷发事件标志着地质历史上从寒武纪到二叠纪持续了近 3 亿年的古生代的结束，开启了三叠纪到白垩纪近 2 亿年的中生代，恐龙由此登上历史舞台，并成为地球新的统治者。第二次大规模火山喷发事件是 6600 万年前白垩纪末的印度德干火山喷发，这次火山喷发几乎与发生在墨西哥尤卡坦半岛的希克苏鲁伯小行星撞击事件在同一时期。在"天外来客"和火山喷发的双重打击下，持续了 1.6 亿年的恐龙王朝走向终结，同时也宣告从二叠纪起持续了 2 亿多年的爬行动物称霸地球的时代彻底结束，地球历史走向了哺乳动物崛起的新生代。关于这两次火山活动及其造成的严重灾害后边还要详细介绍。

这里，我们对科学家关于火山的研究和火山活动对生命造成危害的机理作一说明：

在地球表面，火山活动与板块构造活动有很好的相关性。多数火山分布于离散板块、断裂带及潜没区（一个板块潜没在另一个板块下方的区域）附近。与地震带分布一样，火山活动带多数分布于环太平洋地区，包括美洲的西海岸、阿留申群岛、堪察加半岛、千岛群岛、日本、菲律宾、印度尼西亚、所罗门群岛及新西兰等地。另一条火山活动带则由地中海北岸向东分成两支，一支由北边的东高加索到中亚再到中国新疆，另一支则向南经地中海东岸、红海到东非大裂谷。

目前,地球超过80%的地表是由火山运动生成的,世界各地已经确定的火山约有1500座,这其中有很多位于海底,随着地质调查的发展,这个数字还会不断增加。世界上已发现的活火山一半以上都在太平洋周边,只有约1/10分布在地中海地区、非洲和小亚细亚。世界上已知最大的火山是位于夏威夷的莫纳罗亚火山,它的海拔达4300米,距海底1万米以上。

总体而言,火山有两种类型:一种是爆发型火山,一般集中在潜没带和大陆热点区;一种是流出型的玄武岩火山,一般在大洋中的断裂带和海洋热点地区。

爆发型火山沿潜没带分布,其爆发由板块之间的摩擦和部分熔融的岩石导致。这种类型的火山喷发在美国西海岸的北部和南部、印度尼西亚、菲律宾和日本岛弧都曾被观察到。这种火山主要产生灰烬,称为"火山碎屑"。在喷发期,气体、粉尘、热灰烬和岩石向上喷射到数十千米高的天空,上升速度约200千米/小时,温度高达120℃,这些气体主要由水蒸气组成,含有氯化物、碳酸盐和硫酸盐及二氧化碳、甲烷和氮气,同时,也有二氧化硫、氧化氢和氯化氢被释放出来,它们有极大的毒性,会导致生物窒息死亡。

流出型火山爆发产出的主要是熔岩,实际上就是失去大量气体后到达地表的岩浆,冰岛火山就属于这类。目前最大的流出型火山是印度的德干火山。由于流出的岩浆不同,熔岩也有不同的类型,其温度从400℃—1200℃不等,其结构有快速移动的、由黑色玄武岩组成的流体(如夏威夷群岛上的火山岩,富含铁和镁,却缺少硅石),也有流动较慢的、富含硅石和安山石(安山石为安第斯山石的简称,因其是南美洲安第斯山脉火山群的典型成分而得名)的黏性流体,它们的流动速度一般为每秒数米。

7.4万年前,苏门答腊岛上发生的托巴火山喷发事件,很可能是地球上记录在案的强度指数最大的一次火山喷发。其留下的遗迹是世界上最大的火山湖,该火山湖长约100千米,宽约30千米,最深处可达505米。这座火山的喷发还产生了2800立方千米的火山灰。这次火山喷发几乎造成了人类的灭绝,对此后文将有详细描写。

在过去的1000年中,最著名的火山喷发事件是印度尼西亚的坦博拉火山喷发,该事件发生在1815年,喷出了100立方千米的火山灰和碎石。

由于我们所关注的是火山活动对6亿年以来的生物演化与灭绝造成的灾难,因而对6亿年以前地球早期和当代的火山活动并没有集中太多的注意力。火山活动是地球和类地星体,如金星、火星、水星和月球的一种基本活动。火山学家研究火山活动是为了重建地球历史上的超大陆,以及了解地壳的诞生、帮助地质学家确定矿藏地点、研究其他星球上的同类火山活动,甚至可以找到揭示早期地球历史的线索。研究当代火山活动则可以帮助人类减少或免于遭受火山迫害。

火山学家把类似于西伯利亚2.5亿年前的火山活动称作"大火成岩区"(LIPS)。研究发现,在地球历史上,这种类型的火山喷发事件至少有10次。包括13.2亿年前发生在澳大利亚的一次喷发,该喷发与中国北部的另一次喷发存在联系。最近的一次喷发事件发生在1700万年前,位于如今美国西北部的哥伦比亚河地区。

目前,世界上大约有5亿人居住在火山附近。随着人口的增长,人们会在这些危险的山坡附近建立城市和村庄,因为那里的土地很肥沃。在当今世界上,火山喷发是对人类生命和财产安全威胁最大的自然灾害。

虽然一些发达国家,像意大利和日本等国建立了火山观测站,开展了大量科学研究。但是与气象预报和地震预报相比,火山预报的难度更大。可以预料,未来超级火山的喷发可能是最危险的灾难,在未来的时日里发生一次超级火山喷发的概率是不容忽视的。

除超级火山喷发外,地震也是对生物造成严重危害的杀手。但与火山喷发不同,地震一般来说是局部的现象,会极大地危害附近的生物。因为地震的发生是突然和猛烈的,会给受灾生物带来恐惧心理,并造成大量死亡。

地震的发生与板块运动的关系紧密。当板块相互接触,诱发大块的近表面地壳强烈运动时,就会发生地震。因而地震大部分发生在海洋板块向大陆板块俯冲的潜没带。在这些潜没带里,由于地层变弯曲,褶皱与能量积聚到一定程度后,或者当压力增大到超过岩石圈中易碎岩石的强度时,就会发生大的断层。这时的断层可能扩展到数百千米以上,以地震波的形式释放出积聚的形变能。这些能量波穿越地层,从震源经过很长的距离将能量传输到地球表面。

地球上有超过 4 万千米的板块潜没区。大部分地震发生在环太平洋地带以及地中海、西亚及中亚地区。任何一段连续 800 千米或更长,宽几百千米,且位移达几十米的大断层都会产生大地震。

根据地震仪测量,地球上平均每年发生 2～2.9 级的微小有感地震约5 万次,4～4.9 级的轻度有害地震约 5000 次,5～5.9 级的中度破坏性地震约 800 次,6～6.9 级具有较强破坏性的强震约 120 次,7～7.9 级的具有大面积严重破坏性的大地震 18 次,8～8.9 级破坏性极为严重的巨大地震 1 次。

地震对人类造成的灾害是不可忽视的。据统计,20 世纪以来,全世界发生过 7～7.9 级大地震 9 次,8～8.9 级巨大地震 1 次,均造成了大量人员伤亡;9 级以上的超强地震发生过 2 次:一次是 1960 年发生在智利的 9.5级地震,伤亡 3000～6000 人;一次是 2004 年发生在印度尼西亚苏门答腊的 9.3 级地震,该地震及其引发的海啸导致约 23 万人死亡。

海洋中的大地震往往还会引发海啸,造成更大的灾害。海啸是极为壮观但同时也极具破坏性的水波。地球上板块活动最活跃的地区是太平洋沿岸,85% 的海啸都发生在那里。因为海洋面积巨大,太平洋板块边沿的大地震和火山活动也都十分活跃。相比之下,大西洋发生海啸的次数只占所有海啸记录的 2%。近年最具破坏性的呼啸是 2004 年印度尼西亚苏门答腊安达曼群岛海啸,短短几小时就夺去了大约 23 万人的生命,让 100 多万人无家可归。这次海啸释放出的能量相当于一个直径 300 米的小行星撞击地球所释放的。

这次海啸正是由地震所引发,2004 年 12 月 28 日,苏门答腊岛附近发生了 9.3 级大地震,震中在苏门答腊以西约 200 千米,震源深度约 30 千米,地震引发了滔天巨浪。第一次震后的 40 分钟,15 米高的第一波巨浪到达离震中最近的班达亚提和尼科巴群岛的海滩,淹没了纵深 4.5 千米的内陆,毁坏了几乎所有房屋,大部分伤亡也发生在这个地方。20 分钟后,海啸到达了安达曼群岛和苏门答腊岛南部,11 个小时后到达非洲南部海岸。

我们中国也是地震多发国家,这主要是因为中国东部邻太平洋地震带,西部的新疆则是地中海地震带的东端。青藏高原抬高和印度板块向欧亚板块俯冲所带来的侧向挤压又形成了横断山脉的纵向断裂带,而青海、甘肃、四川、云南又处于这条断裂带上。至今,印度板块还在以每年5厘米的速度向青藏高原挤压,造成这些地区经常发生破坏性的地震。

在历史上,中国也发生过多次破坏严重的地震。1556年(明朝嘉靖年间),在陕西关中东部发生过估计在8级以上的渭华地震,波及晋南、豫西,死亡人数达83万,为人类历史上伤亡最惨重的一次大地震。1920年,宁夏海原发生了7.8级地震,造成20万人死亡。1976年唐山7.8级地震夺走了25.5万人的生命。最近的一次是2008年四川汶川发生的8级地震,导致8万人遇难。

此外世界著名地震灾害还有里斯本大地震和旧金山(现称圣弗朗西斯科)地震。

1755年发生在葡萄牙里斯本的大地震是欧洲最惨烈的地震。1755年11月1日上午9时40分,大地震袭击了葡萄牙首都里斯本(当时欧洲第四大城市,有27.5万人口),震级估计为8.7级。由于地震是因距葡萄牙海岸约100千米的断层破裂而产生的,地震发生30分钟后,29米高的海啸席卷而来,淹没了纵深数千米的内陆,据估算,这次地震及其引发的海啸和火山喷发导致超过6~10万人丧生。

1906年美国旧金山的7.8级大地震,重创了这个当时拥有约40万人口的城市,导致3000居民丧生,22.5万灾民无家可归,2.8万座建筑受损。随之而来的大火持续了3天,所造成的巨大损失更是超过了地震本身。

2. 五次大灭绝事件

生物的灭绝史,同时也是一部生命演化史,因为每次大灭绝后,生态环境都要发生变化,为艰难存活下来的物种开辟新的生态居所,为它们提供了崛起的空间。因而,每次大灭绝后,经过几百万年的时间,生命总会在新的生态环境下重新复苏。大灭绝后存活下来的生物会在原基因框架的基础上增增减减、添添补补、改头换面。大灭绝会使旧的优势形态被扫除,新形态取而代之。我们人类的诞生与成功演化,其实也应该归功于这种命运的转折。

英国生物学家菲利普斯(Alban William Phillips)在20世纪40年代为

地质历史上的生物大灭绝绘制了统计图,后经许多古生物学家的共同努力不断完善,其中最重要的代表人物为芝加哥大学塞普科斯基(Jack Sepkos-ki),他穷尽十年心血,记录了海洋物种的持续期,囊括了从近6亿年前,即前寒武纪多细胞生物的发轫,一直延续至今的大数据(图4-6)。

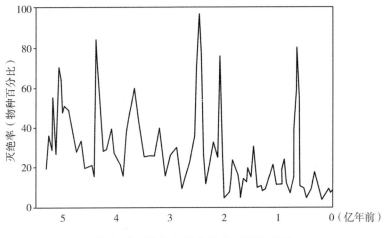

图4-6 近6亿年来物种灭绝统计图

从上图可以看出,在过去近6亿年的大部分时间里,生物都在经历着稳定、低阶的灭绝,这类灭绝叫"背景灭绝",就是指物种在演化过程中的自然灭绝,符合达尔文所指的渐次消失的说法。大部分物种的生存期介于100万年至1000万年间。自寒武纪以来,出现过多次背景灭绝突然演变成大规模灭绝的现象。物种的大规模灭绝每隔数千万年就会横扫海洋和陆地,其中又以发生在奥陶纪、泥盆纪、二叠纪、三叠纪、白垩纪的五次大灭绝最为突出。这五次大灭绝,每次都会导致全球至少一半的物种走向灭绝。大灭绝后演化的创造力,其实是灭绝这一问题的另一面,地球环境的骤变程度很可能大到就连自然选择也无法协助某物种适应及其生存。集体灭绝甚至可能彻底改变生命史的轨道,使其开始走上一条新的路线。

地球史上五次大的集群灭绝事件最早是由美国芝加哥大学古生物学家大卫·洛普(David Liop)和塞科斯基于1982年发表在《科学》杂志上的论文所认定的。下文将逐一对这五次大灭绝事件进行介绍。

(1)第一次大灭绝事件

第一次大灭绝发生在4.43亿年前的奥陶纪-志留纪过渡时期。奥陶纪是古生代的第二个纪,开始于4.8亿年前,延续了约4000万年。这次灭绝是地球历史上第一次大规模物种灭绝事件。这里需要说明的是,在此之前,埃迪卡拉纪动物的灭绝,尽管占地球物种百分比较高,但当时地球物种数量总体较少,因而未跻身五大灭绝事件之列。

古生物学家认为这次物种灭绝是宇宙中的伽马射线暴击中地球及由此引发的连锁反应造成的。奥陶纪时,地球上所有生物都生活在海洋里。4.43亿年前的一天,距地球6000光年的一颗中子星与黑洞相撞,产生了几束伽马射线暴,其中一束击中了地球,摧毁了地球的大气。没有了大气的保护,紫外线直射地球,杀死了大多数海洋浮游生物。浮游生物是食物链的基础,基础遭到破坏,食物链开始崩溃,大量动物在饥饿中死去。灾难发生的几十年后,地球大气才得以重聚,但此时大气成分已发生了巨大的改变,充斥着大量有毒气体二氧化氮。二氧化氮不但毒死了众多生物,还遮蔽了50%的阳光,地球温度骤降。灾难发生的500年后,地球上1/10的海水被冻结,海平面下降了100米,海洋面积缩小,海洋生物的生存空间被严重压缩,在寒冷与食物的匮乏中,大多数生物走向了灭亡。这次大灭绝最终导致地球上85%的生物灭绝。

(2)第二次大灭绝事件

第二次大灭绝发生在3.6亿年前的泥盆纪末期。这次灭绝持续了近200万年,使海洋生物遭到重创,导致当时地球上约60%的物种灭绝,灭绝指数(即灭绝物种占当时地球物种总量的百分比)在五次大灭绝事件中位列第五。

泥盆纪是古生代的第四个纪,开始于4.05亿年前,持续了约5000万年。泥盆纪迎来了脊椎动物的飞速发展,鱼类繁盛,各种鱼类都有出现,泥盆纪因此被称为"鱼类时代"。

这次大灭绝事件主要导致了海洋生物的灭绝,陆地生物受到的影响并不显著。由于灭绝持续了近200万年,且期间有多次大灭绝高峰期,其根源很难辨识。

有关这次大灭绝可能的原因,一说为地球进入卡鲁冰河期所致,还有学者认为,泥盆纪陆生植物进化出了发达的根系深入地表之下数米,加速了陆地岩石土壤的风化,铁和其他一些元素被大量释放进入地表水,造成了水系的直层化大爆发,导致了海底缺氧。此外,海洋表层繁盛的有机质的沉降,使得全球碳循环中大气层的二氧化碳大量进入海底沉积层,这加剧了地球变冷。

一项最新的研究显示,海水中硒的浓度在三次生物大灭绝来临之前都出现过大幅度下降。而在当前海洋食物链的底端,硒是很多生物体的关键部分。

科研人员分析了上百个富含碳的页岩样品当中各种微量元素的浓度,这些页岩沉积在35亿年里包围着古大陆的缺氧海洋区域。分析结果显示,在发生于奥陶纪、泥盆纪和三叠纪末期的灭绝事件到来之前的间隔中,只有硒的浓度陡然下降。当时硒浓度下降到不到如今含量的1%。

从食物链底端吸收阳光的浮游植物到最终依赖它们的脊椎动物,对于大多数生命体来说,硒是某些酶和蛋白的关键部分。因此,科研人员认为,可利用的硒元素下降对海洋生态系统会产生灾难性的影响,并可能导致大范围的物种灭绝,或者至少在大灭绝中扮演了重要的角色。

硒浓度的下降最初可能是由大气中氧的减少引起的,大气中的氧减缓了来自陆地岩石的硒和其他元素被侵蚀的速度。随后,伴随着海水和大气中氧和硒含量的下降,这种效应可能产生滚雪球式的增长。来自岩石的其他证据支持了这一观点:在这些大规模灭绝事件到来之前和发生期间,浮游植物产生的大量气体——氧在大气中的浓度也出现大幅下降,并且在大灭绝事件之后的很长时间才得以恢复。

(3)第三次大灭绝事件

第三次大灭绝发生在2.51亿年前的二叠纪末期,是地球历史上规模最大、后果最严重的物种大灭绝事件。

这次大灭绝使曾遍布全球各地的舌羊齿植物群几乎全部灭绝;早古生代繁盛的三叶虫全部消失;而有40个属的蜓类亦完全消失;菊石有10个科灭绝;腕足类之前有140个属,在该事件后所剩无几。估计地球上有96%的海洋生物,75%的陆地生物灭绝。因此该事件为地球上最惨烈的大灭绝事件。

这次大灭绝使称霸海洋近3亿年的三叶虫及其他大量海洋生物走向衰败并最终消失,让位给新的生物种类。生态系统也由此获得了一次最彻底的更新,为爬行类动物的进化和繁盛铺平了道路,恐龙开始走上生物进化的竞技场。科学家普遍认为,这次大灭绝是地球历史从古生代向中生代过渡的标志。其他各次大灭绝所引起的生物种类的下降幅度都没有使生物演化进程产生如此重大的转折。

由于这次大灭绝事件造成的后果极其惨烈,对生物演化的影响非常重大,引起了各国科学家的关注,他们运用不同的手段、从不同学科出发,追寻造成这次大灭绝的原因和机制,以揭开该事件因何发生的秘密。一支由中国科学院南京地质古生物研究所沈树忠领导的22位中外科学家组成的科研团队,经过10多年的艰苦探索,终于找到了令人信服的答案。

研究组在西藏和华南地区的20多条二叠纪-三叠纪界限剖面进行了高分辨率的生物地层研究,并与美国麻省理工学院同位素测年实验室合作,对分布在华南地区海陆相地层中的29个火山灰层进行了系统的高精度地质年龄测定,还建立起一个由18条剖面、1450种化石组成的庞大数据库。

在这样高精度的生物地层研究、火山灰高精度年代测定和同位素地球化学多学科交叉手段的"拷问"下,化石和火山岩终于说出了这个隐藏了几亿年的秘密。综合其他科学家的研究成果,人们可以得出如下认识:发生在2.51亿年前的二叠纪末生物大灭绝,在一段极其短暂的地质时期内,使地球海、陆生态系统完全崩溃了。

当时的背景是,地球在经过了石炭纪、二叠纪的一段稳定时期之后,泛古大陆在板块运动的驱动下活动加剧,逐步解体,地球进入了一个躁动期。地下岩浆活动频繁,火山活动加剧,出现了大量爆发型火山。在爆发期,气体、粉尘、热灰烬和岩石被向上喷射到数十千米的高空,上升速度约为200千米/小时,温度高达1200℃。这些气体主要由水蒸气构成,含有氯化物、碳酸盐和硫酸盐,以及二氧化碳、甲烷和氨,还有一些一氧化碳、氯化氢和氟化氢被释放出来,它们有强大的毒性,对生物的生存造成严重威胁。

不仅如此,这一时期西伯利亚地区的流出型火山也活动剧烈。流出型火山产生的主要是熔岩(图4-7)。由于地球内部温度要比地表高得多,岩石在那里呈熔融状态,即以一种黏糊糊的浆状存在,这就是岩浆。岩浆随着火山喷发流向地表,接触空气后就变成了熔岩。熔岩也有不同类型,主要是玄武岩,其温度从400℃~1200℃不等,西伯利亚地区的玄武岩就是这个时期形成的。这是地球历史上最大的一次火山活动,其流出的岩浆到达欧洲西部,平铺在西伯利亚数百万平方千米的大地上。地球化学家通过测量熔岩中小碳石晶体中缓慢稳定的铀-238和铅-206的放射性时间,发现这次火山喷发的时间是2.5282亿年前,正是二叠纪末期生物大灭绝之前。特别详细的中国南方化石记录表明,大灭绝持续的时间很短,大约只有6万年;而且分两波进行,第一波持续了1万年,第二波持续了5万年。

图4-7 炽热的岩浆被认为是第三次物种大灭绝的罪魁祸首

第三次大灭绝为五次大灭绝中最惨烈的一次。始于西伯利亚玄武岩岩浆大爆发,造成地壳上出现了数十条长1000千米、宽数十千米的大裂谷。这次灭绝导致超过90%的生物灭绝,该事件被称为"西伯利亚暗色岩事件",古生代至此结束,地质历史进入中生代。

有科学家指出,火山爆发会给生物带来多重压力,全球变暖、海洋酸化、海洋中的溶解氧下降,以及硫黄等有毒物质的增加等,这些对生物都是致命的。设想这个时期的海洋,在板块运动和岩浆活动的驱动下,火山不停喷发,引发地震、海啸,海洋环境持续动荡,不能平静,海水成分剧变,酸度增加,缺氧,有毒气体增加。如此恶劣的环境,造成海洋生物大灭绝就是不可逆转的事了。

但与大型多细胞生物的大规模灭绝相反,微生物却在此时大量繁衍。科学家认为,火山喷发释放出大量的甲烷和微量元素镍,使海洋中微生物大量繁殖。麻省理工学院的科研人员与中国同行日前公布,他们发现这次大灭绝时期有一种被命名为"甲烷八叠球菌"的古生菌在海洋中大量繁殖。这种古生菌喷出的大量甲烷使气候急剧变暖,海洋酸度上升,并从根本上改变了海洋的化学特性和生态环境。古生菌生活在地球早期的海洋中,是一种相当耐高压、高盐、高酸碱度,能在极端环境下生长的细菌。在二叠纪末期,这种古生菌能大量繁殖,并克服了当时恶劣的海洋环境。

沈树忠研究小组发现,在此次灭绝事件短短一两万年中,地球无机碳同位素出现了5‰的波动,这样大幅度的变化说明大气中的二氧化碳含量等出现了快速变化,这意味着,全球生物多样性的大灾难来临了。

海洋生物大灭绝的同时,气候快速变暖变干,全球范围内大规模的森林火灾事件频繁发生,以赤道地区大羽羊齿为代表的热带雨林植物群快速消亡。研究人员在大灭绝地层的植物化石中也找到了树林燃烧的证据,森林的萎缩进一步造成地表风化加剧,地表土壤的保护系统也随即沦陷崩溃。

更可怕的是,一个中、美、德三国科学家合作完成的一项研究成果显示,在二叠纪末大灭绝之后,从2.5亿年前到2.47亿年前的早三叠纪时期,地球出现了500万年的致命高温。当时海洋表面温度高达40℃,陆地温度可达50℃。科学家认为,致命的高温引发赤道低纬度地区的生态系统崩溃,是导致第三次大灭绝后的早三叠世早期地球上死亡区域又持续存在了500万年的"元凶"。

(4)第四次大灭绝事件

第四次大灭绝发生在2.01亿年前的三叠纪-侏罗纪过渡时期。这次灭绝事件使爬行动物遭到重创。

三叠纪处于二叠纪与侏罗纪之间,是中生代的第一个纪,始于2.5亿年前,延续了约5000万年。在此期间,爬行动物和裸子植物崛起。在这次大灭绝事件中,估计有76%的生物(其中主要是海洋生物)灭绝。此次灭绝无特别明显的标志，只发现海平面下降之后又上升，出现了大面积缺氧的海水。

研究表明这次灭绝事件仍然与大规模的火山活动有关。发生在三叠纪末期的广泛的火山活动使大量岩浆溢出，它的痕迹即便在今天的欧洲、亚洲、非洲，以及南、北美洲都不难找到，其分布区域的面积差不多相当于整个澳大利亚。

美国卡内基科学研究所的地质学家使用高精度放射测年技术对这次大灭绝产生的火山岩中的碳石晶体进行了铀/铅同位素测年，结果发现火山活动可分为四个阶段。通过分析来自北美洲东部的七处遗迹及一处来自非洲摩洛哥的遗迹的火山岩样本，他们推断，第一阶段最大规模的火山活动发生在 2.0156 亿年前，位置就在今天的摩洛哥地区。这一阶段前的 3 万年里，火山喷出了超过 100 万立方千米的岩浆。而这一阶段，大约在 1.2 万年的时间里，地球火山爆发的范围扩展到今天的非洲东海岸地区。这一阶段的大规模火山活动与三叠纪大灭绝发生在同一时期。

后来规模较小的火山活动分别发生在第一阶段的 6 万年、27 万年和 62 万年之后。

为了搞清火山爆发是如何造成这次大灭绝事件的，荷兰乌得勒支大学的古生物学家对一些小规模的化石记录进行了研究。这些化石产于奥地利阿尔卑斯山的三叠纪末期地层中。研究人员在这些沉积岩中提取了一种与众不同的有机分子，这种分子的分子链由 23～35 个碳原子构成，是被冲刷到海底的远古植物蜡质的一部分。分子中，两种碳同位素的比例可以揭示植物所吸收的碳的不同来源——火山喷发带来的二氧化碳或被锁定在海水中的甲烷。分析表明，三叠纪末期，这一同位素比例发生了剧烈变化。研究人员据此推算，在仅仅 1 万～2 万年的时间里，有 12 万亿吨二氧化碳和甲烷进入了大气。

这一数值几乎是之前认定的排放量的 2 倍，并且新的同位素分析结果表明，进入大气中的甲烷含量更高，这是比二氧化碳更有效的温室气体，这导致气候变暖急速加快。这一新的同位素记录无疑揭示了一次大的生物灭绝事件与含碳气体的释放是联系在一起的。

（5）第五次大灭绝事件

第五次大灭绝发生在约 6600 万年前的白垩纪晚期，这次事件导致当时地球上 75%~80% 的生物灭绝。

在五次大灭绝事件中，这次最为著名，因为自三叠纪起长达 1.7 亿年之久的恐龙时代就此终结。不仅如此，称霸地球 2 亿多年的爬行动物大家族也从此走向没落，海洋中的菊石类也一同消失。这次事件同时也为哺乳动物的崛起和人类的登场提供了契机。

研究发现，这次大灭绝是火山喷发与小行星撞击共同作用的结果。

以往的主流观点认为是小行星撞击造成了这次大灭绝。1980 年，物理学家瓦尔特·阿尔瓦雷茨（Walter Alvarez）对意大利中部古比奥地区白垩纪向古近纪过渡时期的完整地层剖面中一层 1 厘米厚的黏土层进行了详细分析，发现其中铱的含量比上下层岩石中的高出 10 倍。而这种 1 厘米厚的黏土层在墨西哥、南极洲及突尼斯等地的地层中亦有发现，在有些地区铱的含量可以达到背景值的 30 倍甚至 130 倍。铱是地壳中含量很低的亲铁元素，但是大部分小行星和彗星的铱元素含量却都比较高。

瓦尔特以此结果向他的父亲，加州大学天文学家、诺贝尔物理学奖得主路易斯（Luis Walter Alvarez）征求意见。路易斯认为，大部分到达海洋底层的铱元素都是通过陨石降落地球的。

当他们父子把这个事实与白垩纪末恐龙灭绝相联系时，就自然得出恐龙灭绝是白垩纪末陨石撞击地球所造成的结论了。1990 年，一位地球物理学家为一家石油公司开展地质勘查时，在尤卡坦半岛上的希克苏鲁伯村发现了一处埋于地下的巨大裂痕。经过进一步研究发现，这是一个巨大的陨石坑，这证明了曾有一次大规模陨石撞击事件发生在墨西哥尤卡坦半岛的希克苏鲁伯地区，这个陨石坑称为希克苏鲁伯陨石坑。据推测，这颗小行星的直径大约 10 千米。而它产生的陨石坑直径则达到了约 200 千米。科学家还在陨石坑附近的沉积物中发现了非常微小的玻璃质球体，据称这些都是在撞击中形成的。在其他地区白垩纪与第三纪过渡时期形成的陨石坑中，除铱元素外，地质学家还找到了更多支持撞击理论的证据，例如发现了"受到机械撞击的石英"的微小薄片，这种特殊形态的石英只有在高压撞击的作用下才会形成。阿尔瓦雷茨父子推测在白垩纪末期发生过一次或多次小行星撞击地球事件,并由此引起了一场大爆炸,继而引发了大范围的海啸和大火。爆炸还将大量尘埃抛入大气层,形成遮天蔽日的尘雾,影响了光合作用的进行,造成全球生态系统的崩溃,以致植物枯死,包括恐龙在内的大量生物走向灭绝。

此外,一些古生物学家很早就认为白垩纪大灭绝与火山爆发有关,但他们苦于没有找到直接证据。尤其是当20世纪80年代阿尔瓦雷茨父子提出小行星撞击假说,并且于90年代被希克苏鲁伯陨石坑的发现进一步证实后,科学家的主流观点都倒向了撞击说。但即使在此情况下,一些古生物学家还是坚持火山爆发造成此次灭绝的认识。双方进行了多年的论证。火山作用一方的著名代表人物是普林斯顿大学的地质古生物学家凯勒(Gerta Keller)。她提出,希克苏鲁伯撞击事件发生在白垩纪灭绝事件前的30万年间,而且影响很短暂,不会触发生物灭绝。为了寻找火山作用的证据,凯勒领导的团队在印度德干地区的玄武岩中费尽心思地苦苦寻找火山喷发时遗留的极少的微小碳石晶体。当对这种碳石晶体进行高精度放射性测年后发现,德干地区的火山活动时间从6628.8万年前开始,比小行星撞击早了20多万年,而且火山爆发的时间持续了75万年,产生了约51.2万立方千米的熔岩,岩浆淹没了面积达156.65万平方千米的土地。一次持续了75万年的大规模火山活动,无疑会对当时的地球生态系统造成重大影响,甚至是灭顶之灾。

2013年12月,《科学》杂志网络版发表了凯勒的研究报告,显示印度德干高原的新证据有力地支持了恐龙灭绝的火山作用假说。而如今,越来越多的科学家在白垩纪灭绝事件上支持"组合拳"的说法,即德干火山作用让很多物种失去了活动能力甚至灭绝,随后,希克苏鲁伯小行星的到来给了这些生物最后一击,使其毁灭。

四、哺乳动物的演化是关键

哺乳动物的出现和演化在人类起源中扮演着关键角色。人类的主要生理特点,不论是在生殖繁衍方面的,包括繁衍后代的形式——胎生,养育后代的形式——哺乳;还是在身体形态方面的温血、恒温,以及大脑进化出边缘系统和大脑皮层等中、高级神经活动中心等都与一般哺乳动物无异。如果没有这些生理特点和大脑中的高级神经活动中心,人类也就不会存在了。

哺乳动物的演化经历了一个漫长、曲折而又艰难的过程,这在地球上所有生物的演化史中是少有的。而且,哺乳动物的演化与地质历史上的板块构造运动紧密联系在一起,这也是生物演化史上所罕见的。如果没有这样特别的演化经历,也就不会形成哺乳动物上述那些特征。

为了解哺乳动物的演化,我们可以把它大体分为四个阶段(图4-8):

第一阶段,始祖演化时期,时间为古生代的二叠纪和中生代的三叠纪;

第二阶段,原始哺乳动物时期,时间为中生代的侏罗纪和白垩纪;

第三阶段,古哺乳动物时期,时间为新生代的古新世、始新世和渐新世;

第四阶段,现代哺乳动物时期,时间为新生代的中新世、上新世和更新世。

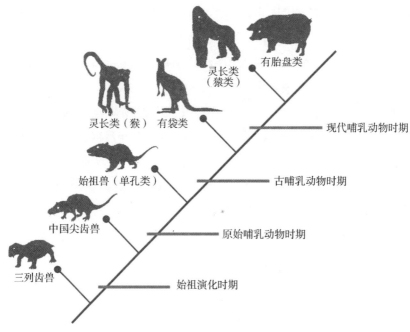

图4-8 哺乳动物演化示意图

本节我们按时间顺序,仅探讨第一、第二阶段的情况。

1. 始祖演化时期

这是指哺乳动物始祖的演化时期,分二叠纪、三叠纪两个阶段,中间经历了二叠纪末期(2.51亿年前)的生物大灭绝事件。

二叠纪是地质历史上的大变动时期。二叠纪初,当时处于南半球的非洲、南极洲、南美洲、澳大利亚、印度和阿拉伯半岛等板块已经聚合在一起,形成了南方大陆,即冈瓦纳古陆。几千万年后,到二叠纪中期,北半球由欧洲、西伯利亚、中国等组成的欧亚板块与北美洲板块也聚合在一起,形成了北方大陆,即劳亚古陆。由于板块构造运动,这两个古陆逐渐聚合成一个C字型的巨大陆地,叫泛古陆,大陆南北两端隔特提斯海相望。

泛古陆四周被海洋包围,此时地球气候也发生了明显变化。从石炭纪末期开始,地球气候变冷,进入又一次冰期。南半球的冈瓦纳大陆各板块直到二叠纪时都被很厚的冰川覆盖。像今天的南极洲、澳大利亚的昆士兰和新威尔士、南非的开普省和纳塔尔省、阿拉伯半岛、印度等地都有二叠纪时期因冰川作用形成的冰碛岩地层沉积和围绕着极度寒冷的冰原生长的舌羊齿植物群与安哥拉植物群。这些都被作为大陆漂移说的证据。严寒使冰川得以形成,海水结冰,海平面大幅下降。在此之前,地球上大约40%的陆地及其周边大陆架都沉在水底,可是到了2.8亿年前的二叠纪中期,这一比例已降至10%。

冰期后,气候变得干旱少雨,当时赤道南北形成了广袤的沙漠。绿洲、湖泊、沼泽等被太阳照射,水汽蒸发,面积逐渐变小,就像早期的撒哈拉沙漠一样。各种动物的生存也越来越困难。

古生物学家主要以化石解剖学对古生代的陆生爬行动物进行分类,按头骨上附着的颌骨肌肉的颞孔形态和位置,也就是头颅结构,爬行动物可分为三大类群:无孔类群、双孔类群和下孔类群。

二叠纪时,泛大陆形成,气候发生变化,生态环境随之改变,生物多样性也因物种间的竞争而急剧变少。到了二叠纪末期,有些下孔类群的分支,如单孔类就进化成了类似河马的食草动物和长相怪异的食肉类动物。同时,它们身上也出现了一些哺乳动物的主要特征,比如拥有用来咀嚼食物而非撕裂和囫囵吞咽猎物的颌与牙齿，消化系统变得更有效率，活力也因此提升；它们的腿不再从身体侧面向外展开，而是长在身体下方，可以跑得更快更稳；它们的新陈代谢方式变得像温血动物，而非冷血动物。

然而这样的日子没过多久就大难临头了。二叠纪末期爆发了地球历史上最惨烈、最严重的一次生物大灭绝事件，绝大多数地球生物都灭绝了。

为了寻找这次事件的罪魁祸首，地质学家经过几十年的追踪，终于找到了造成这次大灭绝事件的主要原因是西伯利亚的火山喷发。就在这次大灭绝事件发生的几十万年前，大量暗色玄武岩熔岩从现在西伯利亚几处大的火山口喷出，在接下来的 100 万年内，这些火山口竟然喷发了 11 次，总共喷出 300 万立方千米的熔岩，足以覆盖整个地球表面，深及 20 米。

由于这次灾难对地球以后的生态环境及生物演化影响太大了，我们不妨对其多用些笔墨。

从 20 世纪 90 年代初开始，古生物学家即对南非卡鲁地区开展了调查研究。随着研究的深入，他们发现，与现在的卡鲁沙漠这一光秃秃的山区截然不同，在 2.51 亿年前的大灭绝发生之前，这里是一片宽广的河谷，犹如今天的密西西比河，河谷两岸的森林植被种类与现代完全不同，那时地球上还没有花，也没有飞鸟，但这里依然是一个奇异的世界。

当时这里的优势动物是单孔类爬行动物，是以后所有哺乳动物的祖先。除此之外，还有两栖类、龟类、鳄鱼，甚至恐龙的前身等。卡鲁是个神奇的地方，对古生物学家来说，这里是个圣地，地球上再没有任何一个地方拥有如此丰富的类似哺乳动物的爬行类化石。这些化石不仅容易发掘，而且到目前为止，已经被彻底地研究过了。它绝对是地球上研究二叠纪到三叠纪之间大灭绝的中心地区。

从沉积岩层和埋藏的古生物化石来看，二叠纪末期绿色的和橄榄绿色的岩层逐渐变红变紫，反映了卡鲁地区的气候在变干变热。在这些岩层内，多不胜数的四足动物化石也跟着愈来愈少，最后只剩下三种不同的单孔类化石，一种是过去的孑遗，另两种则是掠食动物麝足兽和食草动物水龙兽。

至于二叠纪最后一层绿色岩层，已经完全没有了任何生命的迹象。这类岩层里，什么都没有，不仅没有化石，也没有任何掘穴式钻孔的生命活动迹象,就连小型动物也死光了。这一时期的动物,无论大小,统统遭殃,这反映了那次大灭绝的惨烈程度。

大灭绝事件后,地质历史进入三叠纪,气候持续干旱,这个时期的卡鲁河谷植被缺乏,河水变少,大河被分隔为无数小的支流,古生物学家只有在小侵蚀岩地最高的岩层中才再一次见到了水龙兽的化石。这里的化石还包括血缘与哺乳类最近的单孔类,以及恐龙的前身。

大灭绝发生期间,海洋生物也在劫难逃。中国南海梅山附近一个废弃的石灰岩采石场里的岩石记录了二叠纪末海洋生物灭绝的历史。这里的石灰岩成分其实是微生物骨骼,这些微生物在海水中结合碳和二氧化碳,形成碳酸钙。它们所用的碳可能来自生物的有机碳,也可能来自火山的无机碳。由于光合作用会滤出大量碳同位素碳-13,有机碳和无机碳所含碳-13的比率不同,通过测量石灰岩中碳同位素的比率,科学家便可知道那些制造骨骼的微生物存活时有机碳的含量。

梅山石灰岩内的碳同位素在2.51亿年前的大灭绝期间曾经历了一次大变动,这暗示了当时海洋生态系统彻底崩溃,死亡的有机物泛溢四海。地质学家在尼泊尔、亚美尼亚、澳大利亚和格陵兰也发现了同样的碳同位素变化。但梅山的采石场却与众不同,因为那里的石灰岩夹在两层火山灰之间,而那次大灭绝之前和之后都发生了火山爆发。火山灰岩层内含有可断定年代的锆石,因此,梅山石灰岩可以告诉我们,那次大崩溃到底延续了多久。

1998年,加州理工学院的鲍林及其同事测量了大灭绝岩层上下锆石内的铀及铅和碳同位素的变化,认为那段灾难的时间只延续了16.5万年左右,或许还更短。之后对采自中国其他地区的同时期火山灰进行研究,结果也都相同。

以上是我们列举的二叠纪末大灭绝事件在大陆和海洋造成灾难的两个个案的情况,现在让我们想象一下大灭绝时期全球的景象。火山喷发出大量熔岩,还可能释放出巨量的甲烷和硫酸盐烟尘,直达平流层(距地面10~50千米的高空),这些分子在大气中可能凝聚成微粒形成雾霾,将阳光反射回去,使地球变冷。当微粒以硫酸雨的形式自天而降时,又会毒化土壤。

这两种情况都会杀死地球上的大部分植物,结果导致依赖植物为生的处在食物链基础的动物大批死亡,进而引发整个生态系统崩溃,大量生物在饥饿与剧毒气体的双重作用下走向灭绝。

酸雨与冷雾可能持续多年,待烟消云散后,火山又会以另一种方式肆虐,西伯利亚火山群可能释放出几万亿吨的二氧化碳,造成全球温室效应,地球气候迅速变热,或许只花了几十年功夫,就破坏了海洋中的化学平衡。这又杀死了大量的海洋生物。有证据显示,在2.51亿年前,深海中囤积了足以引起动物中毒的高含量二氧化碳,由于海水循环迟缓,这些气体便一直困在深海中。火山喷发改变气候,使海水沸腾,深海中的二氧化碳开始向外释放。一旦二氧化碳上升到浅水区,便会使那里的动物血液中毒,导致大部分海洋生物灭绝。

那么有谁能在这样的灾难中幸存呢?在陆地上和海洋中的情况都差不多,幸存下来的是那些最擅长呼吸的动物,那些能够应付低氧、高二氧化碳、各种有毒气体混合物的生物,那些上气不接下气但依然能够活着的生物,那些长期生活在洞里、坑里、污泥里、沼泽里、沉积物里的生物,那些在没有别的生命愿意待的地方苟延残喘的生物。成千上万的黏糊状的东西活了下来;细菌,而且是有毒细菌活了下来;幸运的是,我们哺乳动物的祖先也活了下来,这就是为什么大灭绝后最早恢复过来的陆地动物是水龙兽这件事情如此重要。因为它们是会挖洞的生物,拥有筒状的胸、带肌肉的横膈膜,体表有骨板,这加宽了它们体内的气体通道,它们喘息着从洞穴里爬出来,活跃在空旷的大地上。

大灭绝之后,地质历史进入到三叠纪,有毒气体逐渐消失了,但大气中二氧化碳的含量却一路飙升,达到现在的10倍。氧气含量从30%降到11%的低谷,但未跌破这个界限,干燥气候依然漫无边际地笼罩着全球。海洋里,大灭绝之前,典型的优势动物是那种动作迟缓或附着在岩石上的动物,如海百合、苔藓虫和腕足类。而大灭绝之后,鱼类、甲壳动物和海胆成了优势物种。而在陆地上,大灭绝之后恢复了元气的陆栖生物也彻底改头换面了。最后幸存的生物包括了爬行动物的两个类群:

单孔类:也就是哺乳动物的祖先;

主龙类:是鸟类、鳄鱼、恐龙和翼龙的祖先。

三叠纪时气候干旱,适应环境最成功的是单孔类的一个支系兽孔类。在三叠纪早期,主导物种是兽孔类的一种,叫水龙兽,它们是形状像猪一样、会挖洞的食草动物,1969 年,在南极洲曾发现该物种的化石。三叠纪晚期,兽孔类的另一种——犬齿兽取代了水龙兽,水龙兽灭绝。犬齿兽既食草又食肉,是哺乳动物的直系祖先,这一种群的代表就是大带齿兽(图4-9)。犬齿兽有很多有氧能力较高的特征,骨质的颌(把呼吸道和嘴分开,可以一边吃东西,一边呼吸)、宽阔的胸腔、改良的肋骨,还可能有肌肉质的横膈膜和包围着一套精致的骨骼网络的扩大了的被称为"鼻甲"的鼻腔。这些都说明,犬齿兽为适应高温干旱的恶劣气候环境,已经进化出了较高的呼吸能力。

图 4-9 大带齿兽

大带齿兽可以视为最早的哺乳动物,三叠纪后期进化出来,为所有哺乳动物的祖先,体型小,穴居,夜行,以捕食昆虫为生。

2.原始哺乳动物时期

侏罗纪开始,气候变暖,而且长期稳定,比三叠纪的气候要好得多,更适宜恐龙等冷血动物的生存。因而,这一时期恐龙家族的力量进一步壮大,成了地球霸主。三叠纪曾经一度占上风的哺乳动物祖先犬齿兽却败下阵来,成了不起眼的、"卑微"的物种。

古生物学家对哺乳动物进行了仔细的解剖学研究,发现严格意义上的哺乳动物是侏罗纪中期(1.6亿年前)才出现的,而到白垩纪早期,一种靠胎生繁衍后代的哺乳动物诞生了,它被称作始祖兽(图4-10)。之前的与哺乳类相似的动物叫类哺乳动物(合弓动物),两者之间骨骼的解剖学差异这里不详细说了。总之从侏罗纪中期直到白垩纪末期(6600万年前)的约1亿年时间里,我们这颗星球上的霸主是各种各样的恐龙,恐龙大多体态庞大,它们中不乏体重可达30多吨、身长可达30多米、身高可达10米的大家伙,也有像异特龙、暴龙这样让今天任何一种陆地食肉动物都望尘莫及的凶猛捕食者。哺乳动物在这样的生态环境下活了约1亿年,过着朝不保夕的日子,整天提心吊胆,随时都要提防着自己被强大的恐龙所猎食。

图4-10　始祖兽

　　这是一种生活在白垩纪早期的哺乳动物,体型很小,只有10厘米长,体重也只有25克左右。始祖兽比之前的哺乳动物更进步,主要表现在其靠胎生繁衍后代,是已知最早的胎生哺乳动物之一。

　　当科学家对哺乳动物和爬行动物的生理特点和身体结构进行研究后发现,两者在生理上的最大差别是哺乳动物的血液是温血,而且温度稳定,被称作恒温动物,像人类的血液就稳定在37℃,不管外界温度怎么变化,它都不变。而爬行动物的体温会随外界温度的变化而变化,像鳄鱼,它们白天在太阳光下吸收热量,体温就会升高;夜晚,随着气温降低,它们的体温也会降低,因而被称为变温动物或冷血动物。

　　温血的核心功能是使代谢速率和生命的节奏加快。温血本身就有很大的好处,因为一切化学反应都随着温度的上升而加速,为生命奠基的那些生物化学反应自然也不例外。对生命有意义的温度范围其实很小,在动物界里也就是0~40℃,但给动物带来的影响却是相当惊人的。比方说,在这个温度范围内每增加10℃,氧气消耗量就要翻倍,维持机体运转所需的能量也会剧增。这就带来一个问题,既然冷血变温血要消耗大量的氧气,同时要付出高昂的惨痛的代价,哺乳动物为什么还要演化出温血呢?

答案是,为了耐力。因为同样在这个范围内,每增加 10℃,力量和耐力也会按比增加,所以同一个动物在 37℃ 时的耐力是 27℃ 时的 2 倍、17℃ 时的 4 倍。

1979 年,美国加州大学欧文分校的本尼特(Bennett)和鲁本(Reuben)两人发布了一项经典研究,认为温血与冷血给动物肌体带来的最大区别在于耐力。他们的观点被称为"有氧能力"假说。对此,他们提出了两个论点:

第一,自然选择并不作用于温度,而是使得动物更加活跃,这在很多场合都有直接的好处。用两人的原话说就是"更加活跃带来的选择并不小,实际上对于生存和繁殖起到了核心作用。一只耐力更持久的动物所具有的优势从选择层面是很容易理解的,收集寻找食物时,它能维持更长时间的追逐,也能逃跑更长的时间,从而避免让自己成为掠食者的食物,同时,求偶和交配也将更加成功。"这就说明,耐力好的动物在觅食和安全性上有更大的优越性。

波兰动物学家科特加(Kotega)对此做了补充,他把重点放在了对后代的照料上,认为可以连续喂养后代几个月甚至几年,这是哺乳动物和鸟类与冷血动物相比的一个优势。如此"投资"需要很可观的耐力,也会对动物能否挺过一生中最脆弱的时期产生巨大影响。

第二,耐力需要动物内脏器官更高效地运转,才能产生更高的热量。

冷血动物与温血动物的差异大部分体现在身体各种器官的大小和线粒体的数量上。温血动物的器官可以说是满负荷运转,一天 24 小时,一周 7 天,不停地运转。它们消耗大量氧气,以此让肌体运转得更好,从而产生了更高的热量。值得注意的是,产热不是目的,维持肌体良好的运转状态才是。

在动物的发育中,温血的起始更支持这样的观点,温血与其说是产热,不如说是为了使内脏器官更高效地运转。澳大利亚悉尼大学的演化生物学家西巴彻(Sibacher)潜心研究了是哪些基因促成了鸟类胚胎中温血的起始,结果发现了一个"主基因"(编码为 PGC-Lain 蛋白)迫使内脏器官里的线粒体分裂繁殖,从而提供热量。因而,温血动物的耐久力远胜于冷血动物,其有氧能力通常是后者的 10 倍。哺乳动物和鸟类飙升的有氧能力和静息态的代谢速率相关联——更大的内脏器官、线粒体功率更大，这就是它们的进化优势，能够更好地适应自然选择压力的优势。

在强大恐龙主宰的世界里，原始哺乳动物被迫过着夜行生活，白天钻在洞穴里，夜晚出来活动和觅食。这个时代，它们的身体通常都很小，活动和觅食时还得随时提防着自己成为恐龙口中的食物，因而，它们演化出了比爬行动物灵敏得多的神经系统。为了处理各种感觉信息，它们的大脑逐步演化出一套边缘系统，专门负责将接收到的声音信息、视觉信息和气味信息等进行分类，并转换成复杂的记忆，以认识周围的环境。为了防止恐龙等的袭击和捕捉，它们还演化出表达恐惧情感的能力。又因为它们新陈代谢快，必须随时补充"燃料"。一条蛇在吞下一只老鼠后，可以休息好几个星期，可是哺乳动物不能饿得太久，因此它们必须长期频繁觅食，才能维持生命。

原始哺乳动物在近1亿年的时间中，每天在夜里活动，在终日提心吊胆中过着"屈辱"的日子。正是在这样的环境下，它们才演化出了大脑的边缘系统和皮层，边缘系统中诸如海马体和杏仁体等主要处理记忆和恐惧情绪等中级神经活动的组织就是在这时进化出来的（详细情况在第七章叙述）。

到6600万年前的白垩纪末期，祸从天降，恐龙称霸地球的日子走到了尽头。一颗直径约10千米左右的小行星突然造访地球，撞向今天墨西哥东南部的尤卡坦半岛的希克苏鲁伯镇附近，在地表留下了一个直径160千米，深近20千米的巨大陨石坑。这一不速之客给地球造成了巨大灾难。科学家预测，当小行星入水时，可能引发了一次浪高达300米的大海啸。这场海啸波及各大洋，大浪卷上陆地，惊涛骇浪将整片森林卷入海洋，送入500米深的海底。陨石撞击后进而坠入海底，将100立方千米的海底岩石气化，而强大的冲击力把岩石和陨石碎片喷射到100千米外的大气平流层中，一次比人类历史中有记载的最强烈的地震还要强1000倍的地震震撼了整个地球。地质学家在大西洋的钻探发现了关于这次地震的证据，显示其引发了北达加拿大的新斯科舍、远至距海岸线1200千米的整个北美东部的海底山崩。与此同时，一个大火球从陨石坑里冒出来，一路燃烧到数百千米以外，黑色的天空可能充斥着成千上万的流星及熔化的巨岩，飞落到地球各处,着陆时又引发了更多的大火。整个地球都在燃烧,烟雾遮天蔽日。二叠纪末的那次大灭绝所使用的"手段",如全球变暖、臭氧层空洞、甲烷释放,二氧化碳提升,含氧量下降、硫化氢中毒等都一一再次上演。这导致地球生态系统再一次被大规模破坏,当时的地球霸主恐龙全军覆没,哺乳动物也灭绝了约三分之二(图4-11)。

图4-11 小行星撞击地球被认为是导致恐龙灭绝的主要原因

6600万年前的一天,一颗直径10千米左右的小行星脱离轨道,冲向地球,在墨西哥的尤卡坦半岛撞击出了一个巨大的陨石坑。这次撞击导致地球75%~80%的物种灭绝,恐龙走向灭亡。从此地质历史进入新生代,哺乳动物开始崛起。

但是,相对的,大灭绝也为新的生物演化创造了条件,其结果是恐龙时代被哺乳动物时代所代替。6600万年前白垩纪大灭绝后,哺乳动物的幸存者在随之而来的新生代迅速崛起,并得到了大发展。它们进而进化出现存所有的20个胎盘哺乳动物目和许多如今已经灭绝的目。灵长类就是在这时进化出来的。

由于我们所讨论的是人类起源问题。因而,灵长类进化就理所当然地作为重点讨论对象。新生代以来整个哺乳动物演化阶段,即古哺乳动物和现代哺乳动物的进化也就不再详谈了。

五、灵长类最终完成了从猿到人的进化

1. 灵长类起源于东亚

长期以来,人们认为人类起源于非洲,因而人类祖先也起源于非洲。非洲是人类祖先的起源地,该观点的根据是,人类属于灵长目动物的一个总科,即人猿总科,包括现存人科动物中的猿类(黑猩猩、大猩猩、长臂猿和猩猩),还有许多已经灭绝的物种。化石记录也表明,最早的人猿总科动物大约出现在2500万年前的非洲。达尔文也持相同的观点,尽管在他那个时代并没有很多化石证据。他的理由很简单,因为在现代世界里,与我们最相像的动物都生活在非洲。他指出,黑猩猩和大猩猩要比亚洲的猩猩与现代人类更接近。但是,化石证据却改变了这种认识。

日前,《自然》杂志报道了中国科学院古脊椎动物与古人类研究所倪喜军带领的一个国际研究团队,发现了目前已知最古老、最完整的灵长类骨架化石,该化石距今5500万年。这项研究改写了人猿的演化史。

该团队发现的化石埋藏在中国湖北荆州市附近的湖相沉积中,被命名为"阿喀琉斯基猴"。研究人员用目前最为先进的超高精度同步辐射CT扫描技术,数字化三维成像重建了埋藏在岩石中的化石骨骼和印痕,从而"让化石从石头中站了起来"(图4-12)。

阿喀琉斯基猴与其他已知的灵长类(无论是现生的还是已灭绝的)相比都非常不同。它就像一个怪胎,长着类人猿的脚,却又长着更原始的牙齿、胳膊和腿。对于一个早期灵长类来说,它的眼睛也出奇的小。它的骨架化石比以前发现的达尔文猴和假熊猴整整早了700万年。而且阿喀琉斯基猴在灵长类的系统演化树上与人类同属一个大的支系。而达尔文猴和假熊猴则属于另外一个分支,是现生狐猴的远亲,与人类的亲缘关系要

比阿喀琉斯基猴更远。

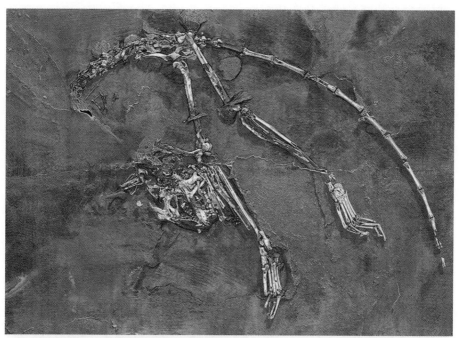

图4-12 阿喀琉斯基猴化石(上)及复原图(下)

经过大量的统计学分析,倪喜军及其团队推测阿喀琉斯基猴的体重仅有20~30克,体型比现生最小的倭狐猴还要略小一些。该团队成员丹尼尔·李(Daniel Lee)博士是研究灵长类动物身体结构方面的专家,他说:"阿喀琉斯基猴如此小的个体和它非常基干的系统演化位置,证明了最早的灵长类动物,包括眼镜猴、猕猴、猩猩和人类的共同祖先非常小。这颠覆了原先一些人认为的类人猿早期类型与某些现生类人猿体型大小相差无几的观点。"

灵长类与其他动物的演化关系,以及灵长类内部主要支系之间的系统关系,一直是科学家们激烈争论的问题。

为了检验各种假说,研究团队构建了一个巨型的包括1000多个形态学特征和157个哺乳动物分类单元的数据库。为揭示这里埋藏了几千万年的秘密,研究团队花了10年时间进行研究,首次获得了一个相对完整的、非常接近于类人猿和其他灵长类开始分异时的图景。

该研究团队包括了来自美国卡耐基自然历史博物馆、美国北伊利诺伊大学、美国西北大学、美国自然历史博物馆、法国欧洲同步辐射中心的不同学科的专家。他们的发现和研究成果对于确定类人猿与其他灵长类的分异时间和早期演化模式提供了非常关键的证据,被认为是近年来相关研究的里程碑。

为什么阿喀琉斯基猴能生活在5500万年前的中国湖北省?大家知道,5500万年前正是新生代以来的第一个世——古新世末期,地球上发生了一次重大气候变化"极热事件"。当时,全球变暖,森林覆盖到了南北极,在今天的阿拉斯加,甚至生长着棕榈树。曾有研究揭示,在这种极端气候条件下,赤道低纬度地区大气中的二氧化碳水平飙升,大概是现在的3~6倍。这样严酷的环境导致当时热带地区难有茂盛的植被存在,哺乳动物也难以生存。而中纬度地区则是适宜它们生存的地区。就在与湖北荆州相同纬度不远处的安徽潜山盆地,在古新世生活着以啮齿动物为主的小型哺乳动物群——潜山动物群(图4-13)。

中国科学院南京古脊椎动物与古人类研究所的科学家们于几年前在中国南方发现了6个灵长类动物的残骸。这些都是以前不为人知的、已经灭绝的生物。其中4个类似于马达加斯加的狐猴,1个类似于以昆虫和蜥蜴为食、生活在菲律宾和印度尼西亚的眼镜猴,还有一个类似现在常见的猴子。

图 4-13 潜山动物群：安徽潜山盆地古新世古哺乳动物活动场景

3400 万年前，南极冰盖形成，全球气候变冷。在所有哺乳动物中，灵长类对环境最为敏感，在全球气候发生剧变后，它们只能存活很短的时间。而与此同时，印度板块与欧亚板块相撞后，从渐新世中期（4400 万年前）开始，东南亚大陆与印度次大陆之间的生物物种交流频次加强。为了寻求更好的生存环境，原来在中国西南部和缅甸、马来半岛的灵长类动物，也就是在这个时期进入了印度次大陆，并进一步（有可能通过阿拉伯半岛）进入非洲，来到赤道附近低纬度和中低纬度的热带森林中生活。这是灵长类动物演化史上一个关键的时期。

后来进化成猴类、猿类和人类的灵长类世系被称为类人猿。它们起源于亚洲东部，准确地说，应该是中国，如阿喀琉斯基猴。只是在后来，大约 3800 万年前，一些类人猿迁徙到了非洲。一个国际科学家团队从 2005 年到 2011 年，经过 6 年的艰苦工作，在缅甸北部一个山间空地的沉积地层中发现了 4 颗类人猿牙齿。经过对这 4 颗牙齿的大小、形状、年龄的详细分析，发现它们比来自非洲利比亚同时代的类人猿牙齿更为原始。与非洲类人猿相比，亚洲类人猿的这些原始性状，以及丰富的种类和更早的生存年代表明，亚洲类人猿出现的时间要比非洲的早得多，由目前的化石证据可见，类人猿是从亚洲起源，并在 3900 万年前—3700 万年前迁徙到非洲。

2013 年，一个国际古人类学家队伍在中国云南昭通盆地发现了一块保存完好的古类人猿头骨化石。研究显示，这块头骨可以追溯到 620 万年前——而世界其他地区的古类人猿早在900万年前就已灭绝,这曾令科学家十分困惑。

人们普遍认为,中新世后期(900万年前—500万年前),地球经历了一次全球气候变化。这次气候变化使青藏高原大部分地区变得非常寒冷、干旱,同时也导致了适应性更好的古猿的灭绝和现代猿类与早期人类的出现。但云南昭通的这项新发现和研究显示,青藏高原东南部恰好是没有受到那次气候变化影响的少数地区之一。这就为古类人猿提供了最后的避难所,在世界其他地区的古类人猿灭绝后,它们在那里继续存在了很多年。

在中国科学院新生代地质与古气候专家郭正堂的带领下,研究人员利用最新的显微扫描技术研究了化石发现地的沉积样品,他们以前所未有的详细程度展现了花粉化石的数量和混合情况,从而使科学家们能够重构当时的气候和植物图谱。

据郭正堂团队发表在荷兰《古地理学、古气候学、古生态学》期刊上的研究报告所述,通过这种环境重构,他们发现那个时代这里有大量水生植物的花粉存在,这表明最后一批古类人猿生活在一个气候适宜且生物多样性丰富的舒适的生态环境中,这里有大量湖泊和沼泽地,很少缺水。当时常青栎、常绿阔叶林最为常见。同时,草类也开始增长,而针叶松减少。由此可见,当时那里的气候温暖,空气也很湿润。与之相对,研究人员称,欧洲和非洲一些地区由于寒冷和干旱的气候,森林基本上已经消失了。而与之形成鲜明对比的是,这处青藏高原边缘的避难所为古类人猿保留了一种更加适合其生存的环境。

这种特殊的气候环境可能在很大程度上归功于青藏高原的抬升。印度板块与亚洲板块碰撞使青藏高原抬升,从而创造出一个阻挡印度洋季风的屏障。

但这处避难所并未持续很长时间。研究者称,从500万年前开始,植被开始向针叶林转变,说明这时气候变得寒冷干燥。这种与现在类似的新气候不再适合古类人猿生存,从而导致其灭绝。

2.人类最初的家园在非洲

有关人类最初的家园的问题,需要说得远一点,从南极洲说起。南极洲板块原来位于冈瓦纳大陆的最南端,白垩纪时与澳大利亚板块连在一起,气候温暖,海岸线被茂盛的植被所覆盖,生活着大量恐龙。

新生代以来,南极洲开始与澳大利亚分离,逐渐向南漂移,直到漂移到今天的位置。由于陆地比海水的比热容小,终年不化的冰层开始形成,将阳光反射回太空,使大气层冷却。南极冰层愈积愈厚,到 3800 万年前形成了南极冰盖。南美洲与南极洲,即南极半岛与火地岛的最后分离是在 3400 万年前—3300 万年前之间。从此,南极洲就孤立于地球最南端,其周围的海水也与北部海洋隔断,成了围绕南极洲的自循环。此时南极洲周围的海水温度下降,从原来的 20℃ 降到了 10℃,并进一步从 1500 万年前开始,逐渐从 10℃ 降到了 -1℃;大西洋海水温度则降到 6℃,北美洲周围的海水温度降到 10℃。

由于南极冰盖形成,渐新世后期,即 3000 万年前,全球气候变冷,二氧化碳含量持续降低,浓度从 1000ppm 降到 600~700ppm。

3400 万年前的始新世向渐新世过渡时期,也是全球由温暖向寒冷过渡的重大气候变化时期。气候变化引起了生态环境的变化,随着全球气候变冷,二氧化碳持续降低,植物开始进化出能够更有效吸收二氧化碳的新形态。禾本科植物开始繁茂,禾本科植物也叫 C_4 植物,像甘蔗、竹子、高粱,以及现在很多被称为"某某草"的植物等都属于禾本科植物。它们的叶子不像其他大多数的植物那样从顶端长出,而是从根部长出。这一特点给它们带来的好处是即便根部以外的部分都被食草动物吃掉,也不会危及它们的生长中心。到了中新世时(2000 万年前),草原最终形成,并且占据了世界上广大的地区,热带、亚热带被广阔无垠的草原覆盖。南极冰盖的形成又加速了热带草原的形成,成了现代世界与古代世界的分水岭。中新世以后,现代世界的格局开始形成,哺乳动物进化到现代类型,灵长类动物也进化出类人猿,为从猿到人的转变奠定了基础。前面已经讲过,早期灵长类动物完成了进化上的两大功绩:一是从啮齿类进化出来后进入森林,在树丛中跳跃觅食;二是从亚洲迁徙扩散到非洲,为完成从猿到人的转变打下了基础。

原始哺乳动物曾经有近 1 亿年的时间蜗居在洞穴里,并在夜晚活动和觅食,过着夜行生活,因而眼睛和视觉神经退化了,鼻子和嗅觉神经却很灵敏发达。恐龙灭绝后,新生代哺乳动物崛起,灵长类动物得以诞生,并开始进入森林,在树丛间攀爬、跳跃、觅食。这大大提高了其身体的灵活性,大脑皮层也获得增长,视觉神经系统迅速进化,变得发达灵敏,但嗅觉神经却逐渐退化。它们的视觉神经发展很快,于是灵长类进化成极为视觉化的动物。类人猿的身体构造决定了它们比其他很多哺乳动物在视觉方面要高明得多,双眼向前看,使它们具有完整的双眼立体视觉。猴子的初级视皮层与大脑皮层的比例(16%)比人类的(1%)还要高得多,它们所有视角区及颞叶和顶叶的其他邻近脑区加起来,占整个猴脑皮层的30%,而人类的只占人脑皮层的15%。

至今发现的早期猿类化石记录是在地处埃及沙漠中的法尤姆地区出土的树栖人猿总科动物化石,可追溯到3000万~3500万年前,当时法尤姆还是郁郁葱葱的热带森林和沼泽地带。这些化石有的属埃及古猿一支。

森林古猿(图4-14)可能是人科动物中最早的一支,是现代猿和人类的直系祖先。大约3000万年前—1200万年前,它们活跃于相当广大的地区。有名的化石是两枚出土于肯尼亚的约1600万年前的头骨,它们和肯尼亚古猿是近亲,被命名为"总督"。森林古猿分布地区很广,除肯尼亚外,匈牙利、希腊、土耳其、印度都有化石发现。

图4-14 森林古猿

生活在 1400 万年前—1200 万年前的拉玛古猿在人类进化史上扮演着重要角色。它们所处的时代恰好在 1000 万年前人猿总科分支为巨猿科和人科的前一刻。在中国云南禄丰出土的拉玛古猿头骨经鉴定属于人猿总科。

最近几十年来,越来越多的证据,特别是遗传学证据清晰地显示,人类与非洲的现生猿类——黑猩猩的亲缘关系特别近。

黑猩猩目前有两个种:黑猩猩和倭黑猩猩。后者比前者似乎更具社会合作性,侵略性更小,性行为更开放,但在其他大多数方面两个物种都非常相似。它们可能是从一个生活在 200 万年前—100 万年前的共同祖先演化而来的。但人类与黑猩猩的共同祖先可能生活在 700 万年前—500 万年前。毫无疑问,人类与黑猩猩的共同祖先更像黑猩猩而不像人。换句话说,在灵长类动物的演化历史中人类很晚才演化出来,但绝不是从任何现生的类人猿演化出来的。

值得一提的是,这两种黑猩猩都生活在非洲。而与人类血缘关系亲近度仅次于黑猩猩的大猩猩也生活在非洲。猩猩和长臂猿则生活在南亚,这些树栖的类人猿则是人类较远的表亲。由于与人类关系最近的灵长类都生活在非洲,因此,达尔文在《人类的由来》中提出,人类早期的祖先很可能生活在"黑色大陆"(指非洲)。那个时候,古人类的化石记录非常之少,直到 20 世纪的发现才证实,达尔文当年有根据的推测是何等正确。

相比黑猩猩,更像现代人的化石灵长类生活在 700 万年前—500 万年前,大致处于中新世的最后 200 万年间。那时,人类同黑猩猩的演化支系已经发生了分离。其中,人类的支系被称为"人族",已发现化石的早期人族成员包括原始人土根种、撒海尔人乍得种(又称乍得撒海尔人或乍得沙赫人)、地猿始祖种,以及比地猿始祖种稍晚的、生活在 440 万年前的地猿卡达巴种。除了撒海尔人乍得种出自中北非的乍得,其他人族的早期成员都生活在东非的肯尼亚和埃塞俄比亚。

学术界的共同认识是:从猿进化到人类的第一步是直立行走,即从树栖生活逐渐过渡到地上生活,正如美国著名古生物学家古尔德的名言:"人类是先站起来才变聪明的"。从猿到人的进化过程将在下一章讨论。

/ 第五章 /

早期人类进化

一、自然选择的压力

在第四章我们说过,6600万年前白垩纪大灭绝之后,地质历史进入到新生代,新生代是哺乳动物崛起的时代。

新生代以来,由于地壳板块构造运动,先是南方的冈瓦纳古陆各板块解体、漂移,后又与北方的劳亚古陆各板块碰撞,造成地壳的海陆变迁,地表逐渐变成了今天的面貌。

海陆变迁又影响全球海洋和大气的循环与气流变化,进而引发整个生态环境发生变化。生态环境的变化给生物自然选择带来了巨大的压力,促进了生物的多样性和复杂性的进一步发展。

新生代这种海陆变迁和气候变化对生物演化影响最大的事件是南极洲板块脱离冈瓦纳古陆,逐渐向南漂移到今天的位置,这发生于大约3800万年前。由于大陆对阳光的吸收比海洋小,因而,南极冰盖逐渐形成。在3400万年前—3300万年前的某时,南极洲最终与南美洲分离(南极半岛与南美洲火地岛之间被德雷克海峡隔开),完全为海洋所包围,洋流随之变化,南极洲周围的海洋温度进一步降低,南极冰盖由此持续扩大,全球气温下降,地球进入到新的冰期。

第二个重大事件是印度板块脱离冈瓦纳古陆,以每年15厘米的速度向北漂移了约3000千米后,在约5000万年前与欧亚板块相撞。对青藏高原的研究揭示,印度板块与欧亚板块相撞后,向下俯冲,造成喜马拉雅山褶皱带与青藏高原的隆升。始新世早期(约5300万年前),喜马拉雅山海拔只有1000米,隆升缓慢,直到中新世早期(约2300万年前),其海拔也只升高到2300米。也就是说,喜马拉雅山从始新世早期,经历渐新世到中新世早期的3000万年时间,海拔只升高了1000米。这就为包括灵长类在内的哺乳动物在全球气候逐渐变冷的背景下,从日益寒冷干燥的亚洲大陆的温带地区向印度和非洲的热带地区迁移赢得了时间。中新世开始,喜马拉雅山与青藏高原的隆升速度加快,只用了500万~700万年的时间就迅速抬升了 6500 多米,从 2300 米升高到现今的高度。

这个新形成的最高海拔约 8848 米的喜马拉雅山脉和幅员 240 多万平方千米、平均海拔超过 5000 米的青藏高原成了地球的"第三极"。它集聚吸收了大气中大量的二氧化碳,使之与岩石发生化学反应,形成碳酸钙等化合物。这些化合物被河流带走,沉入海里,使地球温度迅速降低。同时,这个巨大的高耸的喜马拉雅山和青藏高原也改变了南亚和东亚的气候模式,阻挡了印度洋北进的温暖季风,将更多的雨量送到印度与孟加拉,从而带走了大气中大量二氧化碳,令地球的温室效应逐渐减弱。

南极冰盖的形成和喜马拉雅山与青藏高原的快速隆升,将地球生态系统带入了一个全新的时期。中新世的开始(约 2300 万年前)成了哺乳动物演化的分水岭,之前的哺乳动物多是奇形怪状类似于今天的鸭嘴兽的古哺乳动物,它们因不能适应气候变冷而逐渐灭绝了;而中新世以后演化出来的哺乳动物,如马、牛、羊、骆驼等则叫现代哺乳动物,灵长类也由猴子演化成猿类,从亚洲中纬度地区向南亚和非洲的亚热带和热带地区迁移。

中新世时,地球气温下降,地球生态环境进入到一个新的时期。由于大气中二氧化碳含量逐渐降低,空气变冷,海洋蒸发量变小,导致许多大陆地区降雨量减少,阔叶、针叶林面积缩小,因而单子叶的禾本科植物开始繁茂。这种情况催生了草原的形成。像欧亚大陆北部的大草原、北美草原、阿根廷的潘帕斯草原就是在这一时期形成的。

1000 万年前—800 万年前,非洲东部的东非大裂谷开始活动。火山喷发把非洲平原撕裂成两半,形成一道从北部的埃塞俄比亚、肯尼亚、乌干达到坦桑尼亚、莫桑比克,绵延数千千米的大裂谷,造成高山、峡谷、湖泊、草原气候变冷变干,频繁的火灾使森林快速萎缩,原本茂密的森林大片大片成为稀树草原。700 万年前—500 万年前,我们人类的祖先与近亲黑猩猩分离,走上了不同的进化道路。

到了 500 万年前—400 万年前的上新世早期,在之前孤立了 6000 多年的南美洲逐渐向北漂移,在如今的中美洲巴拿马停了下来,与北美洲相接。太平洋与大西洋从此被美洲大陆相隔。两大洋的海水不能自由流动,从而形成新的洋流循环。大西洋在赤道附近的表层温水向北流动到北大西洋,使西北欧的气温升高了至少 10℃。从大西洋蒸发的海水更多地以水蒸气的形式凝结成云,吹到寒冷的北极圈时,雨变为雪,一层一层落到寒冷的海面上,结成冰层。就这样日积月累,终于在300万年前,北极冰盖形成了,并迅速向中低纬度地区扩张,将地球送入到第四纪冰期。我们人属动物就是在这个时期从南方古猿进化出来的。

气候变化对物种演化的影响是不言而喻的。科学家绘制了2000万年前以来人类进化过程中的气候变化(图5–1),可以让我们对气候与人类进化的关系有较直观的认识。

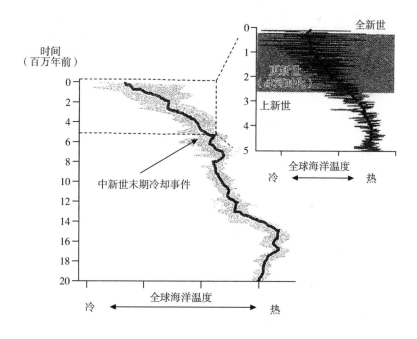

图5–1 人类进化过程中的气候变化

过去2000万年来全球海洋温度的下降情况,在人类与黑猩猩谱系分化的时候发生了一次显著的变冷事件。右上角将局部放大,突出了近500万年的情况。中间线显示的是平均温度,是许多大幅度快速波动(由图中的锯齿状线表示)的平均值。尤其值得注意的是第四纪冰期开始时的显著变冷。

1859年,达尔文出版了《物种起源》,又于12年后的1871年出版了《人类的由来与性选择》。当时化石记录很稀少,达尔文通过推理,大胆猜测人类起源之地可能在非洲。他说:“看来人类祖先居住在非洲的可能性,比在其他任何地方都大。”

100多年后,20世纪下半叶,基因研究取得了飞速发展,化石和石器的发现也越来越多,为人类起源和进化提供了大量的确凿证据。研究证明人类与非洲的类人猿不仅在身体结构上,甚至在基因组的序列上,近似程度都是令人惊奇的。1999年,一个国际科学研究小组根据有史以来最大规模的基因研究,画出了一棵人类进化树(图5-2),人类紧靠着黑猩猩的谱系,独立形成一个小簇。这棵树显示,从遗传学的角度看,我们人类实质上可以称是人猿总科的一个亚属。

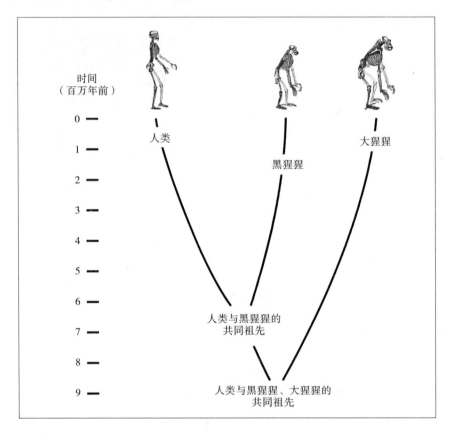

图5-2 人类、黑猩猩、大猩猩的进化树

这棵进化树显示了两种猩猩(黑猩猩和大猩猩);一些专家将大猩猩分成了多个物种。

科学家根据基因的突变速率,计算出黑猩猩与人类的共同祖先大约生活在700万年前—500万年前。

　　自达尔文时代以来,考古学家、人类学家陆续发现了愈来愈多的古人类化石、石器和人类遗址,揭示了人类进化的轨迹。现在,学术界对人类进化大体取得了基本共识,认为人类进化大致可分为五个阶段:古人猿(直立猿)阶段、南方古猿阶段、直立人阶段、古老型人类阶段、智人阶段(图5-3)。

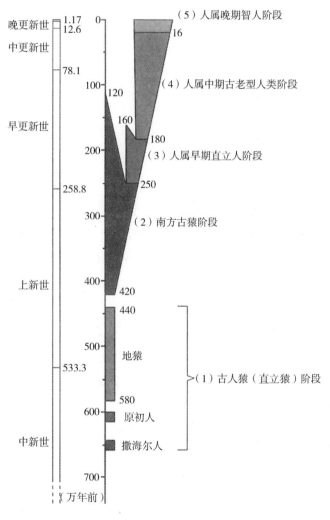

图5-3　人类进化历程示意图

　　智人是我们当代人类的直系祖先,他的进化分早期智人与晚期智人。晚期智人在身体上已与今天的人类无异,且已经进化出今天人类的标志性行为,包括语言、想象力、自我意识和更高的技术能力,因此,他们被视为现代人类。晚期智人的出现使人类进化进入到以文化进化为主的新时期。因而,我们将智人列专章叙述,本章我们只叙述人类进化的前四个阶段。

二、直立猿

1. 化石证据与解剖特征

(1)化石证据

谁是最早的古人猿,也就是说,谁是最早从人类与黑猩猩的共同祖先分化出来的古人猿,有何化石证据,其身体解剖学特征是什么? 这在过去曾长期困扰着科学家们。

自20世纪90年代中期以来,古人类学家有幸发现了许多出现在数百万年前的古人类化石证据,它们得以让我们重新思考人类和黑猩猩最后的共同祖先及从中分化出的最早的区别于黑猩猩的古人猿是什么样子。更重要的是,它们揭示了很多关于两足行走和其他特征的起源信息,这些特征使得最早的古人类区别于其他灵长类。

已知最早的人族成员是乍得撒海尔人,他是由米歇尔·布吕内(Michel Brunet)领导的法国团队于2001年在乍得发现的。这种化石是从撒哈拉沙漠南部的朱拉卜沙漠中发掘出来的。这个地方贫瘠而荒凉,野外工作艰苦又危险,因而发掘化石需要勇气和毅力,能吃苦耐劳。可是数百万年前,那里却是森林覆盖的古人族成员的栖息地,附近还有一片大湖。被发现的撒海尔人化石是一个近乎完整的颅骨及一些牙齿、颌骨的残片和其他骨骼。根据这些化石推测,撒海尔人生活在720万年前—600万年前。

其他早期人类化石证据还有图根原人。图根原人发现于肯尼亚,他们生活在约600万年前。不幸的是,这种神秘的物种如今只剩下一些零星的化石,包括一块下颌骨残片、一些牙齿和一些肱骨残片。因此,我们对图根原人还知之甚少。

最具价值的早期古人类化石是始祖地猿的化石(图5-4)。始祖地猿是由加州大学伯克利分校的蒂姆·D·怀特(Timothy Douglas White)及其同事在埃塞俄比亚发现的。这些化石分属同一个属的两个不同种。其中地猿卡达巴种稍早,生活在 580 万年前—520 万年前,其化石包括一些骨骼和牙齿;地猿始祖种稍晚,生活在 450 万年前—430 万年前,其化石十分丰富完整,包括一具约 1.2 米高、50 千克重被命名为"阿蒂"的女性的较为完整的骨骼。此外,还有分属十几个个体的残片(大多是牙齿)。不过阿蒂的骨骼是研究的重点,因为她给了科学家一个罕见的机会来研究阿蒂和其他早期古人类是如何站立、行走和攀爬的。

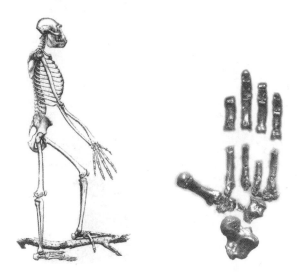

图 5-4　始祖地猿骨骼复原图(左)及足部化石(右)

当科学家将阿蒂及其他早期古人类化石在牙齿、颅骨、下颌,以及双臂、双腿等的细节方面与黑猩猩和大猩猩进行比较研究后,发现他们之间有很多相似之处,例如他们的脑容量只有 300～350 毫升,眼睛上方有粗大的眉弓,长着大门牙和长而突出的鼻子。阿蒂的双脚、双臂、双手和双腿也和非洲大猿相似,以致一些专家认为阿蒂和她的同类不能称为人类,而应是猿类。然而,事实上他们确实属于早期古人类,因为研究证实,他们最重要的一项特征显示,他们已经适应了双腿直立行走,而且已经破天荒地站立起来了。

(2)解剖特征

从解剖学角度看,早期古人类与黑猩猩等猿类有以下不同特征。

首先是髋部特征的改变。如果观察直立行走的黑猩猩，可以看到它的两腿分得很开，上身左右摇晃，就像一个走路不稳的醉汉。相比之下，清醒的人类在行走时，躯干的晃动几乎是观察不到的，这意味着人类可以把大部分能量用来向前移动，而不是稳定上身。

人类的步态比黑猩猩更稳健，主要是因为骨盆的形状发生了一个简单的改变（图5-5）。

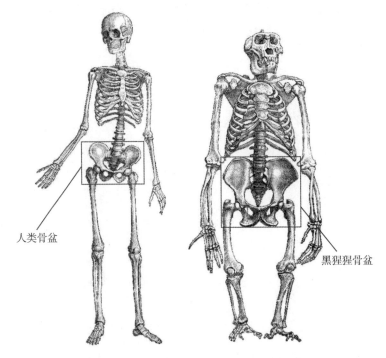

人类骨盆

黑猩猩骨盆

图5-5　人类与黑猩猩的骨骼对比，如图所示，可见两者骨盆有十分明显的区别

在猿类中，构成骨盆的宽大骨骼非常靠前，且髋部面向后方；而在人体中，骨盆的这一部分很短，且髋部面向侧方。这种侧向的位置对两足动物来说是一种关键性的改变。因为这样一来，在行走时，髋部侧面的臀小肌能使上身在只有一条腿支撑的情况下保持稳定。你可以用一条腿站立较长的时间，同时还能保持躯干直立。你可以马上试一试，一两分钟后，你就会感觉到这种肌肉的疲劳，这就说明了人类的骨盆构造可以让下肢肌肉作用于上身，对其起到良好的支撑作用。这个在人类看似简单的动作对于其他灵长类来说却是万难做到的，连和我们最接近的黑猩猩也不能通过这种

方式站立或行走，因为它们的髋部面向后方，于是同样的肌肉只会把它们的腿向后拉伸。黑猩猩的一条腿着地时，它只有把它的躯干向这条腿倾斜，才能避免向侧方跌倒，这就证明了这种区别的存在。

在上述能力方面，阿蒂不像其他灵长类，虽然她的骨盆已经被严重破坏，需要大面积重建。但她的髋部骨骼看起来比较短，而且面向侧方，就像我们人类一样，另外图根原人的股骨具有特别粗大的髋关节，股骨颈很长，股骨干上半部很宽，这些特征使其臀部的肌肉能在行走时高效地稳定躯干，承受行走动作带来的较大的侧向弯曲力。这些特征告诉我们，最早的古人类行走时已经不会左右摇晃了。

其次，两足动物的另一个重要改变是 S 形脊柱的形成。像其他四足动物一样，猿类的脊柱略微向前弯曲（前面略凹），因此当它直立时，躯干会自然前倾，又由于猿类的躯干位于髋部前方，因而它们站立时不能稳定。与此相反，人类的脊柱有两对曲线。人类的腰椎比猿类多。猿类通常有三到四个，而人类通常有五个，其中有几个为顶面和底面并不平行的楔形。正如楔形的石头使得建筑师能够建造出桥梁这样的拱形结构，楔形的脊椎骨使得人类的脊柱下段在骨盆之上向内弯曲，把躯干稳定在了髋部之上。人类的胸椎和颈椎在脊柱上段另外形成更柔和的弯曲，使得上颈部从颅骨向下，而不是向后延伸。

虽然我们还没有找到早期古人类的腰椎，但阿蒂的骨盆形状显示，她的脊椎腰段较小。乍得撒海人的颅骨形状提供了更有说服力的线索，显示他们已经拥有了适合两足行走的 S 形脊椎。黑猩猩和其他猿类的颈部和头部相接的部位（枕骨大孔）接近其颅骨的后面，角度接近水平，而乍得撒海人的颅骨完整程度让我们有足够的信心来推测，当他们站立式行走时，他们的上颈部是垂直的，因为他们的枕骨大孔在颅骨下方呈垂直角度。这种结构，只有颈部或脊椎的上下方都向后弯曲时，才有可能出现。

最后，早期古人类直立行走给人体带来的更关键的改变还是在脚部。人类行走时先是用脚跟着地，当脚的其他部分与地面接触时，脚弓会绷紧，使其在每一步结束时，用大脚趾将身体向上、向前推进。人类脚弓的形状是由脚部骨骼的形状及许多数量的肌肉的性状决定的。这些韧带和肌肉像吊桥的缆绳一样负责固定骨骼，并在脚跟离开地面时收缩，但每个人的收缩程度不同。此外,人类的脚趾和脚的其余部分之间的关节面非常圆滑,并且略微向上,得以使其能在蹬离地面时把脚趾弯曲成一个极端的角度。黑猩猩和其他猿类的脚没有足弓,使它们无法绷紧脚部蹬离地面,它们的脚趾也不能像人类一样伸展。

而阿蒂的脚部中间部分恰好保留着一些绷紧的痕迹,她的脚趾关节能在每一步结束时向上弯曲,这些特征说明阿蒂的脚与黑猩猩的不同,而与人类的相似,在直立行走时,能够形成有效的推进。

但是,当科学家仔细研究这些早期古人类化石后发现,在其身上还保留有一些适合爬树的古老特征。如阿蒂脚部的大脚趾肌肉发达,且向侧方分开,非常适合抓住树枝或树干,她的其他脚趾也长而弯曲,踝关节略向内倾斜。这些适合攀爬的特点,使她的脚在功能上与现代人的脚有着明显的区别。行走时,她使用脚的方式更像是一只黑猩猩,重心落在脚的外侧,而不是像人一样流动式前进。阿蒂的腿也比较短,如果她用脚的外侧走路,那么她的步态可能比今天的人要宽,也许她的膝盖也会略微弯曲。阿蒂上半身也有许多证据显示其拥有爬树的能力,比如前臂修长,肌肉发达,手指长而弯曲。

通过以上对早期古人类化石的分析,我们可以想象他们的行为状况:当他们在地面上时,他们肯定不是四足动物,当他们不爬树时,他们是偶然性的两足动物,虽然也能直立站立和行走,但方式与现代人类不同。他们迈步的效率不如现代人类,但他们直立行走的效率和稳定性可能比黑猩猩和大猩猩要高。我们远古的祖先也善于爬树,他们的大部分时间可能是在树上度过的。

如果我们能观察到他们爬树的样子,我们可能会惊叹他们在丛林里从一个枝头跳跃到另一个枝头的能力,但他们已经不如黑猩猩那样敏捷了。如果我们能观察他们行走的样子,可能会觉得他们的步态略显奇怪,因为他们都长着长而稍微向内侧偏的脚,迈着短小的步伐在走路。人们很容易由他们的姿态联想到直立的黑猩猩,或者喝醉酒的人——双脚不稳,左右摇晃。但其实不是这样的,他们可能也擅长行走和攀爬,只不过他们行走和攀爬的方式自成一体,不同于现在的任何动物。

2. 直立行走及其进化意义

（1）为什么要直立行走

早期古人类能够两足直立行走的原因，是根据两方面的信息综合分析得出的认识。前面我们从古人类化石骨骼方面的变化，如髋骨的改变、S形脊椎骨的形成、腿部和脚部骨骼与肌肉的变化等，确实得出了我们的祖先已经从人类与黑猩猩的共同祖先中分离出来的认识。但是，为什么会产生这种分离，使我们的祖先能够两足站立并直立行走？要回答这一问题，还需要另一方面的信息。

早期人类的牙齿给我们提供了有关其饮食结构方面的信息。

在大多数情况下，早期古人类，如阿蒂和乍得撒海人，都长着类似猿类的面孔和牙齿，这说明他们吃的食物与猿类相似，以成熟的果实（浆果）为主。他们都有着铲子形状的宽门牙，非常适合咬果子，就像我们吃苹果一样。他们的臼齿齿尖更低，形状极其适合研磨富含纤维的果肉。可是，有几个微妙的细节显示，人类谱系的这些早期成员与黑猩猩相比，对于成熟的果实以外的低质量食物要稍微适应得好一点。其中有个区别就是，早期古人类的臼齿比黑猩猩和大猩猩这些猿类的要大一些，还要厚一些。更大、更厚的臼齿能更好地咬碎坚硬、结实的食物，如植物的茎和叶。此外，阿蒂的口鼻没有那么突出，因为其颧骨稍微靠前，面部也更垂直，这样的结构使得咀嚼肌在其位置上可以产生更强的咬合力，这进一步提高了她咬碎坚硬食物的能力。

综合考虑所有证据，科学家们推测：早期古人类会尽可能去吃成熟的果实，即各种各样的浆果。但是在他们的食物结构中也增添了一些如植物的木质茎部等他们并不喜欢、但因生存压力又不得不吃的坚硬、富含纤维的食物。这些食物需要多次大力咀嚼才能咬碎。

这些与牙齿相关的食物结构的微妙改变，以及前面所说的骨骼结构的变化，使我们很自然地联想到早期古人类的生活环境发生了剧变，自然选择的压力迫使我们的祖先必须改变自身以适应生态环境的变化。

现存的证据最能支持这样一种观点：在人类和黑猩猩的谱系分化时，出现了重大的气候变化，为了让早期古人类更有效地采摘和获取食物，双足站立和行走才作为一种常规特征被自然选择保留了下来。

今天,地球气候变暖已经威胁到人类的生存与发展,因而气候研究引起了科学界的重视,许多传统学科领域的科学家也已经投入到了对气候的研究当中。气候变化在人类进化过程中始终是一个十分重要的影响因素。也可以说是自然选择的决定性因素,人类进化的每一个阶段都与气候变化有密切关系,在人类刚从猿类分化出来的那段时间更是如此。

从全球范围看,从中新世开始,即2300万年前以来,由于南极冰盖的形成和印度板块俯冲到欧亚板块,使喜马拉雅山和青藏高原隆起,地球气候逐渐变冷。

古气候研究揭示,1000万年前—500万年前,整个气候变冷的幅度相当大,寒冷持续了数百万年,其间又不断伴随着气温升高降低的波动。

而在非洲,1000万年前—800万年前以来,火山活动活跃,东非大裂谷开始分裂,使现在的埃塞俄比亚、肯尼亚、坦桑尼亚等东非地区形成一系列高山、裂谷、湖泊、沼泽。当地气候变得干燥,生态环境不稳定,这就导致了非洲地区热带雨林的萎缩和稀树草原的扩大。

想象一下,这个时期的猿类,如果生活在雨林中心,它们吃的食物所受影响还不大,生活环境也无多少改变。它们的后代,像黑猩猩、大猩猩得以继续存活下来。而生活在雨林边缘地区的猿类无论生活环境,还是吃的食物都受到很大影响。这给它们带来很大压力,因为大面积的热带雨林变成了小面积的树林或稀树草原,它们喜欢吃的成熟的果实也不怎么丰富了,且变得更加分散、更具季节性,严重加大了采集的难度。这些使生活在雨林边缘地区的猿类不得不选用后备食物,这些食物虽然数量丰富,但却不像浆果那样好吃。为了采摘后备食物,在树林里,它们就得爬树,一手握紧树干、树枝,一手攀摘果实,这就促使它们要直立行走以腾出双手;在草原上它们得站起来走路,这样能使它们看得更远,以防被食肉动物捕食。就这样,最早的古人类就从与猿类的共同祖先中逐渐分化出来,走上了人类谱系的进化道路。

气候变化的证据表明,黑猩猩与早期古人类由于所处生态环境不同,古人类比黑猩猩的生存环境要恶劣,这就迫使他们更频繁地食用那些备用食物,不得不经常去吃那些较结实的茎,甚至在找不到果实时还要吃树枝。

因而,在阿蒂这些最早期的古人类身上就出现了两种主要变化:

第一种变化是早期古人类的臼齿变得较大、较厚,能更有力地咀嚼,这样就能更好地消化结实而富含纤维的备用食物。

第二种变化更大,即开始用两足直立行走。直立行走的第一个明显优势是双脚站立更易于采摘某些果实。像现在的红毛猩猩那样,在树上吃东西时,有时会直立地站在树枝上,膝盖伸直,一只手抓住至少一根树枝,另一只手则用于摘取晃晃悠悠垂下来的食物。因此,两足行走最初可能是对这种姿势的适应。在食物获取方面,早期古人类能够更好地直立站立以解放双手,从而采摘到较多食物。

直立行走还有第二个优势——这一优势在人类日后的演化中可能更为重要——它促使早期古人类髋关节更向侧方,加之其他有助于直立的特征,使他们在行走时比其他物种更具优势,消耗的能量更少,并且站得更稳。由此可见,用两条腿走路可以协助早期古人类在迁徙时节省体力。在实验室研究中,研究人员引诱黑猩猩戴着氧气面罩在跑步机上行走,发现这些猿类行走同样的距离所消耗的能量是人类的 4 倍。4 倍!如此显著的差异是因为黑猩猩的腿短,行走时会左右摇摆,髋关节和膝关节都是弯曲的。其结果是,在行走过程中,黑猩猩要不断耗费大量能量来收缩其背部、髋部及大腿肌肉,以防止栽跟头。这就是为什么现实中黑猩猩行走的距离很短,一天大约只能走 2~3 千米。

而在消耗相同能量的情况下,人类可以行走 8~12 千米。因此,如果早期古人类两足行走时姿态稳定,并且髋关节和膝关节较直,就会比黑猩猩在能量消耗上获得优势。当雨林面积萎缩,分布零散,猿类喜欢吃的果实越来越少和愈发分散时,用相同的能量走得更远就成了对这种环境非常有益的适应。

(2)如何认识两足行走

对于早期古人类为适应气候变化所带来的自然选择而进化出来的两足行走,长期以来在学术界有不同的认识和看法。一种比较有影响的观点认为,古人类两足行走是为把双手解放出来,以便于制造工具。这种看法的核心是人类之所以两足行走,就是为了把双手解放出来;而解放双手的目的就是为了制造工具;而能够制造工具,人类就脱离了动物界,进化成了智慧生命。这种把进化看成是有目的的行为、是自然界发展的必然结果的理论,是一种想当然的看法。这一认识的底层逻辑在于认为万事都有设计,万事本该如此。这种思维方式试图让人相信,人类进化就像天空中的月亮和万有引力定律一样具有确定性。

在自然界,不论是月亮、地球、太阳、银河系、宇宙,还是分子、原子、中子、电子等物质,它们在宏观层次的运动有秩序,遵循牛顿(Isaac Newton,1673—1727)提出的经典力学三大定律和万有引力定律等,在微观和宇观层次遵循爱因斯坦(Albert Einstein,1879—1955)提出的相对论和尼尔斯·波尔(Niels Henrik David Bohr,1885—1962)等人提出的量子力学理论等。但是具体到生命世界却不是如此,达尔文的进化论认为,生物进化没有必然性,是偶然发生的无目的行为,它不遵循上帝或其他哪个神明预先设计的路线而行动,不是吗? 6600 万年前,当时已称霸世界 1 亿多年的恐龙会突然灭绝,迅速从地球上消失,这遵从了什么规律,是上帝设计和安排的吗? 是哪个科学理论和哲学思想指导的吗? 都不是,它是自然界发生的偶然事件,但却给生物造成了巨大的灾难,改变了生物演化的方向。因而,应该看到,早期古人类演化出直立行走这种事,对人类进化的意义十分重大,但它却不是什么有目的的安排,不是什么为了解放双手、为了便于制造工具。事实上,根据现有考古发现,人类能够制造最简单的石器也是直立行走几百万年以后的事了。

但是,无论如何,惯于双腿站立和行走还是点燃了人类进化的火炬,使人类与其近亲黑猩猩从此分道扬镳,走上了不同的进化道路。正如达尔文在 1871 年推测的,在使人类不同于其他动物的所有特征中,最先使人类谱系脱离猿类而走上独立进化之路的,正是两足行走,而不是较大的脑容量、使用语言或工具。达尔文的理由是,两足行走将双手从行走中解放了出来,使得自然选择能进一步筛选出其他能力,如使用和制造工具。反过来,这些功能选择了更大的脑容量、语言和其他认知技能,这些特征使人类变得如此出众,尽管在速度、力量和运动技能方面表现得并不出色。

达尔文似乎是正确的,但他的假说有一个问题,那就是他没有解释自然选择一开始是如何选中了两足行走,以及为什么这样选择。他也没能解释为什么自然选择在解放人类的双手以后,又促使其制造工具、产生语言和认知功能的大幅提高。毕竟,袋鼠和有些恐龙的两只"手"也没有被占用,但它们并没有进化出较大的脑容量和制造工具的能力。这种观点导致达尔文的许多后继者认为,引领人类进化的是较大的脑容量,而不是两足行走。

100 多年后的今天,由于大量化石的发现和考古学、人类学、遗传学及进化人类学的研究,使我们对人类祖先是如何进化为两足行走动物的原因、历程和这种转变导致的重大后果,有了更好的、令人信服的解释和理解。正如前面叙述的那样,早期古人类用两足站立、行走并不是为了解放双手。他们转变为直立行走是为了更有效率地采摘食物并减少行走时的能量消耗。从这方面看,两足行走可能是在非洲(东非)气候变冷变干、雨林萎缩时,食物愈发匮乏的猿类为了能够在开阔的栖息地生存下来而采取的一种适应性选择。此外,两足行走的进化并不需要身体立即发生重大转变。

从解剖特征上看,这实际上只是一种轻微的改变,但显然也受到了自然选择的作用。以腰中部结构为例,在任何黑猩猩群体中,其中大约一半有三节腰椎,另一半有四节腰椎,由于遗传基因变异,极少数有五节。如果有五节腰椎使得几百万年前的一些猿类在站立和行走时更有优势,那么它们就更有可能将这种变异传给后代。同样的选择过程必然也适用于能够提高人与黑猩猩最后的共同祖先两足行走能力的其他有利特征,如腰椎的楔形特征、髋部的方向,以及脚部绷带的特征。我们并不知道人类与黑猩猩最后的共同祖先群体分化出最早的两足行走的人类用了多长时间,但只有当早期的中间阶段物种获得了某种好处,这种转变才有可能发生。

有科学家提出,两足行走的特征一旦进化出来,它就为进一步进化的发生创造了新的条件,但是这种进化的优势同样也给早期古人类进化带来了新的重大挑战,而且这种挑战对于人类进化过程中后来发生的事件来说,与其优势具有同等的重要性。

两足行走的一个重大缺点出现在人类应对怀孕时。无论是四条腿还是两条腿的哺乳动物,在孕期都必须负担不少额外的体重。这些体重不但来自胎儿,也来自胎盘和额外的液体。足月妊娠时,人类孕妇的体重增加多达 7 千克。但不同于怀孕的四足动物,这个额外的重量使得人类的孕妇有了摔倒的倾向。因为她的重心落在了髋部和脚的前方。任何怀孕的准妈妈都会告诉你，她怀孕期间走路不太稳，也不太舒服，她的背部肌肉必须更多地收缩。这种状态也很疲劳，需要把身体向后，把重心移回到髋部上。尽管这种特征性的姿势可以节约能量，但它给背部的腰椎带来了额外的剪应力，以此避免腰椎彼此之间的滑动。因此，腰背痛是折磨人类母亲的一个常见问题。然而我们也可以看到，自然选择也帮助了古人类应付这一额外负担。其方式是增加楔形椎体的数量，女性有三截，男性有两截，女性的腰椎下腰呈弧形。这个额外的弯曲减轻了脊椎的剪应力。自然选择也青睐于腰椎关节得到加强的女性，以便承受这些压力。两足动物为了应对怀孕时所面临的独特问题而产生的这种改变非常古老，其证据甚至可以在目前发现的最古老的人类脊柱化石中找到。

两足行走带来的另一个劣势是速度的损失。当早期古人类采用两足行走时，他们就放弃了四足驰骋的能力。根据一些保守的估计，不能四足奔跑使我们的早期祖先快跑时的速度大约只有一般猿类的一半。此外，双肢远不如四肢稳定。因此，奔跑时也很难快速转身。当时的食肉动物很可能会从后方大肆猎食古人类，这使得我们的祖先在进入开阔的栖息地时要冒着极大的风险，甚至有可能全部灭绝，也就谈不上我们这些后代了。

两足行走可能也限制了早期古人类像黑猩猩那样在树林中蹿跃觅食的能力。放弃了速度、力量和敏捷性，也为自然选择提供了条件，最终在几百万年后，我们的祖先成了工具制造者和耐力跑的选手。两足行走还导致了人类常见的其他典型问题，如脚踝扭伤、腰背痛、膝关节问题等。

尽管两足行走有不少劣势，人类为两足行走付出了很大的代价，但两足行走和站立所带来的好处一定在人类进化的每个阶段都是超过其代价的。可以想象，早期古人类曾经在非洲的一些地区艰难跋涉，寻找果实和其他食物。尽管他们在地面上缺乏速度和敏捷性，但他们可能还相当擅长爬树。就目前所知，他们的这种生活方式总体上延续了至少200万年。

接下来，在距今400万年前，我们的古人类祖先发生了一次爆发式的进化，产生了一些不同的古人类，科学家将他们统称为"南方古猿亚科"。南方古猿亚科的重要性不仅在于他们证明了两足行走在人类进化初期的最初成功及其带来的重要意义，还在于他们为以后的人类进化奠定了基础。

三、南方古猿

1.一次进化大爆发

约400万年前,在东非的埃塞俄比亚、肯尼亚、坦桑尼亚,以及南非的土地上生活着数量众多的南方古猿种群,考古学家在近半个世纪里发现的南方古猿化石数以百计。化石之丰富、种类之繁多在人族进化史上是罕见的,反映了南方古猿的出现在人类进化史上是一次爆发式的进化。为什么南方古猿会呈现出爆发式进化,至今还不得而知,这个难题有待科学家去研究破解。

为更好地了解早期人族成员(包括早期古猿和南方古猿),古生物学家列表(表5-1)总结了他们的基本细节特征,并绘制出了南方古猿谱系图和与人属的联系(图5-6)。

表5-1 早期古猿与南方古猿相关信息统计表

物种	时间 (百万年前)	发现地	大脑尺寸 (cm³)	体重 (kg)
早期古猿				
乍得撒海尔人	7.2～6.0	乍得湖	360	?
图根原人	6	肯尼亚	?	?
地猿始祖	5.8～4.3	埃塞俄比亚	?	?
拉密达地猿	4.4	埃塞俄比亚	280～350	30～50
纤细型南方古猿				
南方古猿湖畔种	4.2～3.9	肯尼亚,埃塞俄比亚	?	?
南方古猿阿法种	3.9～3.0	坦桑尼亚,肯尼亚, 埃塞俄比亚	400～550	25～50
南方古猿非洲种	3.0～2.0	南非	400～500	30～40
南方古猿源泉种	2.0～1.8	南非	420～450	?

续表

物种	时间 （百万年前）	发现地	大脑尺寸 （cm³）	体重 （kg）
格里南方古猿	2.5	埃塞俄比亚	450	?
肯尼亚平脸人	3.5～3.2	肯尼亚	400～450	?
粗壮型南方古猿				
南方古猿疣猪种	2.7～2.3	肯尼亚,埃塞俄比亚	410	?
南方古猿鲍氏种	2.3～1.3	坦桑尼亚,肯尼亚, 埃塞俄比亚	400～550	34～50
南方古猿粗壮种	2.0～1.5	南非	450～530	32～40

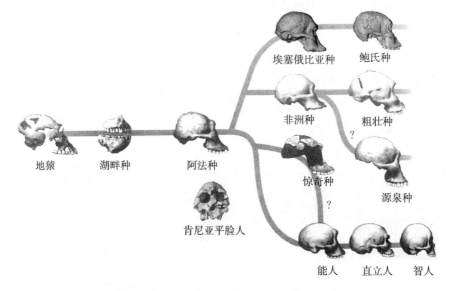

图 5-6　南方古猿的谱系和与人属的联系

　　虽然古生物学家对于如何定义早期人族成员还没有达成一致意见，但认识南方古猿不同种群一个较好的办法就是按牙齿的形状将他们大致划分成两类：牙齿较小的纤细型和牙齿较大的粗壮型。纤细型南方古猿中最著名的是来自东非的南方古猿阿法种，以及来自南非的南方古猿非洲种和南方古猿源泉种。最著名的化石代表是出土于埃塞俄比亚的名为露西的女性南方古猿化石（图5-7）。露西生活在320万年前，她死于一片沼泽之中，并很快被泥浆淹没，这使得她的骨骼有1/3被保留了下来。露西是南方古猿阿法种数百个化石中的一个。这个种群于 400 万年前—300 万年前生活在东非。粗壮型南方古猿中最著名的是来自东非和南非的南方古猿鲍氏种和南方古猿粗壮种。

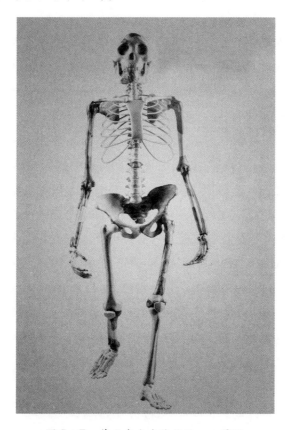

图 5-7　著名南方古猿化石——露西

　　现在，我们来看看南方古猿身体的总体特征。南方古猿都是直立行走的猿类。从体型上看，他们更像黑猩猩，而不是人类。女性平均身高 1.1 米，体重在 28 ~ 35 千克之间，例如露西的体重略低于 29 千克；男性平均身高 1.4 米，体重大多在 40 ~ 50 千克之间，但同一种群中的男性体重可达 55 千克，这意味着男性最多可以比女性重 50% 左右，这样的男女体型差异在大猩猩和狒狒中很常见。南方古猿中的男性经常需要通过搏斗才能得到亲近女性的机会。

　　南方古猿的头部也与猿类相似，脑容量仅比黑猩猩略大，并保留了口鼻部较长和眉脊粗大的特点。像黑猩猩一样，南方古猿的腿相对较短，手臂相对较长,但他们的脚趾和手指既不像黑猩猩那样长而弯曲,也不像人类那样短而直,他们的手臂和肩膀很强壮,适合爬树。南方古猿的生长和繁殖速度也和猿类相近,他们进入成年期需要大约12年时间,女性每5~6年生育一次。

南方古猿在其他方面不仅不同于猿类,而且与早期古人族也不完全相同。一个明显而重要的差异就是我们前面分析的,他们的饮食结构不同,更加依赖块茎、种子、植物茎秆,以及其他坚硬有韧性的食物,因而他们身上存在着许多为适应大量咀嚼而发生改变的关键证据。

与诸如地猿等早期古人族相比,南方古猿的牙齿更大、下颌更宽,面部也更宽更长,颧骨前突非常明显,并有硕大的咀嚼肌。而这些特点在不同南方古猿种群之间也有很大差异,在粗壮型南方古猿中尤其突出。例如南方古猿鲍氏种,他们的白齿是现代人类的两倍大,颧骨又宽又高,向前突出,使他们的脸看上去像个汤盘。他们的咀嚼肌大小和现代成年人的手掌相当。自著名人类学家玛利(Mary Leakey,1913—1996)和路易斯·利基(Louis Seymour Bazett Leakey,1903—1972)夫妇于1959年首次发现这个种群后,人们对其"重量级"的下颌印象就很深刻。但就其他解剖特征而言,粗壮型南方古猿种群与纤细型南方古猿差别不大。

南方古猿的行为方式,与阿蒂和其他早期人族一样,都是两足行走的。某些类型的南方古猿由于拥有许多与我们现代人类相同的特征,比如宽阔的髋部、坚硬且部分呈弓形的脚部、与其他脚趾长度接近一致的短粗的大脚趾。所以他们走起路来大步流星,更接近现代人类一些。南方古猿两足行走的确凿证据来自"莱托里足印",这串足印是由几个南方古猿于约360万年前留下的,其制造者包括成年男性、女性和孩子,当时他们正在穿越坦桑尼亚北部一片潮湿的火山灰平原。这些脚印及这些南方古猿的骨骼化石中保存的其他线索显示,南方古猿阿法种已经习惯于高效两足行走了。可是其他南方古猿种群,如南方古猿源泉种,可能还更适合爬树,行走时更多地依靠脚的外沿,步伐也较小。

2. 填饱肚子的食物变了

古人云,民以食为天。人类要生存,必须先要填饱肚子,我们的祖先也不例外。

在 530 万年前—260 万年前的上新世,地球气候继续变冷,东非大裂谷再次活跃,非洲气候变得更加干燥。虽然这些变化是断断续续的,且并不是很剧烈,但总体趋势是雨林变小,开阔林地和稀树草原栖息地面积扩大。可以吃的成熟水果(浆果)越来越少,分布也越来越分散。这种所谓的水果危机无疑对南方古猿造成了强大的选择压力,对那些获取其他食物能力较强的个体则较为有利。

南方古猿(其中一些种群比其他种群更明显)被迫需要经常搜寻次选食物以填饱肚子。现代人类在大饥荒情况下也常常寻找任何能填饱肚子的东西充饥。在中世纪,整个欧洲都不得不食用橡子;在 1944 年冬季的大饥荒中,很多荷兰人不得不食用郁金香球茎以避免饿死。在我们中国,大饥荒年代,人们吃各种野草根、树皮以充饥。甚至今天,海地人还不得不以泥土制成的饼为食。在水果危机的威胁下,南方古猿找不到成熟水果的时候,就只能吃植物的叶子、茎秆、草或者树皮。在如此境况下,这些跟水果相比难以下咽的次选食物对于南方古猿而言,吃和不吃可能意味着生死之别。因此,不管次级食物有多难咬嚼、多难下咽,他们都得忍着难受将其吃下。而自然选择正是对这些发生次选食物适应性改变的个体或种群产生了强烈影响。

化石为我们提供了这方面的证据,南方古猿亚科大约于 400 万年前—100 万年前生活在非洲。因为他们遗骸的化石比较丰富,所以我们对他们相对较为了解。其中最著名的化石就是我们前面提到的露西这位充满魅力的女孩。露西只是南方古猿阿法种遗留下来的数百个化石中的一个,这一种群于 300 万年前生活在非洲东部。

露西和其他南方古猿的次选食物是什么,又有何证据证明因这种食物引起的自然选择对他们的身体进化产生了显著影响,还有这些影响都体现在什么方面?这些问题虽然很难得到确切答案,但我们可以做出一些合理的推断。

有证据显示,南方古猿的栖息地有一些果树,他们在能得到水果时就先吃水果,就像今天生活在非洲热带雨林边缘的狩猎采集部落的人群一样。因此他们的骨骼保留了一些适应于爬树的特点,比如长长的手臂和长而弯曲的手指,就不会令人惊讶了。他们的牙齿也有很多,包括宽阔而稍稍前倾的上门牙(有利于削水果皮)和宽大的白齿(白尖较短,有利于挤碎果浆),这些特点也常见于吃水果的猿类。

然而,在林地这样的栖息地中果树的密度远远低于雨林,且水果往往有季节性。几乎可以肯定的是,南方古猿在一年中的某些时候会面临水果短缺的问题,而这些短缺在干旱年份变得极为严重。在这种情况下,他们会吃那些不喜欢吃但也能消化的其他植物,如叶子植物的茎秆和草本植物。

对南方古猿的牙齿和他们栖息地的生态分析显示,南方古猿的食物多样而复杂,远远超过更早的人族成员(直立猿),不仅包括水果,还包括可食用的枝叶、茎叶、种子,有些南方古猿还通过挖掘来寻找食物,从而把一些新的、非常重要并且营养丰富的次选食物添加到食谱中。

虽然大多数植物把碳水化合物储存在果实、种子或茎柄中,但有些植物,如土豆、红薯与生姜芽,是把能量储存在地下的根、块茎中的,这样可以避免被食草动物或鸟类和猴子等吃掉,也可以防止被太阳晒干。

植物的这些部分被统称为地下贮藏器官。要找到地下贮藏器官很不容易,需要技巧,也需要花些力气,但它们能提供丰富的食物和水分,并且一般一年到头都可以找到,即使在干旱季节也可以。在热带地区的沼泽和开阔的栖息地,如林地和稀树草原上,都能找到这些植物的地下贮藏器官(莎草科植物,如低莎草有可食的块茎)。现代的一些狩猎采集部落的食物结构中有1/3以上是植物的地下贮藏器官,如土豆、木薯和洋葱等,由此可见他们对其的依赖程度。

没有人确切地知道不同种的南方古猿会食用多少植物的地下贮藏器官,但这在他们的热量来源中应占有相当大的比例。对某些种群来说,植物的地下贮藏器官甚至变得比水果还重要。事实上,我们有充分的理由推测,富含地下储藏器官的食物非常有效,以至于它们在一定程度上可能在早期人族成员中流传甚广,我们可以把它们称为"露西食物"。黑猩猩吃的植物性食物中75%是水果,其余来自叶子、种子和草类,"露西食物"却很少。

综上所述,南方古猿作为一个群体,他们的食物结构,包括一些水果、叶子、植物茎秆、草类等次选食物和植物的根茎、块茎等地下贮藏器官。那么这种食物结构在人类身体结构的进化中有何影响,又有何化石证据可作为依据呢?

3. 牙齿成了进化的主要依据

我们的身体中充满着有助于获取、咀嚼和消化食物的适应性改变,在这些改变中,没有比牙齿的变化更能说明问题的了。在烹饪和食品加工技术出现以前,失去牙齿就可能意味着被判处死刑。因此,自然选择对牙齿产生了很强的影响。因为牙齿的形状和结构在很大程度上决定了动物将食物咬成细小颗粒的能力。食物只有被咬成细小颗粒后,才能被身体消化;也只有被消化后,肌体才可以从中提取出至关重要的能量和营养素。既然消化较小的食物颗粒能够获得更多的能量,我们就很容易想象到,尽可能有效的咀嚼对南方古猿至关重要。

咀嚼植物的地下贮藏器官是一个特殊的挑战,我们今天吃的植物的根和块茎(土豆、红薯等),它们在经过人工培育后,纤维含量变低,咬起来更柔软,烹饪又使之变得更加易于咀嚼。可是,未经烹饪的植物的地下贮藏器官纤维含量极高,对于我们现代人来说实在是硬得不好对付,在未经加工的情况下,它们需要很多次的大力咀嚼才能被咬碎。

事实上有些植物的地下贮藏器官的纤维含量太高,以至于远古的采集者吃起来也只能采取一种被称为"嚼吮"的方法,通过长时间的咀嚼才能获取汁液和营养成分,然后将吃剩的残渣吐掉。试想一下,如果你饿了,又没有别的东西可吃,就只能一个小时接着一个小时地嚼吮食物。这听起来像是在浪费时间,但在那个时代,能够有效地吃坚硬难啃的食物就意味着能够生存下去。这种情况下,自然选择当然会更青睐咬合更有力且能不断重复用力咀嚼食物的南方古猿。

因此,我们可以从南方古猿和其他人族成员的牙齿大小和形状来推断他们不得不去吃的食物种类,尤其是次选食物。最重要的是,如果说南方古猿有一种确定性特征,那就是他们大而平的臼齿,上面有着厚厚的珐琅质。纤细型南方古猿的臼齿比黑猩猩大50%,如南方古猿非洲种,他们那岩石一样的釉质牙冠(身体中最坚硬的组织)比黑猩猩的厚1倍;粗壮型南方古猿就更极端了,如南方古猿鲍氏种,他们的臼齿是黑猩猩的2倍大,釉质厚度则达到了黑猩猩的 3 倍。

让我们深入思考一下这些差异。现代人类的第一白齿的横截面面积约 120 平方毫米,大小大约相当于一个小拇指指甲。而南方古猿鲍氏种的第一白齿横截面达 200 平方毫米,大小相当于一个大拇指指甲。南方古猿的牙齿不但宽大厚实,而且很平,白尖比黑猩猩少得多,他们的齿根长而宽,用以帮助牙齿固定在下颌上。

研究人员投入了大量时间和精力去研究南方古猿为什么会长出这样宽大、厚实且平坦的牙齿。他们发现这是咀嚼坚韧或者坚硬食物造成的适应性改变,正如厚实宽大的鞋底使登山靴在山径上走起来比薄底运动鞋更具弹性一样,厚实宽大的牙齿能更好地适应咬嚼更坚韧或坚硬的食物。厚厚的釉质有助于防止磨损。这种磨损来自巨大的压力,以及食物中不可避免地混杂着的坚硬的异物。

此外,宽大平坦的齿面也可以把咬合力分散到更大的面积上,这样咬合部分横向运动,就能帮助撕开坚韧的纤维,磨碎食物。从大体上看,南方古猿,尤其是粗壮型种群,拥有形如磨盘的白齿,非常适合产生高压,不断研磨和粉碎坚韧的食物。从某种程度上说,现代人类的牙齿多少有点这种特征,这是南方古猿给我们留下的遗产。虽然人类的白齿没有南方古猿那么宽大和厚实,但它们实际上比黑猩猩的白齿还要大一些,也厚一些。

如果南方古猿每天需要花好几个小时来咀嚼坚硬且富含纤维的食物,那么就不仅需要又大又厚的白齿,还需要大而强壮的咀嚼肌。南方古猿的骨头上留下了可以证明他们曾经拥有过硕大的咀嚼肌的痕迹。硕大的咀嚼机能产生强大的咬合力,许多南方古猿沿着头部侧面呈扇形分布的颞肌都很粗大,以至于为了更好地固定这些肌肉,在他们头骨的向上、向后方向都长出了骨嵴,以便为肌肉提供插入的空间。

此外,南方古猿颞肌的肌腹,即位于颞部和颧骨之间直至插入下颌的部分,非常之厚,以至于他们的颧骨(颧弓)必须向外移位,这使得他们脸部的宽度几乎和长度相等。南方古猿宽大的颧骨还提供了充足的空间来发展另一块重要的咀嚼肌——咬肌。咬肌位于颧骨和下颌底部之间。南方古猿粗大的咀嚼肌,配合他们的牙齿,能够高效地产生咬合力。

当动物和人类产生强大的咬合力时,下颌和面部的骨骼会轻微变形,并且长得更厚。能够产生强大咀嚼力的物种往往拥有较厚、较高且较宽的上下颌，从而减轻每一次咀嚼带来的压力。南方古猿正是这样的物种，他们拥有巨大的下颌，他们的大脸有着厚厚的柱状或片状骨骼给予有力支撑，所以他们能整天咀嚼坚硬且富有韧性的食物，而不会导致脸部受伤。脸部的这些支撑骨骼在纤细型南方古猿中已经令人印象深刻，而粗壮型南方古猿的脸部和下颌得到的支撑更像是全副武装的坦克。

总之，南方古猿的食物结构比黑猩猩和更早期的古猿的食物要复杂多变，这反映了他们生活的生态环境的变化多样。由于气候变冷、变干导致的水果减少，对于我们的这些近亲祖先来说，难啃的次选食物，尤其是植物的地下贮藏器官必然成为日益重要的食物来源。但南方古猿最初是如何得到这些食物的呢？这就是我们接下来要论述的重点。

4. 长途跋涉觅食

据观察，生活在非洲雨林里的黑猩猩和其他猿类的生活相当"富足"，它们几乎可以称得上是被食物包围着的，只不过平时它们对这些食物中的大多数都视而不见。一只黑猩猩每天大约会走 2 千米，大多是从一棵果树跳到另一棵果树，摘果子进食、消化，或相互打闹。不过当水果缺乏时，黑猩猩和其他猿类也不得不去吃次选食物。

南方古猿虽然有许多种群，但他们大多都生活在开阔的林地环境中，有的是毗邻河流和湖泊的林地，有的是稀树草原地带。这些栖息地中，不仅果树少，而且季节性强，其结果是南方古猿必须去采集分散的食物。为了找到足够的食物，他们必须走很长的距离，甚至涉水过河；有时在开阔地带，还要面对凶猛的掠食者和难耐的酷热；为了寻找相对安全的地方睡觉，甚至还要爬树。

长途跋涉以找到足够的食物和水，这种需求表现在与行走相关的许多重要的进化适应中，在南方古猿的几个种群中表现得都很明显。

科学家在对南方古猿化石的研究中发现，南方古猿阿法种可能在以一种接近现代人类的步态高效行走。著名的坦桑尼亚莱托里火山灰足印就相当充分地证明了这一结论。这些足迹印痕显示，当其缔造者迈开大步时，很可能已经能够伸直髋关节和膝关节了。但是，南方古猿的行走方式

167

与现代人类还是有区别的,因为他们还要爬到树上去摘水果,躲避掠食者,晚上可能还会在树上睡觉。因而,在他们的骨骼中还保留了一些猿类的特点,这些特点对于爬树很有利,像黑猩猩一样,南方古猿的腿相对较短,而手臂却很长,脚趾和手指略微弯曲。许多南方古猿种群的前臂肌肉强壮,肩膀向上,非常适合于挂在树上或向上攀爬。适合爬树的适应性在南方古猿源泉种的上半身表现得尤为突出。

通过自然选择,在现代人身体上也留下了一些南方古猿大步伐行走的特点。他们这种效率较高的行走能力,在人类进化过程中起到了至关重要的作用,使得早期人族就具有了极佳的行走耐力,十分适合进行穿越开阔栖息地的长途跋涉。自然选择降低了南方古猿行走消耗的能量。设想一下,一个南方古猿母亲每天必须行走 6 千米,是雌性黑猩猩的 2 倍。即使她的行走效率像现代人类女性一样,那么她相比于黑猩猩,一天能节省约140 千卡能量,如果她只比黑猩猩节省50%,她一天仍能节省 70 千卡能量。当食物紧缺时,这种差异在面对自然选择时就具有很大的优势了。

直立行走的优势,正如达尔文所强调的,它解放了双手,以便从事其他工作,如挖掘植物的地下贮藏器官、用木棒钩钓白蚁等小昆虫、用石头砸坚果等。也许正是诸如此类的行为,通过自然选择为人类日后使用和制造工具奠定了基础。

四、直立人

1. 第四纪冰期

正如我们前面讲到的,300 万年前,由于连接南美洲与北美洲的巴拿马地峡的形成,使太平洋与大西洋的海水流动受到阻隔,海洋水循环形成新的系统,赤道附近大西洋的暖水向北流到格陵兰后迅速冷却,并逐渐形成北极冰盖。北极冰盖的形成将地球送入新的冰期——第四纪冰期。

古气候研究揭示,在第四纪冰期,寒冷的冰期与温暖的间冰期交替出现,间冰期时间短暂,冰期时间较长。在间冰期,温度突然变暖,而随后又缓慢不规则地下降,直至进入寒冷的冰期。这种特色鲜明的趋势每10万年重复一次,在第四纪冰期形成许多气候变化周期。对南极、北极冰芯的全部数据分析结果显示,在整个第四纪冰期有三组数据比较突出,分别是10万年、4.1万年和2.3万年。

科学家研究认为,这种周期变化是地球运行的天文周期造成的,因为地球轨道是椭圆形的,地球离太阳时近时远。地轴和地球公转的轨道平面有个交角,即所谓的黄赤交角,黄赤交角是季节变化和地球五大气候带划分的根本原因。除此之外,地球作为一个自转的物体,在宇宙外力作用下,其自转轴会绕某一中心与自转方向做相同的旋转,这种现象被称为进动,地球的进动也会影响气候变化。黄赤交角并不是固定的,而是以4.1万年的周期变化着。当黄赤交角最大时,进动影响也最大。地球轨道的椭圆率也在以10万年和4.1万年的周期发生变化。因此,冰期气候的主要周期可以理解为是由天文因素导致的,也就是地球围绕太阳轨道运动影响的结果。

但是,真实的情况是气候系统相当复杂,不能用天文因素完全解释。当今,学术界的观点是,天文周期肯定对气候产生影响,但是其他因素也很重要。例如,空气中二氧化碳含量的变化差不多和温度变化相一致,寒冷冰期的二氧化碳浓度为180～200ppmV,在温暖的间冰期则为280～300ppmV。

从过去100万年的记录中,我们得到的主要结论是历史上大多数时期的气候都要比现在寒冷。在北纬40℃以北地区,那时的平均温度估计比现在要低9℃,最冷时甚至比现在的温度要低18℃。

大约12万年前,上一个间冰期结束。地球气温随后开始了一个不稳定的缓慢下降期,约2.3万年前—1.5万年前,气候最寒冷,这一时期被称为末次盛冰期。那时,格陵兰岛的温度比现在还要低逾20℃。北美和欧洲大陆的大部分地区都被超过1000米厚的冰层覆盖。但是,在随后的1.46万年前,地球气温又很快上升到和今天差不多的程度。然而,此后又发生了地球史上著名的新仙女木事件,地球又经历了持续1000年的温度快速下降,最后再次回到了冰期。到1.15万年前,地球再次变暖,温度在几十年内上升了至少10℃,地球进入了现在的冰后期。

为什么要对第四纪冰期的气候变化作较为详细的介绍？因为我们人类就是在第四纪冰期的寒冷气候条件下由南方古猿进化出来的。而第四纪冰期期间的寒冷与温暖气候的周期变化，也影响着生态环境的改变，更影响着人类进化与从非洲向欧亚大陆，以及向澳大利亚和美洲大陆扩散迁徙的历史。

现在我们回到非洲，考察南方古猿在 200 多万年前是怎样进化到人属早期直立人阶段的。长期以来，全球性的气候变化一直是人类进化的主要推动力。因为它会影响到人类拿什么填饱肚子才能在这个星球上生存下来这样最基本的问题。在气候长期持续变冷的情况下，如何获得充足的食物促使着人类不断进化完善，最终使地球进入了人类时代。

正如我们在前面叙述的那样，找到足够的食物这个艰巨的挑战引发了人类进化过程中最初的两次重大转变。在数百万年前，非洲出现了气候变冷、空气干燥、雨林减少、稀树草原增加、水果数量减少且分布变得稀疏等一系列生态环境层面的改变。在这种情况下，那些能够直立行走并站立采集食物的人类祖先就显示出了明显的生存优势。其他的进化优势还包括又粗又大的白齿和宽大的脸庞，使他们适应于食用水果以外的食物，包括块茎、根茎、种子和坚果等。然而，尽管这些转变非常重要，但露西和其他南方古猿与现代人类仍相差甚远。他们虽然是两足行走，但他们的脑容量较小，和猿类相似。他们的身体形态也更接近猿类：两臂较长，两腿较短，上身较长，手指和脚趾较长而弯曲，适合爬树。

南方古猿的身体和行为方式经过进化，直到第四纪冰期，也就是我们现在所说的冰河时代初期，才变得更像人类。冰河时代是地球气候变化的一个极为重要的时期，它开始于 300 万年前—200 万年前气候的不断变冷。在此期间，全球海洋温度下降了 2℃。2℃ 看起来可能微不足道，但作为全球海洋平均温度，它代表着巨大的能量变化。如前所述，全球变冷是个反复拉锯的过程，但在 260 万年前，南、北两极的冰盖已经扩大，全球进入冰河时代。

这个时期，东非大裂谷的火山活动频繁，降雨极少，部分地区气候干燥异常，湖泊和沼泽时而干涸、时而蓄满，循环不止。但总的趋势是雨林萎缩，草原及其他更干旱的季节性栖息地却在扩大。

想象一下,在这样的生态环境下,自然选择的压力必然迫使南方古猿进化到人属早期的直立人。相比于南方古猿,直立人的生活和生存方式发生了堪称革命性的转变:人类开始了狩猎采集生活。这种创新性的生活方式不但包括不断采集块茎和其他植物,还增加了一些新内容,包括吃肉、使用工具获取和加工食物、进行密切合作来提高集体力量以获取更多食物和分担其他任务等。

采集和狩猎的生活方式为人类的进化奠定了基础。为了适应这种生活方式,早期人类需要一些关键的进化。被自然选择选中的不只是更大的脑容量,还有更接近现代人的身体。在促使进化出我们现代人这样的身体的过程中,狩猎和采集的生活方式所起的作用是非常巨大的。

2. 最早的狩猎采集者

由于冰河时期东非大裂谷火山活动频繁和气候的变化,早期人类的食物结构中水果减少,次选食物,尤其是植物的地下贮藏器官却比南方古猿时期增多了。直立人获取食物的难度比南方古猿大,每天跑的路比南方古猿多,消耗的能量也更大。即使如此辛苦,光靠植物性食物也只能够填饱肚子所需的70%,其他30%的食物来源只能靠肉类。

有考古证据显示,早期人族至少在260万年前就开始吃肉了。关于他们吃了多少肉只能靠猜想,但在热带狩猎采集者中,肉食大约占食物总量的1/3,而在温带的狩猎采集者中,吃的鱼和肉要更多。

肉食中必要的蛋白质和脂肪是等量胡萝卜素的5倍,其他动物的器官,如肝脏、心脏、骨髓和脑也能提供重要的营养素,尤其是脂肪,还有盐、锌、铁,以及其他营养素。所以对于直立人而言,肉类是极富营养的食物。

从早期人类开始,肉就成为人类饮食的重要组成部分。但是由于获取肉类非常费时间,且危险性大、偶然性高。因而,捕猎和收集肉食主要是男性的工作,怀孕和照顾幼子的任务则由女性来承担。由此我们可以推断:肉食的起源与男女劳动分工是同时发生的,女性主要负责采集植物性食物,男性不但要采集植物,还要捕猎和收集肉食。

狩猎采集者的基本生活方式是合作和分享食物。这从对现代狩猎采集部落的考察中就可以看出。因为捕杀如羚羊和鹿等动物,凭借一个人的技术、经验和力量是很难完成的。它们的奔跑速度和灵敏度远高于人类，要捉住这些动物必须依靠许多人合作才能完成。因此，团队合作就成了早期人类生活的基本方式，而这种生活方式至今已有200万年的历史了。

与合作狩猎相匹配的是分享食物。这也不难想象，因为捕杀一头大家伙，如重达数十千克的羚羊，他们就会把羚羊肉分给族群驻地的每个人。这种分享食物的行为不仅仅是友善的表示，更是为了食物得到更大程度的利用，同时也避免了浪费。这是降低饥饿风险的一种重要策略，因为直立人打死大型动物的机会很小，猎人在获取大型猎物后，通过分享食物，就可以得到在未捕获猎物空手而归的日子里从其他同伴那里得到食物的机会。

3. 石器的发明

黑猩猩偶尔也会折断树枝以取食洞穴里的白蚁，或用石头砸坚果吃。可以想象，像黑猩猩这样利用自然物当工具取食的方法，两三百万年前的直立猿和南方古猿也使用过。不过那时，因雨林和稀树草原上的食物总体还比较丰富，这种行为也只是偶然为之。

到了直立人阶段，为了加工食物，我们的祖先制造了以石器为代表的工具，这绝对是一项重大的技术革命，是开天辟地第一回。

早期人类吃的很多植物性食物，很难被嚼烂和吸收，这是因为这些食物比我们今天大多数人吃的人工栽培的植物含有更多的纤维。典型的块茎和根茎比今天的红萝卜和土豆更难嚼，也更难消化。早期人类需要吃大量未加工的野生植物，他们不得不像黑猩猩或南方古猿一样，花半天时间去咀嚼食物。这些富含纤维的食物将胃塞满后，他们还要再用半天时间等胃排空，以便再次进食。肉虽然更有营养，但食肉也不是件容易的事。因为早期人类同猿类和现代人类一样，牙齿低平，这样的牙齿无法有效切开坚韧的肉质纤维，很不适合咀嚼肉类。

解决这些问题的办法就只有对食物进行加工，加工食品的工具和技术都非常简单。工具大多数只是锋利的石片，是用一块石头从另一块光滑的石头上敲下的碎片制成的，先进一点的则带着长长的刀刃般的边缘，可以切削食物或其他物品，考古学家把这些石片工具统称为奥杜威工具。这些石器最早出土于坦桑尼亚的奥杜威峡谷,且数量最多,因此得名(图 5 - 8)。虽然这些石制工具和制造这些工具的技术非常原始,与我们今天的精密机床加工技术无法相比,但其意义却特别重大。因为即使制造一件这样简单的石器,也得手脑协调并用,把握好力度与精度,不然是无法造出有效的工具的。你可以试一试,用一块石头敲击另一块石块,用的劲大了,不仅敲不准,还容易把另一块石头打飞;找准敲击的位置,但用的劲不够,又无法将石片敲下来。制造石片时你需要一定的力量反复敲打放在一起的石头,着力点一致,才能敲下一块石片。从动物尸体上剥皮剔肉时也得精准握持石片工具,并且需要超强的手指力量,因为石片工具用着用着会变钝,沾上脂肪和血液后会变滑。事实上,这种强而准确的握持能力直到大约 200 万年前,才在早期人属成员身上有了明确的体现。在奥杜威峡谷发现的一块接近现代人的早期人类手部化石激发了著名考古人类学家路易斯·利基及其同事的灵感,他们给人属中最古老的物种命名为"能人"。

图 5-8 奥杜威工具

回到 200 万年前,早期人类发明制造石片工具是为了加工食物。虽然生肉难以咀嚼,但是如果先把肉切成小片再咀嚼和消化就容易多了。食品加工对植物性食物也能产生奇妙的作用,因为这样能够破坏植物的细胞壁和其他难以消化的纤维。如此一来，即使很坚韧的植物也会变得比较容易咀嚼。此外，使用石器把食物切开和捣碎，也大大增加了直立人从中获得的热量，因为食用已经打碎的食物消化起来效率更高。

研究还发现，直立人从开始狩猎采集时，就已经能够加工食物了。在东非最古老的考古遗址中，人们已经发现了这种利用简单石片工具加工食品的痕迹。这些痕迹是在干旱的半沙漠地带发现的，那里出土了大量化石，散布于火山岩之间，还有些简单的石器散布其间，这些石头是从几千米外的地方采集并运来的，它们在这里被制成工具。工具边上有一些动物骨骸，其中有些带有被屠宰的痕迹。这反映了我们祖先当时生活中的一些基本行为，如吃肉、制作工具，以及加工、分享食物等。其中制造工具和加工食物这些行为是我们人属成员独有的，正是它改变了人类。譬如，食用加工过的食品可以使牙齿和咀嚼肌变小，正如前面讲到的那样，南方古猿进化出极厚的臼齿和巨大的咀嚼肌，以咬碎大量坚硬难咬的食物。相比于南方古猿，直立人的臼齿缩小了25%，与现代人的臼齿大小接近；他们的咀嚼肌也缩小到几乎与现代人相同的大小。臼齿和咀嚼肌的缩小，使人属中面部大半部分缩短的自然选择成为可能。人类是唯一没有长长的口鼻部的灵长类动物，这要归功于工具的使用。

4. 肠子小了，脑子大了

肠道与大脑是人体的两个重要器官，而且都很古老，其产生可以追溯到5.4亿年前的寒武纪生命大爆发时期。大脑是人体的神经中枢和指挥系统，有1000亿个神经细胞（神经元），负责接收、整理、贮存、发送信息。肠道负责分解食物、吸收营养，它将通过胃部消化过的食物进一步吸收分解，并将废物送到肛门，排出体外。肠道中有大约1亿个神经细胞，比脊椎或整个外用神经系统中的数量都要多。肠道中的神经细胞可以调节和监测肠道的复杂活动，堪称第二大脑。

这两个器官到底有什么关系，长期以来并不为人们所了解。要了解这个问题，只要考虑到这些器官都很"昂贵"，而且它们的生长和维持都需要消耗大量的能量，就会有所帮助。事实上，大脑和肠道每单位质量消耗的能量差不多。在人体基础代谢的能量消耗中，大脑和肠道各占15%，血液供应量也相似。而且大脑与排空时的肠道质量也差不多,都略重于1千克。

但是,在与人类体重相近的其他哺乳动物中,它们大脑的重量只有人脑的1/5,而肠道的重量却是人类的2倍。换句话说,人类的肠道相对较小,而大脑相对较大。

为什么会这样,一项里程碑式的研究回答了这个问题。莱斯利·艾略(Leslie Aiello)和彼得·惠勒(Peter Wheeler)通过研究指出,我们的大脑和肠道有如此独特的比例,始于早期狩猎采集者的能量转换,这种转换影响深远。在此转换中,直立人的饮食质量明显提高,从而降低了消化食物的成本,这样就可以舍弃硕大的肠道,以此获得脑容量的提升。

按照这种逻辑,通过在饮食中加大肉类的比例,并更多地进行食品加工,直立人可以将较少的能量用于消化食物,投入更多能量用于促进大脑发展,并维持它的运作。从数据来看,南方古猿的大脑约重400~550克;能人的大脑稍大一点,大约为500~700克;早期直立人的大脑在600~1000克之间。因为直立人的体型变得更大,所以就比例而言,直立人的大脑比南方古猿的大了约33%,而智人的脑容量则要更大,图5-9、图5-10能让我们对此有直观的认识。

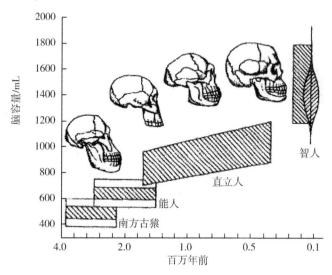

图5-9 人族不同物种的脑容量增长示意图(1)

带阴影的四边形表示各物种的生存年代和脑容量。表示智人的矩形包括尼安德特人和现代人,带阴影的纺锤状区域标出了生活在今天的现代人的脑容量范围。

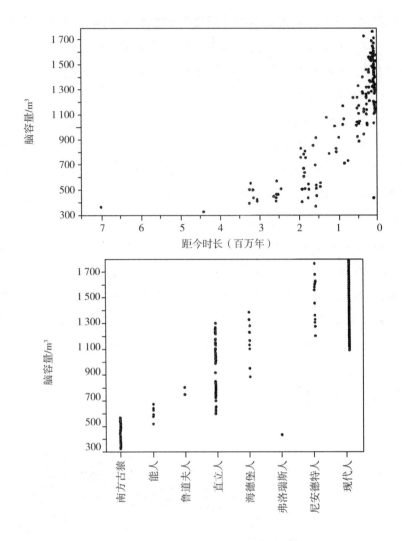

图 5−10　人族不同物种脑容量增长示意图(2)

上图描绘了脑容量随人类进化而增加的情况;下图描绘了人族不同物种脑容量
的范围。

虽然肠道不会保存在化石记录中,但有人认为,直立人的肠道小于南
方古猿。如果是这样的话,狩猎采集在能量转换方面带来的明显好处是,
早期人类可以凭借较小的肠道生活,而将节省下来的能量作用于大脑,这
就使得其进化出较大的大脑成为可能。

脑容量变大以后,尽管消耗的能量变多了,但这在早期的狩猎采集者

中肯定是有明显益处的。种族的生存与繁衍要得到更好的保障,需要通过合作获取食物(包括采集植物和捕猎动物)和合理地分享食物,并快速地传递信息等。这种合作不仅限于亲属之间,也发生在同一族群之间。母亲们互相帮助采集和加工食品,并照顾彼此的孩子;父亲们通力合作狩猎、搭建住所、保障资源和族群安全等。这些形式的合作都需要远高于猿类水平的复杂认知技能。

有效合作还需要良好的心理解读能力(即通过直觉猜测其他人在想什么)、语言沟通能力、推理能力和抑制自我冲动的能力。狩猎采集还需要有良好的记忆力,记住在什么地方能找到较好的食物;还要有规避危险的能力,以避免掠食动物的伤害等。可以肯定的是,200 万年前,早期人类肯定没有现代人类这样的认知能力,但他们的大脑比南方古猿更大、更发达,这给他们带来了好处。从此以后,人类进化就主要体现在脑容量的增大、神经网络连接的方式和神经元之间传递物质的内容上(神经递质的化学物质),而且这种改变随着人类社会的不断扩大而变得越来越快。

5. 体形愈发接近现代人

在粗壮型南方古猿出现之后不久,与南方古猿已经大不相同的人属早期成员就已经出现了。根据化石记录,人属出现在非洲的时间远超过 200 万年,并且可能包括两个种:能人和鲁道夫人。在很多方面,他们似乎处在南方古猿和稍后期的人属成员——直立人之间的过渡阶段。更成熟的人属成员是大约 190 万年前出现在肯尼亚的直立人。在人类家族谱系中,直立人是最重要的一种,但是其进化的起源尚不清楚。

1891 年,荷兰医生杜布瓦(Marie Eugène François Thomas Dubois, 1858—1940)发现了爪哇人头盖骨化石。杜布瓦在阿姆斯特丹大学任解剖学讲师,从事脊椎动物喉部的比较解剖学研究,受达尔文进化论影响,对人类起源问题十分感兴趣。1887 年,他以随军外科医师的身份前往东印度群岛。1891 年,他在印度尼西亚爪哇岛发现了古人类化石,包括一个头盖骨、两枚臼齿和一根左腿股骨。1894 年,他发表文章,将这些化石命名为"直立人",以表明这是从类人猿进化到人类过程中的一个过渡物种,其已具有现代人类的特征——直立姿态,但当时未被学术界接受。

1929年12月,中国的古人类学家裴文中在北京房山区周口店村的龙骨山上发现了一个人类头盖骨化石,这就是著名的北京人(图5-11)。该遗址至今共出土北京人的头盖骨6块,头骨碎片12件,下颌骨15件,牙齿157枚,这些分属40多个男女老幼个体。该遗址还出土了其他动物的骨骼化石,另外还有约10万件石器,以及用火的灰烬遗迹和烧石、烧骨等。

图5-11 1937年以前发现的5个北京人头盖骨化石,它们均在1941年不知所踪

北京人属直立人种。根据最新测年研究结果,北京人生活的年代为78万年前—68万年前之间。他们过着以狩猎为主的穴居生活,能够制造和使用粗糙的石器工具,并已学会用火取暖和吃熟食。他们制造的颇具特色的旧石器(打制石器),对中国华北地区旧石器文化的发展产生了深远的影响。

在随后的几十年中,更多类似性质的化石开始发现于东非的坦桑尼亚奥杜威峡谷和北非的摩洛哥、阿尔及利亚等地。如同北京猿人化石一样,在非洲发现的这些化石中有许多也得到了新的物种名称。直到1945年以后,学者们才得出结论:这些化石标本虽然来自相距甚远的不同地方,但却都属于同一个物种——直立人。根据目前所获得的最新证据,直立人最早于190万年前在非洲进化出来,然后很快开始从非洲向欧亚大陆扩散。直立人或一个与现代人更密切相关的物种于180万年前出现在高加索格鲁吉亚地区,于160万年前出现在印度尼西亚和中国,甚至在亚洲的部分地区,这个物种一直持续存在,直到数十万年前。

一个物种在三个大洲存在近200万年,可以想象他们的外形肯定变化多样,直立人如此,现代人类也一样。可是,直立人身体的基本特征是相同的,体重范围为 40~65 千克,身高范围为 122~185 厘米。人们在格鲁吉亚德马尼西地区发现了一个完整的古人类群落,他们中许多人的身材和现代人类相仿,但女性体型比现代女性的要小。

与南方古猿不同的是,直立人的身体比例与现代人几乎一样,腿相对较长,而手臂相对较短。他们的腰又高又窄,脚已经完全"现代化"了。但他们的髋部与现代人比更向两侧突出,他们的肩膀低而宽阔,胸部宽,呈桶状。脸又长又深,特别是男性的眼睛上方有粗大的眉骨。直立人的脑容量介于南方古猿和现代人类之间,颅骨顶部长而平坦,枕部大孔有一个突出的角度,他们的牙齿和现代人基本相同,只是略大一些。

根据目前已经发现的化石证据,早期人属虽然有许多个种,但他们在身体结构方面进化到与现代人相似,至少经历了两个阶段。在第一阶段中,能人脑部略有扩大,脸部不再有突出的口鼻部。在第二阶段中,直立人进化出了更接近现代人的腿、脚、手臂,以及较小的牙齿和稍大一些的胸部。可以肯定的是,直立人的身体并不完全与我们一样,但这个关键物种的进化标志着现代人类身体结构的大体形态开始出现。同时,现代人类的饮食方式、使用工具、交流合作,以及其他一些行为特征开始出现。从本质上说,直立人是最能体现现代人类显著特点的原始祖先。

6.向欧亚大陆迁徙

迄今为止,已经发现和出土的最古老的直立人化石来自肯尼亚,时间为 190 万年前;但不久之后,在高加索地区的德马尼西发现了非洲以外最早的直立人化石,距今 180 万年;之后,直立人向东扩散,于 170 万年前到达东亚(中国),后又于 160 万年前到了东南亚,主要活动地区为印度尼西亚的爪哇岛;直立人于至少在 120 万年前沿地中海北岸到了南欧(图5-12)。

在东亚,直立人分布广泛,化石及石器工具遗址丰富。据古人类学家吴新智研究,直立人在中国分布广泛,已发现的有:

元谋直立人。在云南元谋上那蚌村附近发现了中国最早的直立人——元谋人的两颗门齿化石,和北京直立人的门齿形态一致,为铲形门齿。古地磁测定化石所在地层年代为 170 万年前,时值更新世初期。

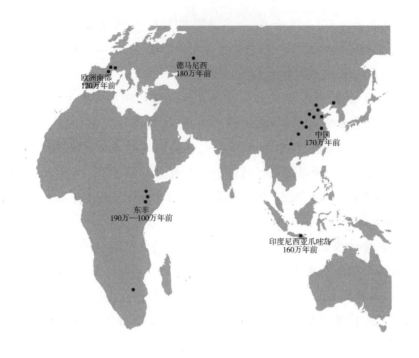

图 5-12　直立人的迁徙

　　蓝田直立人。蓝田人最具代表性的化石为陕西秦岭山脉北侧蓝田县公王岭发现的一个女性直立人头盖骨,古地磁测定化石所在地层年代为163万年前,同为更新世初期。

　　郧县直立人。湖北郧县(现郧阳区)汉江北岸曲远河口出土了两个相当完整、但被地层挤压得严重变形的直立人头骨化石。其头顶低矮,脑颅紧挨眼眶处的后方很缩狭,牙齿齿冠颇大,矢状脊很弱,脑容量可能较大。古地磁测定化石所在地层年代为87万年前—83万年前,地质年代为中更新世。

　　北京直立人。1929年,在北京房山周口店村出土的北京人化石是中国境内最早发现的直立人化石。前面已经介绍过,在这里先后出土了100多件人类化石,代表了大约40个个体,有6块头盖骨。目前对北京人生活的时代尚认识不一,一般认为是在50万年前,但有学者利用铝/铍法测定为77万年前。吴新智认为后一种测定年代的结果不可取。

　　南京汤山直立人。1992年,在江苏南京市以东26千米的汤山石灰岩溶洞出土了两件人类头骨化石。其中1号头骨的鼻梁比所有中国化石人和现代人都高得多,却与欧洲同时代人及更晚的人接近;2号头骨的颧骨有矢状隆起,其宽度比中国同时代人中常见的矢状脊的宽度大,而隆起的高度却大不如矢状脊显著,这些特征都与欧洲和非洲同时代的人相似。1号头骨的形态比2号更原始。经年代测定,1号头骨的所有者生活在50万年前—33万年前之间,2号头骨的则生活在约18万年前—13万年前之间。

和县直立人。1980年—1981年,在安徽和县龙潭洞出土了一件人类头盖骨化石。该化石头骨厚、眉脊粗大、牙齿形态原始,像直立人;但同时其又具有头骨短宽、眼眶后方不大缩狭、颞骨鳞部较高的特征,与智人类似。这是较原始的和较进步的特征同时出现在一块化石上的例证。许多形态表明,和县直立人对现代中国人的形成做出的贡献要大于北京人。最新的年代测定结果显示,埋藏和县直立人的地层年代为距今41.2万年。

除上述之外,我国直立人化石还有:蓝田陈家窝出土的下颌骨、山东沂源出土的头骨片、安徽东至华龙洞出土的额骨片、河南淅川出土的下颌骨、陕西洛南出土的牙齿、云南元谋郭家包出土的小腿骨等。此外在河南南召,湖北建始、郧西白龙洞和郧阳区梅铺,辽宁庙后山等地都发现过重要的直立人遗迹。

在中国境内,发现直立人化石的地方还出土了大量与化石同年代的旧石器。这个时期中国古人类的石器制造技术主体上属于第一模式——用石头简单敲打进行工具加工的技术,这一时期的石器,即所谓打制石器,相当于非洲旧石器时代初期的奥杜威石片石器。在广西百色盆地发现过许多石斧,大约是在80万年前制造的,近年在汉江中上游地区也发现了大量石斧。

直立人为什么会迅速走向欧亚大陆,他们是如何做到的?事实上,直立人向欧亚大陆扩散,并不是一次性大规模的迁移,而是随着气候变暖、人口增多和族群不断分离,而逐步进行的。因为狩猎采集群体不可能一家一户独自生活,他们都是结合成小群体共同生活在一个地区。安定的生活时间长了,休养生息,生儿育女,人口增加,人口密度随之上升。随之而来的就是他们生存所需的自然资源,主要是吃的东西,也就开始匮乏了。于是原来的群体就分出去一个或几个分支,远离老地方去寻找新的栖息地。根据对考古资料的分析和对现代狩猎采集群体的考察,科学家估算当时的狩猎采集群体一般由大约 25 个生活在一起的人(约七八个家庭)组成,居住在几十到几百平方千米的区域内。一名活过儿童期的直立人女性一生大概总计生 4~6 个孩子,其中只有一半能活到成年。

如果用这样的数字来估算,直立人的年平均人口增长率约为 0.4%。这样在短短 100 年内,人口就会翻番;在 1000 年内更是会增长 50 多倍。如果最早生活在肯尼亚内罗毕附近的一个狩猎采集群体每隔 500 年分出一支新的群体向北扩展,并且每支新群体的生活区域都是 500 平方千米,那么不到 5 万年,这个种群就能以这种方式向北扩散到尼罗河谷,到达埃及;然后到达约旦河谷,再一路到达高加索地区。即使这些群体每 1000 年分离一次,直立人从东非扩散到格鲁吉亚也不会超过 10 万年。

前面我们讲过,整个第四纪冰期的气候是逐渐走向寒冷的,但是由于受公转轨道变化和二氧化碳浓度变化等因素影响,地球气候呈寒冷冰期和温暖间冰期相交替的周期变化循环。起初,这些循环的程度并不十分强烈,每个周期持续大约 4 万年;然后,从大约 100 万年前开始,这些循环变得更强烈、更持久,持续时长可达 10 万年。每个循环对于东非干旱期直立人生存的栖息地都产生了重大影响。在最长的严寒期(大约 50 万年前达到极点),南北极的冰原覆盖着地球表面的 1/3。

在寒冷冰期,由于大量海水被凝固在南北极冰原,海平面下降,许多大陆架露出海面,古人类可以徒步从中南半岛到达爪哇岛和苏门答腊,也可以从法国出发通过英吉利海峡到英国。冰河时期每个周期的气候变化都会改变植物和动物的分布。寒冷冰期时,欧洲中部和北部大部分地区成了荒凉的北极苔原,除了苔藓和驯鹿外,没有什么东西可供食用;欧洲南部则成为熊和野猪横行的松树林。这种情况对早期的狩猎采集者来说简直难以生存,尤其是在他们学会使用火以前。有证据显示,在这些寒冷冰期,早期直立人根本不会出现在阿尔卑斯山和比利牛斯山以北。然后,在两次寒冷冰期之间的温暖间冰期,冰原消退,森林重现于欧洲南部的地中海北岸,泰晤士河中甚至还有河马嬉戏。这个时期,欧洲、亚洲和非洲的诸多温带地区都有人类生存。中国的直立人化石和石器广泛分布在云南元谋、陕西蓝田、湖北郧阳、北京房山、南京汤山、安徽和县等地就是最好的说明。

生活在非洲的直立人虽然没有受到冰期的直接影响,但是周期性的气候变化却对其产生了作用。随着温度和湿度水平的上下波动,撒哈拉沙漠和热带稀树草原这样的开阔栖息地也与热带雨林及林地一样出现交替扩张与收缩的现象。在较湿润时期,撒哈拉沙漠缩小,狩猎采集者的数量可能会快速增长,从撒哈拉以南的非洲向北扩散到尼罗河谷,并继续沿地中海东岸越过中东,进入欧洲和亚洲。但是在较干旱的时期,撒哈拉沙漠扩大,非洲的狩猎采集者就与其他地区的人类融合了。这个时期,也就是严寒的冰期,欧洲与亚洲的直立人面临着严峻的生存考验,他们很可能因此而灭绝,或向南边温暖的地方转移,回到地中海沿岸和亚洲南部。

五、古老型人类

1. 海德堡人

到了 60 万年前,一些直立人的后裔经过进化,与其祖先的差异已经大到足以把他们归到另一个物种,最著名的例子就是海德堡人。1907 年,在德国海德堡发现了古人类下颌骨化石,其所属的人种因之被命名为海德堡人。其活动范围从南部非洲延伸到欧洲西部的法国和德国。最壮观的海德堡人化石宝库是西班牙的一个名为"骨坑"的遗址。该遗址的各种痕迹显示至少有 30 个个体经过了长距离的被动拖拽,在穿过一条处于悬崖深处的蜿蜒的自然隧道后,被扔进了一个坑里。据推断,他们是死后被扔进坑里的。这个骨坑的化石年代在 60 万年前—53 万年前之间。

与直立人相似,他们的头骨长而低平,有着粗大的眉弓,但他们的脑容量更大,在 1100 ~ 1400 毫升之间,他们的面部也更大,尤其突出的是宽阔的鼻子。海德堡人都是大个子,体重在 65 ~ 80 千克之间。

分子生物学和化石数据显示,海德堡人约在 50 万年前—40 万年前分为了几个部分隔离的支系:非洲支系,进化成现代人类的祖先——智人;另一支系在中亚进化成为丹尼索瓦人;而在西亚和欧洲地区的支系则进化成了著名的尼安德特人。

目前所掌握的化石证据并不能让科学家对于到底有哪些直立人,以及谁是谁的祖先这一问题达成共识,或取得基本一致的意见。但是对这一时期的古人类,也可以称为人属中期的古人类,在身体结构和生活方面的基本特征可做这些分析:首先,从头部看,他们本质上都是直立人的变种,脑容量在 1100～1400 毫升之间,颅骨虽有差别,但却不十分明显;其次,在身体结构方面,把他们统称为古人属也合理,他们都是熟练的狩猎者。

2.石器的改进与控制用火

古人属制造的石器比直立人制造的石器略微复杂多样。他们发明了一种新方法用以制造很薄的石器,还能预先计划好形状,包括三角形的矛头,这种方法通常需要高超的技巧和大量练习才能掌握。这种方法改变了抛射技术,因为以此制造的石器矛尖轻巧、锋利,可以用树脂和筋装在矛杆上。可以想象,这种武器如果扎在猎物的身上,不但能够穿透皮肉、甚至是坚硬的肋骨也不在话下,而且一旦扎进去,它们锯齿状的边缘就会造成可怕的撕裂伤。有了尖细的石器矛尖作武器,狩猎者们就可以远距离杀死猎物,从而降低自己受伤的风险,同时提高狩猎成功的概率。

古人属更重要的发明是控制用火。没有人能够确定人类经常性点火和用火出现在什么时候。目前,人类有控制地使用火的最早证据来自南非的一处 100 万年前的遗址。此外,以色列发现了一处 79 万年前有用火痕迹的遗址。北京周口店的直立人栖居的山洞已经有充分确凿的证据证明 50 多万年前,北京人已经能够控制用火。而在 40 万年前之后的遗址中,经常可以发现火场和烧尽的骨头。这显示出古人属已经习惯性地用火烹煮食物了。烹煮食物的流行是一个革命性的进步,举例来说,煮熟的食物与未煮过的食物相比,能给人提供更多的能量,也能降低致病风险。大火还能让古人属在寒冷的栖息地保持温暖,抵御鬣狗、熊等危险的掠食者,保障晚上能够安全睡觉。

3.脑容量增大

古人属最明显的进步是脑容量增大,即大脑变得更大。整个冰河期,人属的脑容量增加了近一倍。为什么较大的脑容量没有在早些时候进化出来？答案还是与能量有关。较大的脑容量意味着更高的能量消耗，直立人与古人属能进化出与南方古猿相比更大的大脑，是狩猎采集和使用、制造工具带来的红利使然。同时，如前面讲过的直立人的肠道缩短了，把能量转到了大脑的增长上。

但是，要考察古人属的脑容量为什么比直立人更大这个问题，还得再进行一番思索。

为了评估大脑在进化中是如何变大的这一问题，我们必须先要解决如何评估脑容量大小这一棘手问题。现代人脑容量平均约为 1350 毫升，相比之下，恒河猴的脑容量为 85 毫升，黑猩猩的为 390 毫升，大猩猩的为 465 毫升。单从这个角度来看，人类的大脑与其他灵长类动物的相比确实要大得多，但是如果考虑到体型大小的差异后，人类的大脑到底大了多少呢？当体型变大时，大脑的绝对大小变大，但大脑所占比重却有可能变小，大脑与体型大小的关系具有高度的相关性和一致性。因此，如果知道一个物种的平均体重，就可以将其大脑的实际重量除以该物种根据体重得到的预测值，得出的结果被称为脑力商数（EQ）。据此测出黑猩猩的脑力商数为2.1，人类为 5.1。这意味着黑猩猩大脑大小为相同体重一般哺乳动物的 2 倍多，而人类大脑为相同体重哺乳动物的 5 倍多。与其他相同体重灵长类动物相比，人类的大脑是它们的 2~3 倍大。

现在，我们用根据骨骼计算的体重和从颅骨测定的脑容量来重新描述一下人类大脑是如何进化的。最早的人族成员的脑力商数与猿类相似，但到早期直立人时，绝对和相对脑容量一定程度上都变得更大。150 万年前体重为 60 千克的男性直立人，大脑容量为 890 毫升，脑力商数为 3.4，比黑猩猩的大了约 60%。换句话说，到人属早期阶段的最初进化涉及大脑中等程度的增大，但随后大脑相对身体来说，出现了加速增大的效应。

在 100 万年前，我们祖先的脑容量超过了 1020 毫升，到 50 万年前达到了现代人类脑容量的水平。事实上，冰河时期古人类的脑容量比现代人的更大，因为他们的体型更大。随着 1.2 万年前末次冰期的结束，地球再次进入间冰期，气温变暖，人类体型也随之略有缩小，大脑也相应地缩小了。这样一来，在这段时间我们现代人祖先的脑力商数并没有发生变化。考虑到体重的细微差异，其实我们现代人的脑力商数只比尼安德特人的大一点。由此可见，从 150 万年前到 50 万年前，人类的大脑经历了飞跃般的进化。

那么人类的大脑是如何变得更大的？生长出较大的大脑主要靠两种办法，或延长生长时间，或加快生长速度。与猿类相比，这两种办法在我们人类身上都有体现，如黑猩猩出生时的脑容量是 130 毫升，出生后的 3 年间能够增大 2 倍。人类新生儿的脑容量是 350 毫升，出生后的 6～7 年内能增大 3 倍。这反映了人类的脑容量增速在出生前比黑猩猩快了近 2 倍（黑猩猩同人类孕育时间都是约 10 个月），而出生后脑容量增速的生长时间又是黑猩猩的 2 倍多，生长速度也更快（按脑容量增长的绝对体积计算）。人类比黑猩猩多出来的脑容量主要来自约比黑猩猩多 2 倍多的大脑神经细胞（神经元）。这些新增的神经细胞大多位于大脑的外层，即新皮层，而人类诸如记忆力、语言能力、想象力、思维和创新意识等几乎所有复杂的认知功能都发生于此。即便人类大脑新皮层只有几毫米厚，但是它展开来的面积却达到了 2500 平方厘米。大脑是通过神经元的连接网络来工作的，而人脑增加的神经元创建了比黑猩猩大脑多出数以百万计的连接。人类大脑的新皮层因其面积更大与神经元之间的连接更多，因此具有更大的潜能，从而能够从事更复杂的任务。

然而，更大的大脑也带来了极高的能量消耗，尽管现代人的大脑只占体重的 2%，但是它消耗的能量却大约占身体静息状态能量消耗的 20%～25%。以绝对数字而言，人类大脑每天消耗约 280～420 千卡能量，而黑猩猩的大脑每天只消耗约 100～120 千卡能量。

拥有更大的大脑还面临其他挑战。大脑所需血液占身体全部供血量的 12%～15%。流经大脑的血液的功能是为大脑提供"燃料"、消除废物，并使大脑保持合适的温度。为保障供血量，人类的大脑需要特殊的血管来提供含有充足氧气的血液，并将其输回心脏、肝脏和肺，这些血管通常都比较薄，这就是为什么时至医疗技术高度发达的今日，心脑血管疾病还是危害人类健康的第一杀手。大脑是一个脆弱的器官，它需要足够的保护，以减小在摔倒或受到其他打击时所受的损伤，打仗时戴头盔、施工时戴安全帽都是为了保护大脑。

较大的脑容量也使出生变得复杂且危险。人类新生儿的头部长约

125毫米,宽约100毫米,但母亲产道平均长度只有113毫米,宽约122毫米。为了通过产道,人类新生儿会面向侧方进入骨盆,然后再做一个90°大转弯,这样露头时才能面朝下而不是面朝上。即使是在最佳的情况下,分娩过程中人类新生儿也必然会经历强行挤出,而且人类母亲几乎总是需要帮助才能分娩成功。

即使有这些代价,人类为什么还要进化出硕大的大脑呢? 从人属早期开始,脑容量就在不断变大。仔细考察,大脑变大后还是不断为人类的进化带来了诸多益处。

有充分化石证据证明的诸如工具的发明、改进和其他方面的技术进步,使人类狩猎的效率明显提高,能够获得较多肉食,增加能量;有控制地使用火可以大大提高食品加工的质量,把生的食品制成熟的,既便于吸收营养,又能增加热量,同时火还能取暖和驱散掠食者,保障安全。会制造、使用工具和有意识地控制用火,都是以发达的大脑为前提的。

除此之外,脑容量增加带来的最大好处可能是那些我们无法在考古记录中搜寻到的人类的行为。但可以肯定的是,这其中至关重要的必然是合作能力的增强。人类异乎寻常地善于集体工作:我们分享食物和其他重要资源、协作抚养彼此的孩子、传递有用的信息,有时甚至会冒着生命危险去帮助朋友,甚至需要帮助的陌生人。这些行为的前提,也都是大脑得到了充分进化。

当然,脑容量的增加还会带来其他好处,这里就不一一细说了。不过毋庸置疑的是,这些好处抵得上为此所付出的代价,否则就无法通过自然选择,更大的大脑也就不会进化出来了。

/ 第六章 /

智人

一、智人进化的证据

1. 化石证据

随着对古人类研究的不断扩展,在世界各地都陆续发现了大量属于人属晚期阶段的智人化石,其中最著名的是以下五种:

(1)非洲的早期智人

2003年,在非洲埃塞俄比亚的赫托村附近出土了几件16万年前的人类头骨化石。这些头骨脑颅高,脑容量大,额部垂直,有较高的眉骨,面部不大,在显示出现代人的基本特征的同时,有些结构还保留着比较原始的形态。可以说,这些头骨所属的人种实际上是古老形态和现代形态的混合体,表现出由古老型人类向解剖学意义上的智人过渡的状态。有趣的是,相比于现代非洲人,这些化石更接近现在的澳大利亚土著人。

虽然前些年有报道称,于埃塞俄比亚奥莫-基比什遗址发现的人类头盖骨时代为19.5万年前,但由于不能肯定用于测年的样品与该头骨有明确的关系,所以在可以明确时代的化石中,赫托村发现的人类化石为最早出现的解剖学意义上的智人。

此外,南非克拉西斯河口洞穴出土的距今至少9万年的人类下颌骨也是很重要的标本,因为其已经显示出解剖学意义上现代智人所特有的颏隆突锥形。

(2)西亚的早期智人

巴勒斯坦地区斯虎尔和卡夫泽出土的人类化石包含了迄今为止在亚洲发现的最早的解剖学意义上的智人头骨,其年代为约9万年前。该头骨在20世纪中期曾被认为属于尼安德特人,因其与尼安德特人的典型文化——莫斯特文化共存。

(3)中国的早期智人

2007年,在中国广西崇左县(现崇左市)木榄山智人洞发现了两颗人类牙齿,2008 年,又发现了人类下颌骨。这种下颌骨具有现代人类所特有的颏隆凸锥形,表明了其所属人种从早期智人向解剖学意义上的现代人类的转变,年代在 11.3 万年前—10 万年前之间。

20 世纪 30 年代在北京周口店的山顶洞曾经出土了包括 3 个完整的头骨(分别被标注为 101、102、103 号头骨)和至少代表 8 个个体的其他人体骨骼化石。最早研究山顶洞人骨的德国学者魏敦瑞(Weidenreich Franz)认为,这 3 个头骨分别代表 3 个种族:101 号男性老人头骨属于原始黄种人,102 号年轻女性头骨类似于远在太平洋西南部的美拉尼西亚人,103 号中年女性头骨类似于远在北极地区的因纽特人。根据放射性碳测年结果,山顶洞人生活在约 3 万年前。当时,远隔万里的 3 个地方的人怎么能聚在山顶洞呢?这简直就不可思议!后来,经过吴新智的研究,发现这 3 个头骨具有一系列共同特征,应该同属原始黄种人。之所以两种研究所得结论大相径庭,问题出在魏敦瑞的研究思路不对。他过分看重各个头骨上的一些相互不同却引人注目的特征,片面理解那些特征的意义,而没有全面考察所有特征,进而导致得出了错误的结论。

在周口店地区,距离山顶洞西南 6 千米有个田园洞,那里出土了包括下颌骨和四肢骨骼在内的许多人骨化石。放射性测年显示,这些化石距今大约 4 万年,比山顶洞人还早约 1 万年。这些人骨形态与现代人基本一致,但是有些特征显得比较古老,如前牙与后牙的比例、胫骨的粗壮度等。对这些人骨的线粒体和部分核基因组的分析显示,他们的祖先是许多近代亚洲人和美洲土著人的共同祖先中的一员。这个祖先群体生存的时间在亚洲人和欧洲人分离之后。田园洞人的基因组中还包含一些尼安德特人的基因变异。其基因组与近代人的比较研究显示,田园洞人与今天的汉族人最接近,与非洲人相距最远。

1958 年在广西柳江发现的人类化石包括一个完整的头骨和一些身体骨骼。头骨形态与华南现代人基本一致,只是眼眶较低,这是全世界早期现代人的普遍特征。该头骨枕骨处有发髻状隆起,可能是与尼安德特人基因交流的结果。而大腿骨的厚度与髓腔直径的比例则和北京人的接近,大于现代人,根据大腿骨断块,复原出该化石所属人种身高约 1.57 米。

由于这些化石埋藏在广西柳江新兴农场的通天岩山洞中,化石出土时,在此接受劳动改造的人员从洞中挖掘岩泥作肥料,将其中包含的化石一并运出山洞。等人类学家赶到现场考察时,含化石地层及周边环境已面目全非。多年后,研究人员从洞顶上取得样品用铀系法测年,得到此遗迹的年代距今大于 6 万年和处于 22.7 万年前—10.1 万年前之间这两个数据,已无法准确反映出这些人类生活的真实年代。

(4)欧洲的早期智人

欧洲早期智人出现在约 3.5 万年前,法国克罗马农人是其化石代表,其长相已和现在的白种人十分相近。

(5)澳大利亚的早期智人

迄今为止,在澳大利亚发现的早期智人化石来自蒙戈湖地区、科阿沼泽和基洛等处。蒙戈湖地区的化石年代较早,多数标本的脑颅形态比较接近中国南部的早期智人,年代为 4 万年前;科阿沼泽的化石只有距今 1 万年上下,多数标本的形态接近印度尼西亚爪哇岛发现的昂栋式梭罗人化石。因而,有科学家主张,澳大利亚土著人的祖先有两个来源,一是来自中国,一是来自东南亚。

研究人员对 100 年前的澳大利亚土著人的头发进行了基因组分析,认为他们可能在大约 5 万年前到达澳大利亚。

2.遗传证据

智人是我们现代人的直系祖先,因而随着技术的发展,对智人起源和演化的研究,除了化石证据和人类学的间接推断外,又增加了分子遗传学这一新的认识方法。对我们这个物种的起源,要精确地确定其时间和地点,很大程度上依赖于对人类基因的研究。通过比较世界各地的人类遗传变异,遗传学家可以计算出每个人的族谱图及其中人与人的亲缘关系,然后通过对该族谱进行校准,估算出每个人共有的最后一个共同祖先出现在何地。

最早进行这项研究的是美国加利福尼亚大学伯克利分校的遗传学家威尔逊,他于 20 世纪 70 年代,对人类线粒体中的 DNA 进行了分析。线粒体是细胞中的能量加工厂,并自备 DNA,线粒体代代相传,几乎很少变异。人类大部分基因都是来自父母双方的混合体,但线粒体的基因只来自母亲。所以母子之间线粒体 DNA 若有任何差异，必定是基因自我突变的结果。由此，科学家便可以利用线粒体 DNA 来区分出不同的谱系。

威尔逊领导的研究小组对分布于世界各地的人类线粒体 DNA 样本进行分析后发现，非洲是现代人类的发源地。而且根据估算线粒体 DNA 的突变速率，计算出第一位现代人的祖先生活的年代距今有 20 万年。后来，人们把这位现代人的"老祖母"称作"线粒体夏娃"，把这种利用线粒体来寻找现代人进化历程的学说称作"夏娃学说"或"非洲起源说"。

1987 年"非洲起源说"发表后，虽然遭到了一些科学家的猛烈抨击，但继续威尔逊研究工作的遗传学家几乎全部证实了"非洲起源说"。无论他们用何种基因分析作为架构人类进化的基础，非洲的分支永远都是最靠近基部的。有了更多基因序列可供比较之后，线粒体 DNA 显示智人起源的时间为 17 万年前。20 世纪 90 年代，另一组遗传学家比较了人类的 Y 染色体(决定胎儿为男性的染色体)，指出现代人出现的时间距今仅 5 万年。这两组相去甚远的基因分析结果促使科学家进一步探索，以证实哪一组估算得准确。

1995 年，德国慕尼黑大学的化石 DNA(也称古 DNA)专家帕博(Svante Pääbo)及其研究小组经过艰苦工作，对提取自 1856 年发现的第一具尼安德特人化石的古 DNA 进行了分析，并将其与近 1000 个现代人的 DNA 进行比较，发现尼安德特人与现代人的共同祖先可能生活在 60 万年前的非洲。也就是说，尼安德特人并非现代人的祖先，而只是现代人的近亲。

帕博小组的研究报告于 1997 年发表后，怀疑者认为如此微量的 DNA 片段不足以替尼安德特人的进化定位。可是到了 2000 年，科学家又获得了两组尼安德特人的 DNA。帕博小组从一组克罗地亚出土的距今 4.2 万年的尼安德特人骨头中找到了基因，另外一组科学家则从高加索山区出土的距今 2.9 万年的尼安德特人化石中找到了基因。对从这两组来自不同地区的尼安德特人化石中分离出的 DNA 片段进行分析，结果都和帕博最早的发现相同。这三组 DNA 序列彼此相似的程度，远超过其中一组与现代人基因的相似程度。从尼安德特人 DNA 中还获得了新证据，进一步支持了尼安德特人灭绝的假说。

2001 年，人类基因组计划要求迅速开展对人类基因组的测序研究。

进入 21 世纪后,人类基因组多样性研究表明,非洲人在所有现代人群中的多样性是最高的,并且有着广泛的群体分化,这个结果与人类线粒体 DNA 谱系根部在非洲的结果也是吻合的。

分子遗传学的数百项研究使用了来自上千人的数据,得出的共识是,现在生活在地球上的所有人都可以追根溯源到一个共同的祖先人群。这个人群规模不大,大约生活在 30 万年前—20 万年前的非洲,并且从 10 万~8 万年前开始,这些人中的一支走出非洲,扩散到了世界各地。

这些研究也揭示了所有现在生活着的人类都起源于数量上小得惊人的同一群祖先。据计算,今天生活着的每个人都起源于非洲撒哈拉沙漠以南的一个人群,他们的人口总数不超过 1.4 万,而现在非洲以外的所有人都起源于这个人群中不到 3000 人的一个小群体。也就是说,在这个 1.4 万人的人群中,有一个不到 3000 人的小群体走出非洲,向世界各地扩散,繁衍出了现在地球上除非洲人以外的所有现代人类。这一点说明了我们在遗传上属于同一个物种。如果把存在于我们这个物种中的所有遗传变异列个表,你会发现其中大约 86% 的条目可以在任何一个人的 DNA 中发现。形象地说,即便是斐济或爱沙尼亚这样的小国,在它们的国民身上,也差不多能找到人类的每一个遗传变异。这种情况与其他灵长类动物形成了鲜明对比。以黑猩猩为例,这个物种的全部遗传变异,在所有种群个体中都存在的比例不到 40%。

前边提到,帕博团队在对古 DNA 的研究中发现,现代人类与尼安德特人最后的共同祖先大约生活在 60 万年前,而且现代人类与尼安德特人的 DNA 片段极其相似,现代人类的每 600 个碱基对中,只有一个与尼安德特人不同。科学家们投入了诸多努力,试图确定这些不同的基因是什么,以及这些差异意味着什么。

在尼安德特人和现代人类的 DNA 中还潜藏着一个令人吃惊的事实,经过对他们的基因组差异的详细分析,科学家发现,所有非洲以外的现代人类都有 2%~5% 的基因来自尼安德特人。显然,在 5 万年前,尼安德特人与现代人类之间曾发生过一次或多次杂交,这些杂交可能发生在我们的祖先从非洲经西亚向外扩散的时候,这也解释了为什么非洲人的基因组里没有任何尼安德特人基因的原因。

另一个杂交事件发生在现代人扩散至亚洲时，即现代人与丹尼索瓦人的杂交。如今生活在美拉尼西亚和大洋洲其他一些岛屿的土著人中，约有3%~5%的基因来自丹尼索瓦人。随着对更多的化石DNA的研究，人们可能会找到更多杂交事件的痕迹。

二、智人的进化

1. 早期智人与晚期智人

智人最早是在何时何地进化出来的？关于这个问题，确有很多实实在在、颇具价值的线索。目前已知最古老的智人化石来自非洲埃塞俄比亚奥莫－基比什和赫托遗址，时间最早可追溯到约19.5万年前，能够确定确切年代的也可以追溯到16万年前；其他一些距今超过15万年的智人化石也无一例外都来自非洲。智人第一次出现在西亚的时间在13万年前—8万年前之间，具体年代还不确定，然后可能消失了3万年。此时正是欧洲大陆冰川活动的高峰期，尼安德特人在这一时期从欧洲进入西亚，并取代了那里的智人。

科学家将智人与古老型人类(尼安德特人)的头骨化石进行了比较研究，发现两者的差别大部分见于头部，总体可以归纳为头部构成方式有两个重大变化(图6-1)。

变化之一是智人的脸型变小了。古老型人类的脸型硕大，突出在脑颅前方；而智人的脸则没有那么高低起伏，几乎完全位于前脑的下方。智人脸型较小，眉弓也较小，眉弓曾经被认为是加强脸的上半部分的一种适应性改变，但它实际上只是连接前额和眼眶顶部的部分骨架。因此，眉弓是脸部大小和在脑颅前方突出的一个结构上的副产品。脸部突出程度减小也使智人的鼻腔更小、更短，口腔也更短。脸部在垂直方向上较短小也使智人的颧骨变得更小，眼眶更短、更方。

变化之二是智人头部拥有球状的外形，这是智人的显著特征。当从侧

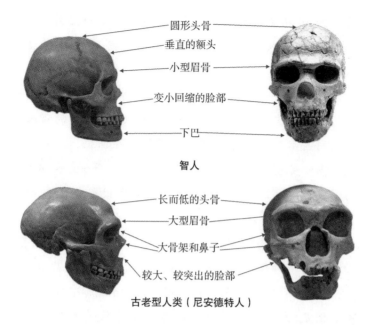

图 6-1 智人与古老型人类(尼安德特人)头骨化石比较

面看古老型人类的头骨时,它们都是柠檬形的,又长又低,眼眶上方和头骨的枕部有着粗大的骨嵴。相比之下,智人头部外形更像橙子,接近球形,有一个高高的前额,脸部突出不明显,脑部更圆,而承托脑部的颅底则变得不那么平坦。

智人与古老型人类的头部相比,还有一个不大、却很独特的性状:下颌底部有一个倒 T 形的骨性突起,这在古老型人类头部不曾出现过。除此之外,智人与古老型人类头部包括脑容量、牙齿、耳朵、眼睛和其他感觉器官并没什么明显差别,而且他们之间在颈部以下的解剖学差异也非常小。

非洲的考古证据显示,智人在一些后天行为习惯方面,都显示出一些进步的迹象。而且这种迹象随着时间的推移越来越明显。仔细考察非洲的考古记录,就会发现一些引人注目的地方,这些地方显示了智人群体与古老型人类群体的某些差异。7 万年前的一些非洲遗址显示,智人群体已经在进行远距离的交流了,这意味着当时存在着复杂的规模较大的社会网络。这些智人还会制造新型工具,包括用来当箭镞的石制尖刺和各种新型的骨制工具,如用来捕鱼的鱼叉。在南非的早期智人遗址中还发现了象征艺术萌芽的证据,包括染色的项链珠子和经过雕刻的赭石片。

然而,这种象征智人具有现代人类特征的证据,在尼安德特人的遗址中却几乎从未发现过。

此后,从大约5万年前开始,不可思议的事情发生了,智人的创造能力和认知能力发生了一次大跃进。具体表现为在这个时期的智人考古遗址中出现了一系列显示其行为具有明显现代特征的证据,诸如技术进步、能够创作洞穴壁画和雕塑等艺术品,以及墓葬的出现等,这些都说明了智人自我意识的形成。所有这些都揭示了智人在向现代人类进化,也标志着人类社会历史的开始,反映了人类从生物进化向文化进化的转变。

早期智人向现代人类进化有何生物学基础,要解决这个问题,需要研究现代人的身体有何特殊之处,以使得旧石器时代末期及其后的文化进步成为可能,甚至足以引发和促进文化跃进。显然,这其中最关键的因素是人类的大脑。但是,大脑不会成为化石,科学家也没有找到冰河时期冰封在冰川深处的古老型人类的大脑。因此,对比现代人类和古老型人类脑部差异的证据仅有来自对二者脑周围骨骼大小和形状的研究,来自人类和其他灵长类动物脑部的比较研究,以及对现代人类与古老型人类之间影响人脑的不同基因的研究。由于我们对大脑的工作原理的了解还很粗浅,所以用这些证据来检验现代人类的脑功能是否不同于我们的早期祖先,就相当于我们面对两台并不完全了解其功能的电脑,仅凭它们的外观和一些随机组件就试图找出它们间的不同之处一样。但在别无他法的情况下,我们也只能使用目前手头掌握的信息去试一试。

为了探究现代人头骨的球形发育,德国马普学会进化人类学家日前对现代人类和古老型人类(尼安德特人)的头骨进行了计算机断层扫描(图6-2),从而发展出人类大脑的"球形指数"。他们进而对欧洲4000多名已进行了DNA分析的受试者与两具尼安德特人化石的DNA碎片进行分析比较,发现这些DNA碎片影响两个基因的表达:调控神经元发育的UBR4和影响髓鞘发育的PHLPP1。其中髓鞘是轴突或者神经元投射的绝缘体。

在需要衡量的诸多脑部结构中最重要的是构成脑部最大部分的那些脑叶。大脑的外层新皮质,承担自主思维、规划、语言和其他复杂的认知任

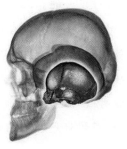

图6-2 古老型人类(尼安德特人,左)和现代人(右)头骨计算机断层扫描对比

现代人头骨球形指数受两个基因表达影响:调控神经元发育的 UBR4 和影响髓鞘发育的 PHLPP1。

务。这一部分在古老型人类和现代人类中都显得特别大。此外,新皮层被分为几个不同功能的脑叶,这些脑叶的表面卷曲折叠,这种解剖特征在颅骨化石中得到了保存。现代人类和古老型人类新皮层最明显和最重要的差异是,现代人类的颞叶大了 20%,这对脑叶藏在太阳穴深处,负责执行许多使用和组织记忆的任务。当你听人说话时,颞叶的一部分负责感知和解释声音。颞叶还可以帮助你感知图像和气味,例如它可以帮你把名字和人脸对应,抑或在你听到或闻到什么东西时为你勾起一段回忆。此外,颞叶深处的海马体使你可以学习和贮存信息。因此,颞叶增大对现代人类掌握语言和增强记忆可能有很大帮助。这个假设是合理的。与这些结构相关的最惊人之处可能是现代人类具有灵性。此外,脑外科医生发现,在给清醒的患者进行手术的过程中,刺激颞叶会引起强烈的精神情绪。

现代人类脑部另一个相对较大的部分是顶叶,这对脑叶在解释和整合来自身体不同部位感官信息的过程中起着关键作用。这部分脑叶有诸多功能,其中一个是在头脑中形成一个地图,用于确定方位,同时,它还负责解释诸如文字这样的符号、理解如何操作工具、进行数学运算等。如果大脑的这部分损坏,受损人可能会失去多任务管理的能力和抽象思维能力。

当然还有其他差异的存在,但那就更难衡量了。其中之一是额叶的一部分,叫作前额叶皮层。这部分脑叶有核桃大小,藏在额头后面。人类的这部分脑叶比猿类大 6%,结构更复杂,连接也更广泛。

不幸的是,通过对头骨的比较,没有发现前额叶皮层在人类进化中是何时开始变得相对较大的。因此,我们只能推测,它是在现代人类出现后变大的。但很少有人怀疑其增大后的重要性,因为大脑如果是一个管弦乐队,前额叶皮层就是乐队的指挥,它可以在你说话、思考或与他人交流时,帮助你协调和规划大脑其他部分的活动。这一部分受损的人很难控制自己的冲动,不能有效地制订规划和决策,在理解他人的行为和调节自己的社会行为方面存在困难。也就是说,前额叶皮层可以帮助你进行合作,以及有策略地采取行动。

一个狩猎采集群体的成功,关键取决于其成员之间协作的能力,良好的协作能力可以极大提升狩猎和采集的效率。合作需要有解读他人心理的能力,从而了解他人的动机和心理状态,控制自己的冲动,并能有策略地采取行动,同时还需要有能力来迅速传递有关感情、意图、想法和事实等方面的信息。所有这些功能的良好施展都受益于更大或运作更好的前额叶皮层。

颞叶和顶叶增大带来的一个生理上可见的结果是促使现代人类的头部更接近球形。因为它们正好位于颅底中部一个铰链状结构的上方。随着新生儿出生后大脑迅速生长,这个铰链的弯曲度在现代人类中比在古老型人类中大了约15°。这使得大脑及其周围的颅骨变得更圆,同时使脸部经过旋转到了前脑下方。更重要的是,现代人类大脑重组的证据也许能解释我们认知功能中一些特殊的适应性的改变。

颞叶的增大可能促进了人类合作能力和理解他人能力的改善与提高。同时,顶叶可能帮助早期智人狩猎采集者进行有效的理性思考。大脑的这些部分让我们在头脑中形成地图,即空间概念增强,来理解追踪动物所必需的感观线索,推断动植物资源所在的位置,以及制造和使用工具。鉴于现代人类大脑中这些区域增大的证据,我们有理由推测智人的大脑变得更圆,不仅让智人后来在外表上,而且在行为上更趋向于现代人类。

由于没有古老型人类大脑可供研究,因而对现代人类大脑在进化上的一些其他方面的变化只能进行猜测。一种可能是,人脑的神经网络连接方式非常特殊,与猿类相比,人脑的新皮层更厚,神经元更大,也更复杂,需要更长的时间来完成连接。与猿类和猴子的大脑相比,人类大脑有复杂的回路,用于将大脑外层的皮层区域与参与学习、身体运动和其他功能的较深层结构连接起来。这些回路在古老型人类脑中的连接方式虽然显著不同于现代人类,但人类个体在发育过程中显然能够对这些网络进行调整,使它们规模更大、连接更多。

也许人类在进化过程中延缓了身体的发育,而为大脑提供了更多的发育成熟时间,这体现在人类婴幼儿期和青少年期的延长。在此期间,许多复杂的连接生成并产生绝缘保护套,而许多用不着的连接则被去除了。诚然,发育确实是在人类进化过程中的某一时期开始延缓的,如果这个延缓能帮助狩猎采集者发展社会情感和认知能力(包括语言),增加他们的生存和繁殖机会,那么它就是有利的。

如果说现代人类与古老型人类的脑部结构与功能不同,那么其背后必定存在遗传上的差异。有人认为,现代人类脑部有关增强合作和计划能力的基因十分发达,这些基因可追溯到现代人类进化出来的年代。有学者提出,这些基因进化出来的年代大约在5万年前,其诱发了旧石器时代晚期人类文化上的跃进。但到目前为止,这类基因还没有任何一个被确定。目前有一个广受关注的候选基因被称为FOXP2,主要与语言有关,尼安德特人与现代人类拥有FOXP2基因的相同变异型。根据对尼安德特人与现代人类间不同的基因更深入的研究,科学家猜测,尼安德特人虽然也很聪明,但现代人类有着更加出色的抽象思维和沟通能力,也就是现代人类比尼安德特人等古老型人类有更强的创造能力、认知能力与合作能力,使得现代人类相对古老型人类而言有更强的适应自然选择的能力,因此,才能胜过古老型人类,向全球扩散。

2. 生物进化与文化进化

前面已经讲过,当今世界上的70多亿人都属于一个物种——智人,我们这个物种是在约20万年前从非洲进化出来的,到10万年前已经完成了生物物种的进化,其结果是进化出了比其他灵长类动物(包括猴子、猩猩和其他猿类)更聪明的大脑和更灵活的双手。

可是自然界在不停地变化,环境、气候、生态的多样性迫使人类必须适应,不然就不能生存下去。为了适应环境变化,智人不断进化,并于5万年前经历了一次质的飞跃。但这次飞跃的根源不是智人的基因发生了突变,而是智人的创造能力和认知能力得到了迅速提高。这个时期,智人的技术创造能力获得了巨大发展,技术更复杂了,水平更高了,创造的石器和骨器更精细了,以致考古学家专门把这个时期称为"旧石器时代晚期",以示这一时期相对于旧石器时代较早时期在技术和工具方面的进步。这个时期,描述性语言(或称符号语言)也出现了,人们之间的情感、语言和经验交流方式都有明显提高。这个时期,智人的自我意识也出现了,开始能够分清自己与别人,分清自己的族群与其他族群,知道生与死,并且会埋葬死者。这个时期,智人的想象能力及对外界事物的表达能力也出现了,因而出现了不少岩洞壁画和雕塑,留给后世考古学家和艺术家无数的猜想和解读。

由于 5 万年前智人行为上的这些重大变化,标志着人类创造能力和认知能力的飞跃,智人的进化由此进入了现代人类阶段。在此之前的智人叫早期智人,以生物进化为主,人类的文化进化仅仅体现在工具和技术的改进上;在此之后的智人则可以被称为现代人类或者晚期智人,此时的人类进化以文化进化为主,有学者把这种进化称为人类社会智能的进化。从这时开始,人类进化就从生物学家研究的人类生物进化转化成历史学家、人类学家、社会学家等研究的人类社会进化了。

人类生物进化遵循达尔文提出的进化论,即遗传变异、自然选择、适者生存。而文化进化则是人类创造能力和认知能力的提高和飞跃。5万年以来,人类社会的发展或文化进化受到自然环境和人类创造的文化环境两方面的作用。人类个体和群体的性状、行为、语言和思维方式(也可以说是想问题的方式和能力)、思想观念的多样性,既是自然选择的结果,又是文化环境影响的结果,而且受文化环境影响越来越大。在生物进化方面主要是受表观型遗传的影响,表现在性状、行为方面,诸如人类个体和群体之间脸形、五官的形状,以及身体的高低、胖瘦和肤色等。除此之外,走路的姿态、说话时的音频、声音的高低快慢等行为特点也多受表观型基因的影响。但是其讲什么话,也就是语言的多样性和思维方式、思想观念等则是受文化环境的影响。因而人类文化进化的速度比人类生物进化的速度要快得多。生物进化以万年,甚至十万年、百万年计算,而文化进化的速度则以千年、百年计算,而且越到后来,变化越快,甚至可以用几十年来计算。

西方学者把5万年前现代人类飞跃式的进化称为人类旧石器时代晚期革命。这种概括和表达是不准确的,主要原因在于:其一,它没有准确反映人类进化中生物进化与文化进化的根本区别;其二,革命是政治术语,它是指人类社会的某一时期,某个国家或民族新的阶级对旧阶级,某一团体对另一团体采取的激烈的暴力行动,如法国大革命、俄国十月革命、中国的辛亥革命等,这种革命都是有对象的。当然,革命也可以用在自然科学领域,如现代科学革命、DNA革命,但这种革命都是在短期内对原科学理论的颠覆,其革命对象就是原来的科学理论。5万年前智人进化上的急骤变化,则是人类进化从以生物进化为主向以文化进化为主的转变,是智人创造能力和认知能力的飞跃提高,这种提高和变化并没有要革命、要推翻的对象,因此叫"旧石器时代晚期革命"是不恰当、不合适的。

三、智人向全球扩散

约5万年前,进入现代人类阶段的智人走出非洲,向欧亚大陆和地球上更远的角落迁徙扩散,可以说这是人类进化史上最重要,也是最伟大的事件。我们的祖先为了适应这个星球上各种自然环境和气候特点,经历了千难万险,受尽了千辛万苦,表现出的那种适应环境的能力,那种团结协作的精神,那种克服困难的意志和毅力,无一不可歌可泣,是我们这些后辈要永远铭记、学习和发扬光大的。

前面已经讲过,遗传学自从20世纪下半叶应用于人类历史研究以来经历了两个阶段:

第一阶段为20世纪80、90年代。其开端是威尔逊研究团队对世界不同种族的线粒体DNA样本进行分析后,发现现代人类的线粒体DNA基本相同,都是从一个共同的母亲那里遗传来的,这位母亲生活在20万年前的非洲,之后,她的后代向世界各地迁移。1987年,威尔逊在《自然》杂志上发表了他们的研究成果,这一理论被称为人类起源的"线粒体夏娃"学说。

　　该阶段涌现出的另一位先驱人物是斯福扎(Luca Cavalli-Sforza)。他开创了利用遗传学手段研究人类历史的先河。1994年,他出版了《人类基因的历史和地理》,综合了当时考古学、语言学、历史学和遗传学的发现,讲述了一个人类辗转发展的宏大故事。斯福扎领导的研究团队利用人类基因组中的Y染色体测试,发现对Y染色体研究的结果与威尔逊和卡恩(Rebecca Cann)研究线粒体DNA的结论基本一致,即再次发现人类谱系的根在非洲。因而,当斯福扎和同事安德摩尔(Ardamole)关于此研究的论文于2000年发表后,随即引起轰动。

　　第二阶段为进入21世纪后。2003年,国际人类基因组计划完成,标志着生命科学进入一个新时代,同时也使利用遗传学研究人类历史的工作进入一个新的时期。因为无论是线粒体DNA研究、Y染色体研究,还是由古DNA之父帕博开展的古DNA片段研究,都只研究了人类基因组的一小部分,与人类全基因组测序数据相比较也就是万分之一。所以从这些遗传材料中测得的数据和信息也只是人类遗传变异的一小部分,由此得出的人类进化历史难免失之偏颇、片面,甚至出现错误。

　　所幸,在人类基因组计划精神的推动下,基因组测序技术不断进步,使测序时间大为缩短,测序成本亦大幅减少。在古DNA研究领域,帕博领导的德国马克斯·普朗克进化人类学研究所和另一位领军人物大卫·赖克(David Reich)领导的哈佛大学医学院古DNA实验室的合作与共同努力,使古DNA研究取得了重大技术突破,其中之一是古DNA提取与测序技术的突破。其利用基因重组技术,人工合成若干"诱导序列"来钓取人类DNA片段,富集科研人员需要寻找的DNA片段,使提取效率提升了100倍。另外,因为只针对基因组中富含信息的特定位置进行处理,效率上又有了额外大约10倍的提高。2013年,大卫·赖克的实验室使古DNA测序由"手工作坊"跨入了工业化时代。实验室实现了整个测序过程的自动化,利用机器人来处理DNA,使得一位研究人员可以在几天里同时研究超过90个样本,而且每个样本的研究成本低于800美元。

　　2010年前后,古DNA测序技术的突破被誉为古DNA革命。2005年,首批5个古人类基因组公布;到了2015年,古DNA全基因组分析领域的进展突飞猛进;2017年8月,测序的样本就达到了3748个,其中711个样本的研究报告已经发表。

古 DNA 革命每年得出的海量数据,揭示了现代人类历史越来越多的真实面貌。正如大卫·赖克所说:"在 2009 年之前,这些遗传学证据都属于无心插柳的产物,在主流考古学中始终处于从属的地位;然而 2009 年以后,全基因组开始大显身手,破天荒地对考古学、历史学、人类学,甚至语言学中某些习以为常的观点提出了挑战,而且还开始解决这些不同领域之间的矛盾之处。"

现在,让我们运用遗传学与考古学的证据对现代人类全球扩散的图景作一概括。

1. 走出非洲的必经之地

(1)北方路线

智人从非洲到欧亚大陆有两条路线,一条是北方路线,一条是南方路线。所谓北方路线,就是由东非沿尼罗河两岸北上到埃及,再穿过地中海东岸到安纳托利亚半岛(小亚细亚)和高加索以南地区,由此向西到欧洲、向东经伊朗进入中亚地区。

考古学和遗传学的证据都显示,智人曾多次通过这条路线进入欧亚大陆,上演了一幕幕波澜壮阔的不断分化、扩散、迁徙和融合的戏剧。

考古学和遗传学研究显示,智人第一次走出非洲的时间约在 15 万年前—10 万年前之间,地中海东岸黎凡特地区的卡夫扎和斯虎尔遗址中均留下了他们的化石。智人在这里遇见了尼安德特人,他们在此地共同生活了很短的时间,有过互相交融和冲突。由于尼安德特人的身体强壮,智人敌不过,逐渐就在此消失了,可能是灭绝了,也可能是向阿拉伯半岛转移了。

等到 5 万年前之后,晚期智人,也就是现代人类再次走出非洲,向欧亚大陆扩散。这次情况就与上次大不相同了,现代人类进化出的认知能力和创造能力的优势,不但使尼安德特人与他们相比相形见绌,逐渐灭亡,而且能够帮助他们克服各种自然障碍,适应各种环境,向更远的地方进发,创造伟大创举。

科学家对现代人类与尼安德特人的这次相遇做过认真研究,认为此时期这两个族群共处了3000~5000年,在此期间,尼安德特人走向灭绝。为什么尼安德特人在这样短的时间内就灭绝了呢?这成为科学家研究和讨论的焦点。有的说是现代人的人口数量占压倒性的优势,尼安德特人被消灭是吃了人少的亏;有的说尼安德特人的3个免疫基因在此期间发生了突变,其中一个基因突变会引起怀孕女性的免疫应答抗原,而这会导致她们对具有这些基因突变的男性胎儿产生排斥反应而流产。因此,即使男性尼安德特人和女性现代人在长期共处期间不止一次通婚,但依然无法生育足够多健康的男性婴儿,由此加速了尼安德特人的灭亡。这种说法尚有待进一步验证,但不管怎样,现代人终于在欧亚大陆上站稳了脚跟。

(2)南方路线假说

所谓南方路线,就是沿海岸线前进的路线,指的是现代人类沿东非海岸线绕过索马里半岛,跨过亚丁湾与红海之间的曼德海峡到达阿拉伯半岛的南端,再跨过阿曼湾与波斯湾之间的霍尔木兹海峡到达印度半岛、东南亚,最后到达澳大利亚。

这条路线的提出是基于1974年考古学家在澳大利亚东南部新南威尔士州的芒戈湖地区发现的一个被命名为"芒戈湖3号"的男性人类化石。经放射性测定,芒戈湖3号生活的时期为4.8万年前,而埋藏他的土壤下方的沉积地层中发现了人工制品,经推断有6万年的历史。这是在非洲以外发现的最早有现代人生活的地方。但问题是,澳大利亚由于板块构造运动,很早就脱离了冈瓦纳古陆而成为"孤岛",其生物进化走上了另一条路线,如有袋类哺乳动物,岛上至今没有灵长类动物,这里的化石人类不可能是独立进化出的,只能来自非洲。那么,现代人类是如何来到澳大利亚的,他们是经过东南亚来的吗?

为了揭开这个谜底,科学家只能进行艰苦的探索。

要解决这个问题还得从非洲开始。在位于非洲东部的厄立特里亚,科学家发现了约12.5万年前的主要由蛤和牡蛎壳组成的大垃圾场,其中混杂着人类制造的石器,表明人类曾在这里以海洋资源为生。考古发掘中,发现了在同一时期非洲东海岸在相距上千千米的沿海地带上有古老的狩猎采集族群之间相互往来的证据。这些族群使用的石制工具也大致类似,这说明当时原始人有能力沿着非洲东部海岸线进行比较快速的长途迁徙。

遗传学研究证明,在线粒体 DNA 和 Y 染色体图谱上,有一个人群曾沿海岸线迁徙,并最终走向澳大利亚。这个线粒体谱系分布情况显示出早期的现代人在那次迁徙中经过亚洲南部海岸,一部分止于东南亚,而另一部分则最终到达了澳大利亚。在西亚和欧洲都没有发现这个谱系的足迹,但是其在印度的线粒体类型中却超过了 20%,在澳大利亚土著中更是接近100%。与这个线粒体 DNA 谱系相对应的男性 Y 谱系也表现出了相同的态势,其年代为 6 万年前—5 万年前。

此外,从身体形态上,我们也可以看出澳大利亚土著和非洲人的直接关系。澳大利亚土著黝黑的肤色会令人很自然地联想到非洲人,在东南亚也有一些外表与非洲人极其相似的人群,他们被称为尼格利陀人,特别是小安达曼岛上的居民。小安达曼岛在印度的版图上,但距泰国西海岸最近只有 40 千米。生活在岛上的最大的部落是奥根和加拉瓦部落,他们与非洲的布希曼人和俾格米人有许多共同特点,个子矮、黑皮肤、浓密的卷发和内眦赘皮。而其他地方的尼格利陀部落,如马来西亚的塞芒人和菲律宾的安第人,因为已经与蒙古利亚人充分融合,在外表上更"亚洲化"。而小安达曼岛上的很可能是因为生活在相对孤立的岛上,所以没有像在陆地上生活的同伴那样被同化,因此他们在人类学上被称为是东南亚活着的历史遗迹或活化石,许多人类学家都认同这个观点。

2015 年,《科学》期刊报道,首个澳大利亚土著基因组测序完成,证明其为约 5 万年前首批走出非洲的智人的直系后裔。

在研究南方路线时,有两个重大事实必须充分考虑。

第一个重大事实是 7.4 万年前在苏门答腊岛上爆发的超级火山产生了 2800 立方千米的火山灰,这是人类历史上记录在案的强度指数最大的一次火山喷发。其释放的能量、火山灰和各种气体扰乱了全球气候,造成东南亚、南亚地区古人类和大型哺乳动物的灭亡。这就回答了一些人提出的印度尼西亚爪哇人、霍比特人(佛罗勒斯人)曾经繁衍的地方距澳大利亚近得多,为什么他们没有扩散到澳大利亚这一问题。

第二个重大事实是在末次冰期期间,全球气候冷暖变化,造成海水反复结冰和融化,在过去的 10 万年里,海平面始终在波动,如 5 万年前,海水大量被冻结在北半球的北极大冰原,海平面比现在低大约100米。这种波动变化引起海岸线的伸缩,在海岸平坦的地方,其伸缩面可达100~200千米,比如在阿拉伯半岛的沿海地区,大陆架露出海面,波斯湾、泰国海湾出现了富饶的三角洲,澳大利亚与新几内亚连在一起成为撒胡尔大陆,这些都为人类和动物的迁徙提供了有利条件。

但是,近年来的古DNA测序数据研究却使现代人走出非洲的南方路线假说遭到了质疑。其主要依据是,在澳大利亚原住民的身上有3%~6%的丹尼索瓦人血统,现代人与丹尼索瓦人的混血发生在4.9万年前—4.4万年前的中亚地区。这次混血之后,现代人才向东亚和澳大利亚迁徙。

古DNA研究还显示,现代人在中亚地区与古老型人类曾发生过多次混血,先是与尼安德特人发生混血,时间在5.4万年前—4.9万年前之间。之后,又与丹尼索瓦人发生混血。这两次混血发生的时间间隔仅为5000年。第一次混血后,现代人向欧亚大陆西部和东亚地区扩散;第二次混血后,只向东亚、南亚和澳大利亚扩散。在这样短的时间内,现代人能迅速开展如此大规模的扩散和迁徙,并取得最后的胜利,充分反映了其创造力和适应性。

以上论述对于现代人在4.7万年前从东亚、南亚进入澳大利亚是个充分的证据,但对于现代人在5万年前或更早从海岸线走出非洲越过阿拉伯半岛和印度半岛的假说也不能完全否定。要彻底厘清这个问题,还有待这些地区以后更多的考古发现和古DNA测序研究提供更充足的证据。

(3)阿拉伯半岛的角色

为了搞清阿拉伯半岛在人类进化和迁徙中的作用和情况,近年欧洲研究委员会与阿拉伯王室资助了一个考察项目。该项目由12个研究机构和来自全世界的近50位研究人员组成,他们共同研究阿拉伯半岛在人类走出非洲历史中到底扮演了什么角色。

据考察显示,过去几十万年间,阿拉伯半岛的气候曾发生过多次变化,最显著的湿润与温暖期气候出现在12.5万年前,而季风移动减弱出现在8万年前—5.5万年前之间。当温暖湿润的气候出现时,当地一片绿洲。

其时,在整个阿拉伯半岛上有成千上万的布满了芦苇和软体动物巢穴的湖泊、河流,河流两岸生长着草丛和棕榈植物,其生态环境有点类似于现在东非的热带草原。科学家已经确定了3300个古老湖泊和湿地遗迹。古老的动物骨骼化石的发现,为人们提供了过去50万年间的信息。那时,阿拉伯半岛足够潮湿,吸引了非洲和亚洲动物群的到来。

研究团队使用卫星数据绘制了阿拉伯半岛的古湖泊和河流体系,然后穿越了这里的广阔地区去证实他们的发现。他们发现在过去的几十万年里,这里存在着1000多个时不时被水充满的古老湖泊,附近伴随着数百个布满人工制品的地点。在过去的三年里,研究人员分析了少量地点的年代,其中最早的出现在21.1万年前—12.5万年前,但至今尚未发现会制作工具的人类的遗骨。这揭示出,阿拉伯半岛的古老居民可能是现代人或已经灭绝的人类亲属。

以上情景使古人类学家猜测:12.5万年前,第一次走出非洲的智人从西奈半岛到达黎凡特。他们与尼安德特人相遇后,不知去向。现在看来,当时阿拉伯半岛的生态环境的确是一个吸引人的因素。因而,智人可能沿着熟悉的植被带,穿越点缀着湖泊和纵横交错河流的热带草原,由此最终进入印度次大陆。之后的智人可能经历了7.4万年前的苏门答腊岛多巴超级火山爆发而灭绝。

第二次智人走出非洲选择了南部沿海岸线的路线。现在亚丁湾与红海之间的南部通道曼德海峡有30千米宽,在6万年前的冰期,海平面下降,曼德海峡成了陆地,由此可进入阿拉伯半岛南部海岸。

第三次智人(晚期智人,即现代人)走出非洲是5万年前的大规模迁徙。这次与第一次一样,他们从北部西奈半岛到黎凡特,从南边曼德海峡到阿拉伯半岛。很可能还艰难地穿过了巴哈曼达布到达了阿拉伯半岛南部,因为这里的山区环境相对湿润、潮湿,海风滋养着这里的山水,像非洲的草原一样,是个适合狩猎的地方。他们也可能向东越过当时还是阿拉伯三角洲的波斯湾,由此向北经伊朗高原到达中亚。

如此说来,智人三次走出非洲都穿过了阿拉伯半岛,这说明阿拉伯半岛是通向欧亚大陆的桥梁或中转站,在人类历史发展中扮演着重要角色。

智人走出非洲的路线如图6-3所示。

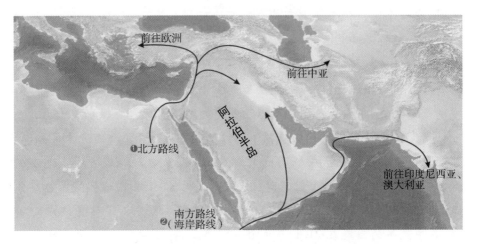

图 6-3　智人走出非洲,向欧亚大陆迁徙路线图

2.欧洲人的祖先

对欧洲远古史的研究,无论是考古学、人类学、语言学还是遗传学,都是比较充分的。

长期以来,西方科学家一直在寻找当代欧洲人的祖先。传统的理论认为,欧洲人的祖先是来自 4.5 万年前非洲的现代人类狩猎采集族群和土耳其安纳托利亚半岛在 9000 年前向欧洲扩散的早期农民。然而,2010 年以来的古 DNA 研究却彻底改变了这种看法。

此项研究的结论认为,欧洲人的祖先来源可以分为两个阶段:第一阶段,从现代人进入欧洲的 4.5 万年前到末次冰期结束的 1.4 万年前为欧洲人的远祖时期;第二阶段,1.4 万年前到 5000 年前,为欧洲人直系祖先或近祖时期。

(1)欧洲人的远祖

在持续了 3 万多年时间的远祖时期,欧洲经历了五大事件,这个历史真相是被一位年轻的中国女科学家付巧妹揭示出来的。付巧妹在哈佛大学医学院的大卫·赖克教授指导下做博士后研究时就选择了这个课题。

2016 年,大卫·赖克的古 DNA 实验室收集了 51 个古老的现代人的全基因组数据。他们大多数来自欧洲,生活在 4.5 万年前—7000 年前。这些样本的时间跨度涵盖了整个末次盛冰期,也就是 2.5 万年前—1.9 万年前。在这个时间段里,冰川覆盖了欧洲北部和中部地区,所有狩猎采集者都跑到了欧洲南部避难。不过据古 DNA 数据显示,在漫漫冰期,人类的活动依旧丰富多彩,各种人群的转变、替代、迁徙、融合依次精彩上演。

为了弄清现代人类在这个时期的欧洲舞台演出了哪些剧目,付巧妹没有采用把古代个体与当代个体进行比较的传统方法,而是在这些古代个体之间进行比较。她先把样本划分为 4 个聚类,每个聚类里都包含着很多考古学上确定的日期和遗传学上比较相似的样本。然后只要分析聚类之间的关系,就能像庖丁解牛一样把欧洲的现代人在最初的 3.5 万年里发生的故事分解成五个关键事件,也就是将欧洲人类远祖的五个重大剧目推理出来了。

事件一,现代人向欧洲扩张。

证据来自两个最古老的样本,一个是西伯利亚西部河岸上被冲出来的距今约 4.5 万年的腿骨,另一个是罗马尼亚的一个岩洞中发现的距今约 4 万年的下颌骨,它们是现代人走出非洲的先驱留下的。大约 3.9 万年前,位于意大利那不勒斯附近的超级火山爆发,据估计这次爆发在欧洲落下了 300 立方千米的火山灰,在这层火山灰之上,没有发现任何人类遗骸和遗物。这表明,由于火山爆发导致的气候突然改变,引发了多年的严寒,把当时生活在欧洲大陆的尼安德特人和现代人的先驱们推向了灭绝。

事件二,欧洲东部狩猎采集者支系的扩张。

付巧妹的四群体检测结果表明,一个从欧洲东部(在今俄罗斯境内)发现的距今约 3.7 万年的个体和一个从欧洲西部(在今比利时境内)发现的距今约 3.5 万年的个体,都属于对后来所有欧洲人做出了遗传贡献的人群。研究还证实,在整个 3.7 万年前—1.4 万年前这段时期内,几乎所有的欧洲人都源自一个单一的共同祖先人群,而这个祖先人群从未与欧洲以外的人群发生过混血。考古学家也证实,在那不勒斯附近的火山爆发后,一种现代人类文化,即奥瑞纳文化开始在欧洲蔓延。

事件三,创造了格拉维特文化的人群的到来。

这一人群在 3.3 万年前—2.2 万年前占据了欧洲的大部分地区,并留下了撩人的女性雕像、乐器和洞穴艺术。与奥瑞纳文化时期比较,这一时期的人们更加在意对死者的埋葬。从现在的比利时、法国、意大利、德国和捷克境内,科学家都可以获得格拉维特时期的个体样本并从中提取 DNA。研究指出,这一人群中的大部分血统都来自欧洲东部偏远地区 3.7 万年前狩猎采集者的亚支系,而且这个支系人群后来向西扩张,取代了跟奥瑞纳文化相关的人群。因此,格拉维特文化的兴起所引发的人工制品风格的改变,是由新人群的扩张所驱动的。

事件四,马格德林文化相关人群的发现。

该信息是由一具来自西班牙的有着 1.9 万年历史的骸骨传递出的,其为发现最早的与马格德林文化相关人群的个体。这个人群在 1.9 万年前之后的 5000 年里离开了他们温暖的避难所,向东北迁徙,到达了今天的法国、德国及中欧其他地区。考古文化和遗传学的发现再一次吻合。两者的数据都说明,进入中欧的这些人并不是原先住在那里的格拉维特人的直接后代。

事件五,1.4 万年前,全新血统涌入欧洲。

1.4 万年前,末次冰期结束,地球又经历了一次回暖期。在欧洲,那道曾延伸到地中海靠近法国尼斯地区的阿尔卑斯冰川墙,在挺立了近 1 万年后终于融化了,将欧洲西部与东部隔开的障碍由此消失。欧洲东南部,巴尔干半岛上的动植物大量涌入西南部。付巧妹的四群体检测结果说明,人类也于此时进入了欧洲西南部。1.4 万年前以后,一群狩猎采集者得以扫荡欧洲大陆,他们的血统与之前代表马格德林文化的那拨人截然不同。而且他们所创造的文化在很大程度上取代了之前的马格德林文化。在 3.9 万年前—1.4 万年前的这段时间里,所有活在欧洲的人,都可能源自一个共同祖先人群,这个祖先人群在更早以前就已经与当代西亚人的祖先支系分离了。而到了 1.4 万年前以后,西欧的狩猎采集者们和当代西亚人的血缘关系又一下子亲近了很多,这证明,在这个时期内,西亚地区与欧洲之间一定又发生了新的人类大迁徙事件。

(2)欧洲人的直系祖先

近年来,遗传学家从欧洲各地及西亚、中亚等地区采集到的人类古 DNA 及当代人的全基因组测序的海量数据中,研究得出欧洲人的祖先是由三拨不同文化背景的人群大规模迁徙、相互混血组成的。这个结论与以往考古学和语言学研究提供的认识高度吻合。遗传学的这个结论还解决了长期以来困扰考古学家和语言学家的疑难问题,如绳纹器文化、钟杯文化和草原颜那亚文化三者有什么关系,以及印欧语言体系是如何起源的等。组成现代欧洲人祖先的这三拨人群分别是:

第一拨,1.4 万年前的狩猎采集人群,他们从欧洲东部向北扫荡了整个欧洲大陆,取代了当地的人群。

正如前面所讲的,在 3.7 万年前—1.4 万年前的这段时间里,在欧洲大地上先后散居着不同的人群。他们可能源自一个共同的祖先人群,这个祖先人群在更早以前就已经与当代西亚人的祖先支系分离了。到了 1.4 万年前以后,由于气候回暖,从欧洲东南部靠近西亚地区的狩猎采集者得以扫荡欧洲大陆,几乎取代了当地的原有人群。此时占据欧洲的狩猎采集者和当代西亚人的血缘关系又一下子亲近了很多。这证明,在这个时期内,西亚地区和欧洲之间一定又发生了一次人类大迁徙事件。

第二拨,安纳托利亚半岛早期农民的扩张。

西亚地区的新月沃地是末次冰期结束后最先出现农业萌芽的地区。1.2 万年前以后,地中海东岸的约旦、以色列、黎巴嫩与北部的安纳托利亚半岛和伊朗的狩猎采集者就开始驯化野生大麦、小麦、黑麦、豌豆等植物和牛、羊、猪等动物,成为第一批农民。大约 9000 年前,安纳托利亚的农民开始沿地中海北岸向西扩散到了希腊;7200 年前时,农业已扩散到亚平宁半岛和伊比利亚半岛,向北则沿多瑙河到了德国;5300 年前—4800 年前,农业已经扩散到波罗的海沿岸,农业文化也取代了当地狩猎采集者的漏斗颈陶文化;5000 年前,农业进一步扩散到英伦三岛。

第三拨,颜那亚游牧民向欧洲的大规模扩张与对原住民的替代。

颜那亚人是兴起于乌克兰草原上的游牧民族。他们的血统来自 7000 年前—5000 年前的伊朗和亚美尼亚,是由早先在这里的草原及其外围地区生活的农牧民所形成的。到了 5000 年前,颜那亚人将草原西部的牧民发明的车轮和草原东部中亚地区的游牧民驯化马的先进技术结合起来,发明了马车。马车对草原居民来说是开创性的技术发明,因为它开启了一种全新的经济和文化形态。只要把牲畜拴在马车上,颜那亚人就可以带着各种辎重和牲畜在草原上游荡。这一划时代的发明使许多以前的禁地,现在也可以长驱直入了。马在中亚地区刚被驯化不久,就开始在颜那亚人那里大显身手了,一个骑着马的人所能管理的牛、羊群规模,比起一个步行的人不知大了多少倍。于是,颜那亚人的生产和生活突飞猛进,如横空出世一般,向草原四周扩张。据考古资料显示,颜那亚人所到之处,原来的永久定居点几乎全部覆没。颜那亚人留下的遗址几乎全是坟墓,也就是考古学称之为"库尔干坟头"的大土丘。有时候,随人一起下葬的还有马匹和马车,这再次突显了马在颜那亚人生活中的特殊地位。马和马车这两样东西如此深刻地改变了颜那亚人的生活方式,以至于在他们的生活里,村落已经消失了,人们在"房车"里过着流动、漂泊的生活。

大约5000年前,也就是颜那亚人的草原血统尚未进入中欧的前夕,这一地区人们的血统基本上有两个来源,大部分是9000年前进入欧洲的安纳托利亚的早期农民,少部分是欧洲本地的狩猎采集者,两者曾发生过混血。但是5000年前之后,当地人群的遗传信息和文化传统则迅速发生了改变。考古资料显示,从4900年前开始,颜那亚人创造的一种绳纹(即在陶罐的软黏土表面上用细绳压印出来的装饰性花纹)器文化的工艺特征开始广泛传播,从瑞士到俄罗斯西部都有它的存在。古DNA数据则表明,在绳纹器文化之初,与当代欧洲人血统相似的个体在欧洲开始出现了。在德国发现的与属于绳纹器文化的陶器埋在一起的个体,有3/4的血统来自颜那亚人,剩下的部分来自先前居住在这里的农民。研究同时还发现,自此以后,草原血统就一直留在了中欧到北欧的所有后续的考古文化中,直到现在。

古DNA不但告诉人们颜那亚人和绳纹器文化之间的遗传学关联,证明了历史上的人群流动,还直截了当地告诉我们,在4500年前,在欧洲的确发生过大规模的人群替代事件。

在西欧,包括英伦诸岛,我们却看到了另一种景象——钟杯文化的传播。起初只是单纯的文化传播(即思想和艺术风格的扩散),后来随着颜那亚人从东向西的入侵,钟杯文化的传播也显示了人群活动的结果。钟杯文化,得名于欧洲西部广大地区盛行的钟形杯状器皿,与之一同传播的还有装饰性的纽扣、弓箭手使用的护腕等。它们的起源地大概是今天的伊比利亚地区。大约4700年前开始,钟杯文化开始迅速扩张,4500年前以后,扩张到了英国。

关于钟杯文化的扩张,一直有一个悬而未决的问题,那就是这种扩张到底是由人类迁徙驱动的,还是思想传播导致的。这个难题最终还是由古DNA研究解决了。

2017年,哈佛大学大卫·赖克的古DNA实验室从200多个骨骼上收集到了全基因组古DNA数据,这些个体都与欧洲各地的钟杯文化有关。研究人员通过数据分析发现,从遗传学角度来看,来自伊比利亚的个体,很难与那些原先就居住在当地、以钟杯文化风格下葬的先民区分开。但是在中欧地区,与钟杯文化有关的个体就大不一样了,他们的大部分血统都来自草原,也有极少部分来自伊比利亚地区与钟杯文化有关的个体身上。这说明,在钟杯文化传播的初期,主要推动力是思想交流,而不是人群的迁徙。

然而,当一组钟杯文化借由思想传播到中欧以后,人群的迁徙就开始发挥越来越大的作用。研究人员分析了几十个钟杯文化抵达英国之前的样本,没有一例可以找到草原血统,但是在4500年前以后的每一例古代英国人的样本中,都发现了大量的草原血统,而且他们与伊比利亚人没有任何亲缘关系。

钟杯文化像宗教一样,能把不同背景的人集结在新的思想观念下,像熔炉一样,促进了草原血统及相关文化在欧洲中部和西部的融合与传播。在一个匈牙利的钟杯文化遗址中,研究人员发现了直接的证据。在所有埋葬于此具有钟杯文化特征的个体身上,草原血统所占比例从0~75%的情况都能找到,而75%这一比例和与绳纹器文化相关的个体差不多。看起来,这种文化对各种不同血统的人都是开放、包容的。

在考古学家眼里,钟杯文化、绳纹器文化、颜那亚文化三者风马牛不相及,彼此相隔数百千米,差异很大的文化怎么会扯在一起呢?简直是不可想象的事。但从遗传学的数据分析,这三者都涉及草原血统从东向西的人群大规模扩张。遗传学揭示了颜那亚文化、绳纹器文化、钟杯文化与人群迁徙有关,有一些还取代了之前的文化。这些都证明,人类迁徙对文化形式有着深远的影响。古DNA在研究人类历史上的作用与威力才刚开始显现。

图6-4—图6-6展示了现代人在欧洲迁徙和扩张的路线及今天欧洲人祖先群体的形成与农业在欧洲大陆的传播。

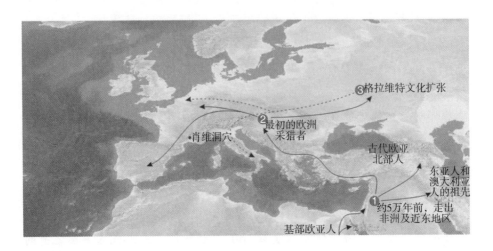

图6-4　现代人在欧洲的迁徙路线(1)

　　5万年前现代人走出非洲,经地中海东岸和土耳其进入欧洲及3.3万年前—2.2万年前格拉维特文化的扩张(虚线)。

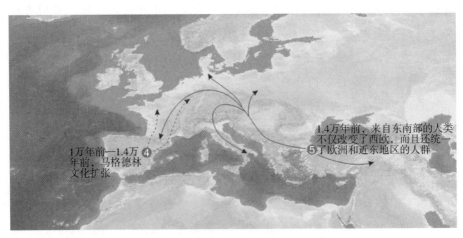

图6-5　现代人在欧洲的迁徙路线(2)

　　玛德格林文化的扩张(虚线)及来自东南部的人类对欧洲和近东地区的统一。

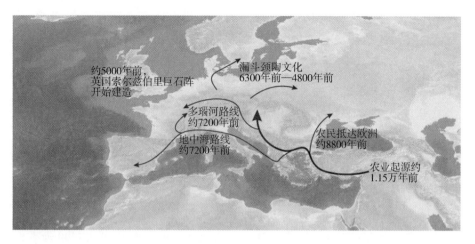

图6-6 农业在欧洲大陆的传播

3.融合与碰撞

（1）中亚——人类融合之地

中亚地区是位于里海以东,帕米尔高原以西,伊朗高原以北,西伯利亚以南的广大地区。中亚地区是欧亚大陆东西南北的交通枢纽,也是人类历史上古老型人类与现代人类彼此融合、分化并向四周扩散的地方。

①横空出世——丹尼索瓦人

2008年,俄罗斯科学院的考古学家在南西伯利亚阿尔泰山的一个山洞中发现了一块人的手指骨化石,此前这里就曾发现过尼安德特人和现代人的化石,尼安德特人在这里生活的年代大约为12万年前—3万年前。而此次发现的手指骨化石的地层年代为4.8万年前—3万年前。考古学家无法从这块小手指骨确定该化石的个体是尼安德特人还是现代人。于是,他们就把这块骨头送到了帕博那里进行古DNA鉴定。

帕博团队从中成功提取出了线粒体DNA,结果发现这个DNA序列的类型跟万余名生活在当代的现代人及7个尼安德特人的DNA序列都不相同,现代人和尼安德特人的线粒体DNA上大约有200个突变差异,而这根指骨的线粒体DNA上居然有400个差异,后者居然是前者的2倍。在对这根手指进行全基因组测序后发现的信息更让人惊奇,该指骨所代表的人群与尼安德特人更亲近,且远远超过了他们两者中任何一个与现代人之间的关系。这就跟线粒体 DNA 上的发现有了很大差别。研究最终得出,尼安德特人与这根指骨所属个体的祖先人群分离的时间在 47 万年前—38 万年前之间,而这两种古人类的共同祖先人群与现代人分离的时间则在 77 万年前—55 万年前之间。

古 DNA 研究确认这根指骨代表的人群是一种独立的古老型人类,因发现地为丹尼索瓦山洞,故这种人类被命名为丹尼索瓦人。通过一根小小的手指骨发现了一个新的古人类,丹尼索瓦人由此"横空出世"。

2019 年,兰州大学陈发虎教授与德国马普学会进化人类学研究所组成的团队,对发现于青藏高原东北部甘肃夏河县白石崖溶洞的人类颌骨进行了研究。该颌骨为 40 年前一位僧人在此发现的。科研团队利用古蛋白分析方法,对比检测了这块有 16 万年历史的人类下颌骨化石,结果显示它也属于丹尼索瓦人。

这块化石是目前已知的青藏高原最古老的人类化石,也是青藏高原最早的人类活动证据。它不仅将青藏高原人类活动的历史上限从 4 万年前上推到 16 万年前,还进一步为揭示藏族人和夏尔巴人的高海拔环境适应基因的来源提供了新线索。

研究人员还对化石发现地及其周围地区进行了近 10 年的系统考古调查,发现了大批可能与该化石人类共存的文化遗存,为深入研究丹尼索瓦人的文化内涵、行为特征和高海拔环境适应策略等提供了关键信息。

2018 年,张东菊带领团队对白石崖溶洞遗址进行了首次考古发掘,并邀请国内外多个研究团队进行多学科综合研究。他们发现,白石崖溶洞遗址保存有大量且多样的中更新世至晚更新世古人类活动遗存,包括连续的旧石器文化层和丰富的旧石器考古遗存,以及大量的石制品和骨骼遗存等。

科研人员在对洞穴沉积物进行了同位素与光释光测年分析后,最终确定遗址的同位素年龄约为 3~19 万年。

付巧妹等人运用一种新的古 DNA 分析技术——沉积物 DNA 技术,试图在其中寻找可能存在的古人类痕迹。他们通过实验,尝试捕获钓取了 242 个哺乳动物与人类的线粒体 DNA。分析显示,沉积物中的动物古 DNA 与遗址发现的动物骨骼一致。他们还成功获得了古人类的线粒体 DNA,进一步分析显示为丹尼索瓦人 DNA。

综合地层测年结果,他们发现丹尼索瓦人 DNA 主要出现于 10 万年前—6 万年前之间,可能最晚至 4.5 万年前,这说明丹尼索瓦人在晚更新世就开始长期生活在该洞穴了。

②马尔塔男孩带来的惊喜

2009 年,丹麦哥本哈根大学古遗传学团队到俄罗斯圣彼得堡冬宫博物馆参观,他们被安排采集来自马尔塔(Malta)的小男孩遗骨的 DNA 样本。这具小男孩的遗骨是于 20 世纪 20 年代,俄罗斯考古学家在西伯利亚别拉亚河附近的一个叫马尔塔的村庄发现的。埋葬该男孩的人在墓穴周围装饰了燧石工具、挂件、串珠项链和少量的赭石。考古学家将这具小男孩的遗骨与器物保存在了冬宫博物馆。

哥本哈根大学遗传学家及其合作者美国得克萨斯农工大学的遗传学家一起采用了一系列新技术和统计学方法,对小男孩的线粒体 DNA 和核 DNA 进行测序分析,并与当代人的基因组进行比较研究。他们发现,小男孩基因组的一部分也存在于今天美洲土著人中,并且未在其他族群中发现过。

这显示了他们之间的密切关系,男孩的 Y 染色体属于一个名叫"Y 单倍群 R"的基因组,他的线粒体 DNA 属于一个名叫"单倍群 U"的基因群。现今,这种单倍群仅存在于生活在欧洲和阿尔泰山脉以西的亚洲地区的人中,这些地区靠近俄罗斯、中国和蒙古国的边界。这反映了马尔塔男孩所在的族群蕴含着人类迁徙的重大信息。这给科学家带来了新的惊喜。

马尔塔男孩基因组使我们感到惊喜,它解答了科学界多年来的未解之谜。现在科学家可以从中梳理出发生在数万年前的人类迁徙和混血事件的脉络。过去,科学家只能从当代人类基因研究的数据中费力地辨认各种蛛丝马迹,而现在终于可以揭开历史谜团了。

对马尔塔男孩基因组的分析,清楚地表明,美洲原住民从古代欧亚北部人身上继承了 1/3 的血统,而其余 2/3 则是从东亚人那里继承来的。这次人类融合也解释了美洲原住民为什么有欧洲人的血统(见后面"冒险新大陆")。

③融合与分散

现在我们知道,中亚地区在 5 万年前—2 万年前之间,曾经居住着许多不同人群。就目前已经发现的证据,可知至少有 4 个族群,即两个古老型人类——尼安德特人、丹尼索瓦人,一个现代人和一个古代欧亚北部人群,即马尔塔男孩所属的人群。他们或先或后来到中亚地区,彼此独立,但又相互交融、混血,之后又分离,向不同方向和地区迁徙扩散。当代人基因组和古 DNA 揭示了这种融合分散的历史。

混血,也就是古老型人类与现代人类发生性接触而生下后代的可能性存在吗?长期以来,科学界的正统观点都认为尼安德特人和现代人从未发生过混血,这种观点一直占据着主导地位。就连帕博与赖克这样的古 DNA 研究领域的领军人物也是"非洲起源说"的忠实拥护者,认为现代人走出非洲后与尼安德特人不曾发生混血。

2006 年—2010 年,帕博实验室对古 DNA 研究进行了多项技术改革,测序能力获得大幅提升,测序成本降低至万分之一,终于可以进行古 DNA 全测序了。2010 年,帕博和他的团队成功地测序了一个未受污染的尼安德特人全基因组。测序所用样本是来自克罗地亚的有近 4 万年历史的上肢和下肢骨骼。他们把这个尼安德特人的全基因组片段与当代人群体的基因组进行比较后,发现尼安德特人与欧洲人、东亚人和新几内亚人的血缘亲近程度都差不多,而与所有撒哈拉沙漠以南的非洲人的血缘较远。

为了弄清造成这种现象的真实原因,帕博实验室经过几年的实验、测序和分析研究,终于在 2013 年西伯利亚出土的一段距今至少 5 万年的足趾骨上提取出了高质量的尼安德特人基因组序列。在这个基因组序列上,可以收集到比克罗地亚尼安德特人多将近 40 倍的数据。研究人员发现,西伯利亚尼安德特人在过去的 50 万年内,与如今撒哈拉以南的非洲人之间找不到任何共同祖先;然而,与非洲以外人群之间则能找到在过去 10 万年以内的共同祖先。这个年代恰好与尼安德特人在欧亚大陆西部生活的时间相吻合,这就证明了混血的确发生在尼安德特人身上,而不是在他们远亲之类的群体中。

进一步研究证实,尼安德特人与现代人类发生混血的时间在 5.4 万年前—4.9 万年前之间,而测序的丹尼索瓦人与现代人的混血时间则发生在 4.9 万年前—4.4 万年前之间。就是说,在中亚地区,两种古老型人类都与现代人发生过混血,所不同的是现代人与尼安德特人的混血后代遍布欧亚大陆,他们平均携带2%的尼安德特人的血统,而与丹尼索瓦人混血的后代则只分布在东亚、东北亚和东南亚,包括新几内亚。新几内亚人血统中大约有3% ~6%来自丹尼索瓦人,这比来自尼安德特人的平均2%的比例要高。所以,在新几内亚人的血统中,总计有5% ~8%来自古老型人类血统。这是已知最大的古老型人类对现代人群的贡献。

人类不同种群在中亚地区融合和扩散的路线如图6-7所示。

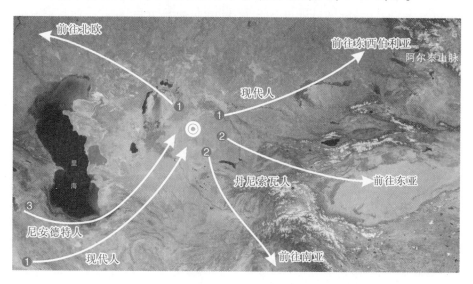

图6-7 人类不同种群在中亚地区的融合与迁徙路线

(2)南亚——人类碰撞之地

①印度河文明的衰落

20世纪20、30年代,考古学家在印度河流域进行考古发掘,发现了古代文明的许多遗址,坐落于哈拉帕、摩亨佐·达罗、旁遮普和信德等地。4500年前—3800年前,大大小小的城市、集镇和村庄分布在印度河流域,即当今的巴基斯坦和印度的部分地区,其中有些遗址内曾生活着数以万计的人。

这是一种高度发达的城市文明,考古学家将其称为古代印度的哈拉帕文明。哈拉帕文明的城市都建有用整齐规范的砖石砌成的城墙,城内的街道都是网格状分布,整齐划一。凭借周围河流平原上的农业,城市内的粮食储备非常充足,而且住满了各类熟谙黏土、黄金、贝壳和木材等加工工艺的工匠。同时,在遗址中发现的各种石制的度量器具表明,印度河流域文明的商业和贸易活动很发达。其交易伙伴来自遥远的阿富汗、阿拉伯、美索不达米亚,甚至埃及。他们还制作了带有装饰品的印章,印章上刻有人类和动物的图案。时至今日,这些印章上有的图案、标志和符号的含义仍未被解读出来。

哈拉帕文明的未解之谜还有很多,从发掘工作开始,各种神秘的发现就层出不穷,其中最大的疑团还是印度河流域文明是缘何衰落的。在大约3800年前,印度河两岸的定居点开始减少,人们聚集的中心也从东部开始向恒河平原转移。不久,整个哈拉帕文明就消亡了。到底是什么原因造成了印度河流域文明的衰落和消亡,科学家们对此进行了大量探索和研究,但至今尚未得到一致的认识。

②人群交融之地

印度次大陆是世界上主要产粮区之一,它养活了当今世界上1/4的人口。而且,自从约5万年前现代人在欧亚大陆扩散以来,这块次大陆就一直是世界上最大的人口聚集地之一。然而,印度并不是农业的起源地。当代的印度农业是欧亚大陆上西亚(新月沃地)和东亚(中国的黄河、长江流域)两大农业起源地向外扩散、交融的结果。根据考古证据,大约在9000年前,西亚地区的冬雨型作物小麦和大麦,就已经进入了印度河流域。大概于5000年前,在如今巴基斯坦的古梅赫尔格尔地区,当地的农民们经过长期培育,终于使这些农作物适应了季雨型气候模式,并将其传播到印度半岛。差不多同一时间,来自中国的季雨型作物水稻也抵达了印度半岛。印度成为西亚农业和中国农业第一次交汇的地方。

语言方面,印度的语言也是不同语系交汇融合的产物,印度北部的印欧语系与伊朗、欧洲的语言有关,印度南部的达罗毗荼语系是一种独立语系,与南亚以外的语言没有什么亲缘关系。在环绕印度北部的山区中,也存在着汉藏语系;而在印度的东部和中部,某些小部落的语言又属于南亚语系,与柬埔寨和越南的语言有关。有研究认为,这种语言的源头正是第一次把水稻种植技术引入南亚和东南亚部分地区的人群。从印度最早的古籍《梨俱吠陀》中可以看到一些非印欧语系的典型词汇,语言学家们将这些词汇识别出来后,发现它们是从古达罗毗荼语和古南亚语中假借过来的,这说明上述这些语言在印度至少共存了 3000～4000 年。

遗传学方面,早期对线粒体 DNA 和 Y 染色体方面的研究,通过研究母系血统的线粒体 DNA,发现大多数印度人的线粒体 DNA 是次大陆所特有的,而且据估计,这种线粒体 DNA 类型与南亚以外的主要线粒体 DNA 类型的共同祖先存在于数万年以前。这说明,从母系上看,印度人的祖先在这块土地上被隔离了很长时间,并没有与西方、东方、北方的邻近人群发生过混血。相比之下,从反映父系血统的 Y 染色体中则发现,这里相当一部分人跟欧亚西部人群,也就是欧洲人、中亚人和西亚人有着更亲密的血缘关系,这又说明混血是存在的。

全基因组测序及其研究结果揭示,当代印度人是由北部和南部两个不同血统的祖先人群混血而成的,即印度人全是混血儿。印度北部的祖先人群简称为 ANI,印度南部的祖先人群简称为 ASI,在需要突出其地理位置时,简称“北部 ANI”和“南部 ASI”。其混血比例随地区不同而变化,由西北向东南,“北部 ANI”的比例递减,而“南部 ASI”的比例递增。

研究发现,印度北部人与欧亚西部人(即欧洲、中亚、西亚人群)的血缘关系最近,而印度南部人即达罗毗荼语系人群则与当代东亚人有亲缘关系,只不过在几万年前已经相互分离。因此,南部 ASI 代表的是一个早期分化的支系,只对当代南亚人有血缘贡献,与居住在其他地方的人则没有多少关系。

然而,小安达曼岛上的人却与欧亚西部人毫无瓜葛。从血统上讲,小安达曼人的特征恰好与古代东亚人长期与世隔绝的后代相符合。而这些古代东亚人正是为南亚人群贡献了主要血统的另一个祖先人群。没想到人口仅有数百的小安达曼岛原住民,居然成了科学家了解印度人历史的关键。

为了搞清当代印度人的血统融合情况,遗传学家将印度人的三个祖先血统:即小安达曼岛人、古代伊朗农民和古代草原游牧民(颜那亚人)的血统建立了一个混合体数学模型。结果发现,几乎每个印度群体的血统都有来自三个人群的贡献。而且草原血统从北向南不止一次与印度当地人群融合。起先,北部 ANI 融合了 50% 的草原血统,也就是颜那亚人的远亲,以及 50% 的与伊朗农民相关的血统,这两支原先在第二次草原民族向外扩张的时候碰撞到了一起。南部 ASI 也是人群融合的产物,来源于中亚的一支是早先从伊朗出发向外扩张的农民,血统占比为 25%,或许他们就是将西亚农业传到南亚的那伙人;另一支是原先定居在本地的狩猎采集者,血统占比 75%。由于 ASI 血统与古达罗毗荼语系人群有高度相关性,或许南部 ASI 的形成过程,也就是古达罗毗荼语系的传播过程。

进一步研究显示,ANI 与 ASI 混血融合的时间发生在 4000 年前—2000 年前之间。而且,更发人深省的是,在某些当代印度人族群的历史中,所有 ANI 与 ASI 融合的时间都发生在 4000 年前—3000 年前之间。这说明,在 4000 年前后的这个时间段,印度的人口结构发生了重大变化。之前,两个人群互不来往,之后则是阵发式的、剧烈的混血事件,且影响到当前印度的每一个族群。

不同现代人群体在南亚地区的迁徙与融合情况如图 6-8 所示。

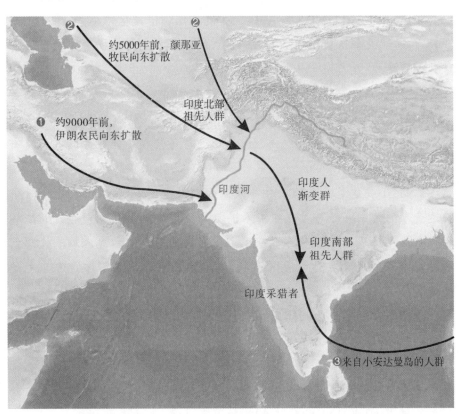

图 6-8 不同现代人群体在南亚地区的迁徙路线

通过以上研究，我们得出的结论是4000年前—3000年前，也就是印度河流域文明衰落的时候，以前"素昧平生"的人群之间迎来了深度的融合。今天，在印度，人们的语言不同，社会地位不同，相应的，北部ANI血统所占的比例也不同。而且，北部ANI血统主要源自男性，这种模式和以下的场景吻合得天衣无缝：4000年前，一群讲印欧语系语言的人逐渐掌控了这里的政治和社会权力，与本地人通婚，还建立了种姓制度和阶层社会。其中，来自统治阶层的男性在婚配和繁衍上，远比那些弱势群体要成功得多。这就是遗传学揭示的印度社会历史的真实面貌。

4. 向东亚跋涉

本书所说的东亚是包括中国、东北亚和东南亚等国家和地区在内的广大区域，是人类演化的重要舞台之一。它拥有超过世界人口总量1/3的人口和超过世界语言种类1/3的语种。中国有世界上最丰富的人类化石样品。但是正如前面所介绍的，中国智人演化时期的情况非常复杂，而古DNA的测序和研究程度又相对滞后，以致时至今日我们对中国人类的遗传结构和演化过程，以及中国现代人的起源与演化历史的认识，依然十分模糊，相关的观点与学说也莫衷一是，梳理不出头绪。

（1）两个未知人群

关于当今东亚人的第一个大规模基因组调查结果是2009年发表的，这个调查涵盖了来自大约75个群体的近2000人。其中的一个信息得到了研究人员的关注：东南亚的人类遗传多态性比东北亚的要更高一些。

2015年，现厦门大学人类学研究所所长王传超与哈佛大学大卫·赖克的古DNA实验室合作分析了一份珍贵数据：来自40个中国人群体的400个当代人个体的全基因组数据。研究人员把这些数据跟已发表的其他东亚国家的人群基因组数据和来自俄罗斯远东的古DNA数据进行综合分析，发现当代绝大多数东亚人的血统可以用3个组群来描述：

第一个组群的核心人群来自黑龙江流域，这个组群包括了黑龙江流域获得的古DNA。研究显示这个区域的居民在过去8000年的时间里，都保持着遗传上的相似性。

第二个组群的主要人群来自青藏高原，也就是喜马拉雅山以北的大片区域。

第三个组群的主要人群来自东南亚,其中最具代表性的人群是中国大陆沿岸岛屿上的居民,如今天中国海南省和台湾省的原住民。

除了以上 3 个组群的代表性人群,该血统还纳入了美洲原住民、小安达曼岛原住民和新几内亚人。后边这三个人群的祖先至少从末次冰期开始就跟东亚人的祖先基本隔离了。所以这些人群所携带的与东亚人相关的遗传信息实际上就是来自那个时期的古 DNA。

研究结果支持了这样一个人群的历史模型:当今绝大多数东亚人的血统基本上来自很久之前便已分离开的两个支系的混血,只是不同人群的融合比例不同而已。这两个支系的成员往各个方向扩张,他们相互之间,以及他们与遇见的人群之间的混血,铸造了当今东亚的人群结构。

中国是世界上三大农业起源核心地区之一。中国南方的长江中下游地区为稻作农业起源地;中国北方的黄河中下游和燕辽地区为旱作农业起源地。在中国北方的黄河流域和辽河流域,南方的长江流域和珠江流域都发现了大量新石器时代(1.2 万年前—6000 年前)的考古文化遗址,证明了北方是粟、黍等旱作农业区域,南方是水稻等稻作农业区域。其文化特点十分明显。

通过遗传学,研究人员还发现在东南亚和中国台湾省,许多人群的全部或者大多数祖源都来自一个同质化的祖先群体。而且这个群体的地理分布恰好与长江流域稻作农业文化向外扩张的区域重合。研究人员认为这些人群就是历史上开创了水稻种植文化的人群的后代。他们的祖先群体与“长江流域未知群体”相吻合。这个“未知群体”也是为当今东南亚人群贡献了绝大多数血统的祖先群体。

汉族是世界上人口最多的群体,拥有超过 12 亿的人口。但是,他们并不是“长江流域未知群体”的后代。汉族人有很大一部分血统来自另一个很久以前就已分化出去的东亚支系。北方汉族人有更多的血统来自这个支系,这个发现也与 2009 年以来的另外一个发现相吻合,即汉族人内部有一个微小的从北到南的梯度性差异。这反映了历史上汉族人的祖先从北向南扩散的事实。而且在扩散过程中,汉族人与当地人发生了通婚混血,这也就解释了为什么汉族人内部会有这种从北到南的微小梯度差异的遗传学现象,反映了历史上汉族人部分历史的真实面貌。

以上是厦门大学王传超国际合作团队关于东亚人群的历史研究所建立的模型。同时,他们还发现汉族人和藏族人有很大一部分血统来自同一个祖先群体。这个群体独立的、纯种的血统已经不复存在,其对许多东亚人群也没有遗传贡献。基于考古学、语言学、遗传学的综合证据,该团队把这个祖先群体叫作"黄河流域未知群体"。这个群体在黄河流域开启了北方旱作农业的起源与发展,并传播了汉藏语系。

中国科学院古脊椎动物与古人类研究所古DNA实验室的付巧妹科研团队,近年来在东亚现代人类演化、迁徙、融合等方面的研究取得了许多项重大突破性成果。

2013年,付巧妹与帕博团队联合开发了一种类似"钓鱼"的古核DNA捕取方法,将田园洞人类化石中仅占0.03%的人类DNA从大量来自土壤微生物的DNA中吸附、富集并"钓取"出来。

2014年,付巧妹团队从西伯利亚约4.5万年前的现代人类股骨中获得了高质量的基因组序列,这项研究不仅首次提出了现代人祖先进入亚洲的北方路线,还确定了现代人祖先与尼安德特人基因交流的时间。

此后,她开始将亚洲人群纳入人类起源和演化历史的研究。详细绘制出冰河时代欧亚人群的遗传图谱,首次在时空大框架下展示了旧石器时代晚期的一段完整的人口动态变化情况。

2020年5月,付巧妹团队发表在《科学》上的一项最新研究成果引起了广泛关注,她揭示出了中国南、北方人群的史前分化格局、融合过程和迁徙历史。即南、北方人群早在9500年以前就已经分化,并在至少8300年前出现融合与交流,且一直以来是基本延续的,没有外来人群的"大换血"。同时,还证实了南岛语系人群起源于中国南方的福建省及与其毗邻的地区。

该项研究于2014年就获得了中国北方的山东省和南方岛屿亮岛(靠近福建省马祖列岛)的几个关键样本的基因组数据,并且有了一些研究进展。为了谨慎起见,付巧妹团队又花了5年时间,最终获得了南方大陆人群的古基因组,从而终结了有关南岛语系人群起源的争议。

继2020年5月之后,同年7月该团队又公布了目前最古老的中国南部地区贵州清水苑大洞人和广西隆林人线粒体全基因组的研究成果。分析显示,在1.1万年前或更早时期,中国南方人群就已经开始向东南亚迁移了。

东亚人群历史有着一拨又一拨的人群迁徙和混血事件。可以预料,随着在中国境内和相邻地区不断的考古学新发现和当代人群的遗传多态性研究与古DNA研究的不断深入,必将揭开东亚现代人历史的神秘面纱,还原其真实面貌。

东亚地区现代人群体的迁徙路线如图6-9所示。

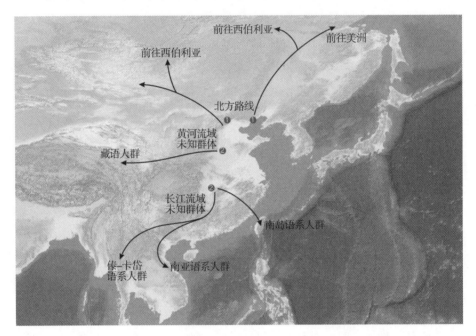

图6-9 东亚地区现代人群体的迁徙路线

(2)向南太平洋诸岛进发

在中国,农业起源之后,在此生活的人类也曾向周围地区扩散。在4000年前,他们向青藏高原、朝鲜半岛与日本群岛扩散。然而,中国大陆农业文化向外传播规模最大,同时也最为壮观、最被人们所关注的还要属这里的早期农民向东南亚地区和南太平洋诸海岛的史诗级“大进军”。

古DNA研究揭示了东南亚大陆上久远的人类历史。2017年,哈佛大学大卫·赖克的古 DNA 实验室从来自越南门北遗址的人类遗骸中提取了 DNA,在这个有着近 4000 年历史的遗址中,具有不同形态学特点的遗骸紧挨着堆在一起,有些遗骸的特点与长江流域古代农民群体和当今东亚人很相似,有些遗骸则更接近当地此前的狩猎采集者。该实验室研究人员发现,他们收集到的所有越南人的古样本都是一支很久以前就分离出去的东亚支系与"长江流域未知群体"之间混血的结果。而且门北遗址里的部分农民明显拥有更多的来自"长江流域未知群体"的血统。另外,这两种血统的相对比例在门北农民群体里,与在当今一些偏远地区的南亚语系群体里的非常类似。这些发现都支持这样一种理论:当今南亚语系的分布,是来自中国南部的种植水稻的农民祖先群体往外扩张传播的结果,这些祖先群体在扩张的过程中还与当地的狩猎采集者发生了混血。直到今天,柬埔寨和越南的许多南亚语系群体都携带着少量但非常明显的狩猎采集者的血统。

在另一项研究中,科学家还发现,印度尼西亚的西部地区的主要语言虽然属于南岛语系,但当地人的血统有一部分跟大陆上南亚许多人的来源一样。这意味着,首先进入印度尼西亚西部地区的很有可能是南亚语系人群,然后才是遗传组成非常不一样的南岛语系人群。这也可以解释之前语言学家所发现的一个现象,也就是婆罗洲岛的南岛语系语言里存在着从南亚语系里借过来的词汇。

中国大陆农民在历史上的向外扩张,最让人印象深刻的是向南岛语系区域的扩张。南岛语系人群是根据语言学研究界定的人群,现有人口总数达 2.5 亿,其地理分布极为广阔,东西跨度超过地球圆周的一半,东可达南美洲西部的复活节岛,西到东非外海的马达加斯加岛,南达新西兰,北至中国台湾省。这样一个地理分布极其广大的人群的起源和迁徙历史吸引了众多科学家极大的研究兴趣。

综合语言学、考古学和遗传学的最新证据,目前科学家的认识是,大约在 5000 年前,中国大陆的稻作农业文化扩张到了台湾岛,这里有当今南岛语系里最古老的语言。然后在大约 4000 年前,这些农民祖先群体往南迁徙到菲律宾群岛,并进一步向南迁徙到新几内亚群岛和东边的多个小岛。当这个群体从台湾岛开始往外迁徙时,他们很有可能发明了支腿独木舟,就是带有外伸木支架的独木舟,该支架增加了小船在汹涌水流中的稳定性,使得海洋航行成为可能。大约在 3300 年前,制作拉皮塔样式陶器的人群开始在新几内亚以东的岛屿上出现。他们很快就向太平洋深处的其他岛屿扩张,迅速到达了新几内亚 3000 千米以外的瓦努阿图群岛。但接下来,扩张就进入了一个暂停期。在稳定了 2000 年后,到了 1200 年前,他们才又重新往外扩张。到了 800 年前的时候,他们已经占据了太平洋上最后几个可供人居住的岛屿,包括新西兰、夏威夷还有复活节岛。

南岛语系人群往西的扩张同样让人印象深刻,在至少 1300 年前,他们到达了非洲外海的马达加斯加岛。要知道,该岛距菲律宾有 9000 千米远,这也解释了为什么现在几乎所有的印度尼西亚人和马达加斯加人都使用南岛语系的语言。夏威夷群岛是坐落在太平洋中心的火山岛,北美大陆距这里最近也有 3500 千米。今天,夏威夷土著在他们家乡成了少数民族,但他们却代表了一段历史,在过去的上万年里,他们曾经是与世隔绝的人群之一。

1778 年,当英国海军军官詹姆斯·库克(James Cook, 1728—1779),即著名的库克船长,乘"决心号"考察船到达夏威夷群岛的考艾岛时,他注意到,这里的土著依然停留在石器时代,过着原始的生活。可以想象,这些夏威夷土著一定经历了艰苦程度堪与人类历史上因纽特人在冰天雪地里艰难而又顽强地向北极跋涉相媲美的史诗般的远航历程。

根据在波利尼西亚出土的文物,人们普遍认为这些土著很早便拥有了高深的航海技能。但只有当农业的发展适应了当地的热带环境以后,这些波利尼西亚人才有能力向未知世界进发。启程时,他们带着足够的粮食,这样才有信心在任何地方生活下去。对于狩猎采集者来说,他们不可能贸然走向未知世界,因为在新的领域他们很可能找不到东西填饱肚子。但是,拥有了良好农业技术的波利尼西亚人已经能够把命运掌握在自己的手中了。

古 DNA 研究还揭示了太平洋岛屿的人口迁徙至少发生过三次。第一次迁徙带来了中国大陆人群的血统和拉皮塔陶文化,时间在 2500 年前。以后的两次迁徙带来了至少两种不同的与巴布亚原住民相关的血统,一次更接近于位于如今新几内亚岛北边的俾斯麦群岛上的人群;另一次则是新几内亚岛东边的所罗门群岛上人群的血统。因而,人类在太平洋岛屿间进行迁徙并不是一个简单的故事,而是一段很复杂的历史。

我们对东南亚和太平洋岛屿的人类历史的认识,得益于对当代人的基因组和古 DNA 的研究。截至目前,东南亚地区已经发现了 43 个古 DNA 数据,而太平洋岛国瓦努阿图共和国已经有 26 个古 DNA 数据,要知道瓦努阿图只有 27 万人口,面积不过 12190 平方千米。

这一时期现代人向南太平洋诸岛迁徙的路线如图 6-10 所示。

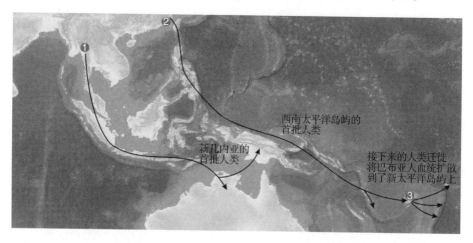

图 6-10　智人向南太平洋诸岛的迁徙路线

5. 冒险新大陆——向美洲扩张

（1）新大陆的首批移民

长期以来,人们的传统观念认为,美洲印第安人的祖先是末次盛冰期期间,穿过西伯利亚、越过白令陆桥、阿拉斯加,到达北美洲和南美洲的中国人、日本人等蒙古利亚人种。基因研究发现,美洲几乎所有的族群都起源于第一批跨越白令陆桥的单一移民。与北方的表亲相比,生活在南方的美洲人的遗传多样性则较少,这表明他们的祖先迅速南下,并在迁徙过程中筛选掉了其他的多样性。这些发现,对一种理论提供了更多的支持,即在大约 1.5 万年前,从亚洲千辛万苦跨越白令陆桥到达美洲之后,现代人便掠过太平洋沿岸迅速南下,到达了南美洲的最南端。

在靠近南美洲最南端的智利蒙特佛得角发现的附着着海藻的石器,其年代可以追溯到 1.4 万年前。

但是,20 世纪 80、90 年代的基因研究使上述看法受到了质疑,因为美洲土著人的 DNA 里有欧洲西北部人祖先的基因。为了解开这个谜题,科学家苦苦探索,终于从西伯利亚一个生活在 2.4 万年前的马尔塔小男孩那里找到了答案。

对当代人 DNA 的研究显示,东亚人(包括西伯利亚人、中国人和日本人)是构成美洲土著人祖先的主要来源,马尔塔小男孩的基因组和当代东亚人并无关系,但却和美洲土著有关联,这是为什么呢?

科学家设想,2.9 万年前在中亚地区生活着许多不同的族群。其中有一分支族群,即马尔塔小男孩所在族群,沿西伯利亚草原向东西伯利亚迁徙。大约 2 万年前,他们与从南边北上的东亚人相遇,他们彼此融合后再向东迁徙,在 1.8 万年前的盛冰期,因冰盖面积扩大,海平面下降了 120 米,白令海峡的海床露出海平面,形成白令陆桥。他们越过白令陆桥,成了到达美洲的第一批现代人类。马尔塔小男孩所在部落的其他一部分与之相反,他们向西在中亚生活了一段时间,又继续向西迁徙,在约 8000 年前到达了北欧斯堪的纳维亚半岛。

对马尔塔小男孩基因组的分析,揭示了美洲印第安人 DNA 中有北欧人基因的原因,解开了长久以来关于新大陆遗传来源的谜团。

(2)创造克洛维斯文化的人群

来自美国俄勒冈州佩斯利山洞的粪便化石显示,1.3 万年前曾有两种不同的文化肩并肩地存在于美洲。俄勒冈大学考古学家长期对佩斯利山洞进行研究,除粪便化石外,还发现了一种窄而斜肩、厚基的矛尖。这种矛尖与在美国西部发现的矛尖很像,但却与宽而凹的"克洛维斯矛尖"大相径庭。这表明制造这些矛尖的古人类属于另一种不同的文化,在对矛尖旁发现的粪便化石进行的放射性碳测年显示,它们的年代介于 1.4 万年前—1.3 万年前之间,而两个独立实验室进行的 DNA 分析都证明了这些粪便来自人类。

这说明这一时期另一支移民在跨越白令陆桥后沿加拿大和北美中部平原的河流、湖泊向东南部跋涉到了美国的中西部,开创了"克洛维斯"文化。

科学家对生活在加拿大中部哈得逊湾附近的契帕瓦人和生活在格陵兰岛的因纽特人的基因进行了研究,发现了另外两个从亚洲迁徙而来的部落族群的证据。这些生活在亚洲和北美洲北极圈内的现代人及其祖先是我们人类中最勇敢、最具冒险精神的一批人群,他们的事迹应该是我们人类精神的典型代表。

俄罗斯最东北部的扎列夫克里斯塔十字湾,距莫斯科约 1 万千米,这里的地面 1 年内有 6 个月结着冰,辽阔冰冷的海水把这里与周围世界隔绝。楚科奇人就生活在这样艰苦的环境里,那里夜晚气温能降到 -50℃,冬天最冷的时候会低至 -70℃,每年 9 月至来年 6 月的 9 个月时间里,地面被冰雪覆盖。这里根本没有粮食和蔬菜,楚科奇人以猎鹿为生,也会在结冰的河面上凿洞捕鱼。他们穿着用驯鹿皮缝制的衣服,住在用皮革和大木头搭建的帐篷里,随着驯鹿群进行季节性迁徙,他们的生活方式和几千年前相差无几。

这样严酷的生存环境考验的不仅是人的体力,最终被自然选择的还有其认知能力和坚强的意志。

根据基因学和考古学的证据,现代人类在约 4 万年前到达西伯利亚南部。2 万年前,由于气候变化和人口增加的压力,他们开始向北迁徙。从西伯利亚出土的遗址,如雅库茨克东南部的尤克泰遗址、堪察加半岛的乌斯基湖遗址等,其年代大约都在 2 万年前。这一时期,在西伯利亚生活的人群和生活在西南部的人群区别较大,他们对寒冷环境具有很强的适应能力,形成了独特的且相当熟练的制造细石器的技术,如树叶形状的石矛。在美洲的考古发掘中发现了同样类型的细石器,这意味着史前的西伯利亚文化与美洲克洛维斯文化具有连续性。这可能是第二批迁徙至北美的来自西伯利亚的现代人。

(3)古爱斯基摩人

长期以来,研究北美北极圈(包括今天的格陵兰岛区域)古代文化的考古学家一直被不同文化之间的错综复杂的关系所困扰,理不出个头绪来。2014 年,发表于《自然》上的一篇研究报告使这个问题得到了解决。丹麦哥本哈根大学的生物学家和进化遗传学家采集了来自北极圈不同历史时期的 169 具古人类遗骸的骨骼、牙齿和头发样本,同时测定了当代因组特人和美洲印第安人的基因组。正是这种大规模的基因组学研究,将此类文化追溯到了古爱斯基摩人身上。这是一群在北极圈恶劣环境中定居了4000年之久的人类,并且在700多年前神秘地消失了。

遗传学家和生物学家通过对古代与现代遗传数据的比较研究发现,古爱斯基摩人这个谱系在该地区的存在时间为公元前3000年—公元1300年,持续了4000多年。这个民族集团包括Saqqaqs人和Dorsets人(这两个群体至今尚无汉语名称),这两个古人类群体当时以20~30人组成一个小群体,生活在只有数座房屋的小村庄里,据推测他们的人口总数也只有数千人。他们在基因方面与印第安人和因纽特人不同,这意味着他们代表了一个单独的迁徙到新大陆的人群。

这一发现为研究人员提供了更多关于古爱斯基摩人的认识。研究表明古爱斯基摩人是一个坚韧不拔的族群,他们在北极严酷的环境中生存了数千年。同时,他们可能会向加拿大南部扩散,并在温暖的时期向北扩散到北极地区。

这些生活在加拿大南部地区的古爱斯基摩人与印第安人分享资源达数千年。然而,考古与遗传学的证据显示他们之间并没有混居和通婚的迹象。基因分析表明,所有古爱斯基摩人都拥有相同的线粒体DNA(从母亲传给儿子)。这种不同寻常的同质性表明早期的古爱斯基摩人移民当中女性并不多。因而近亲繁殖的可能性很高,这也可能是造成他们在700多年前就消亡了的原因之一。科学家就是这样破解了北极圈神秘的人类史。

语言学研究对美洲土著人祖先曾三次从亚洲迁徙到美洲也提供了证据。据统计,美洲土著人的语言超过了600种,分为三个语系:南美洲和北美洲大部分地区使用的是印第安语;格陵兰岛、加拿大北部的部分地区、阿拉斯加和东西伯利亚等地使用的是爱斯基摩–阿留申语系;加拿大西部和美国西北部使用的是纳–德内语系。这些语言和考古学及基因分析的图景都表明亚洲现代人群体曾经三次越过白令陆桥向美洲迁徙。

现代人在美洲迁徙的路线如图6–11所示。

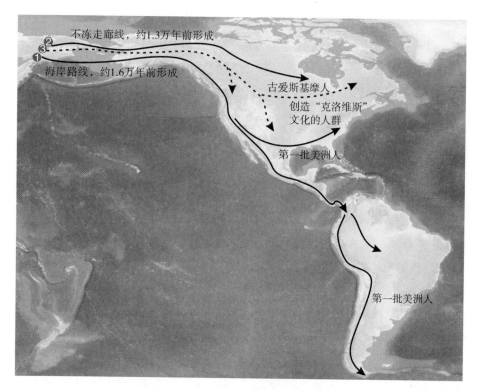

不冻走廊线，约1.3万年前形成

海岸路线，约1.6万年前形成

古爱斯基摩人

创造"克洛维斯"文化的人群

第一批美洲人

第一批美洲人

图6-11　现代人在美洲的迁徙路线

6. 在非洲游荡

研究人类起源与进化问题，非洲无疑是重点，全球各地包括考古学、人类学、古生物学、地质学等学科的科学家都曾把目光投向了非洲。但是，自从20世纪末，遗传学家提出现代人于5万年前走出非洲的假说以来，科学家就把研究5万年前以来人类历史的兴趣和精力更多地投向了欧亚大陆，非洲现代人这一时期的历史却被淡忘了。人们似乎认为，自从现代人于5万年前走出非洲以后，人类历史的主角从此就离开了非洲，去了欧亚大陆；甚至认为，在非洲孕育了当今非洲以外人群的共同祖先以后，人类在非洲的演化故事就完结了，留在非洲的人群只是保持着过去的样子，在过去的5万年时间里没有发生任何变化。

现在我们知道，仅有的少数深入一点的研究都发现，留在非洲的人群跟迁徙出去的人群一样，也经历了非常复杂的演化，我们对非洲人类历史知道不多的主要原因是研究的缺乏。

过去几万年的非洲人类历史是我们人类整体历史中不可或缺的一部分。现在,我们同样可以应用遗传学作为主要手段去弥补这种认识缺陷。

(1)祖先家园何在

过去,虽然我们从考古学的证据早就知道了解剖学意义上的智人起源于非洲,20世纪末遗传学线粒体DNA与Y染色体研究也指出智人大约于20万年前起源于非洲,并在此之后多次试图走出非洲,向欧亚大陆扩散。但是,我们的智人祖先到底起源于非洲什么地方却长久以来没有准确的答案。2019年10月,《自然》发表了一个国际研究团队的报告,回答了这个问题:智人起源于南部非洲的博茨瓦纳境内的赞比西河以南地区。研究报告说,该团队从200名生活在今天的南非和纳米比亚的科伊桑人身上提取了DNA样本。这个民族一直携带着高比例的名为L0的DNA谱系。研究人员将DNA样本与地理分布、考古、气候变化的数据相结合,得出了一个基因组时间表,表明历史悠久的L0谱系可以追溯到20万年前的博茨瓦纳赞比西河以南地区。经过研究,他们绘制出了一份跟踪L0谱系的基因图谱。该图谱显示这次研究确定的地区叫马卡迪卡迪-奥卡万戈,这里曾经是一个巨大的湖泊,面积相当于今天的维多利亚湖(位于东非高原,面积6.94万平方千米)的2倍,青海湖的近30倍,而如今这里基本上已被沙漠覆盖。

约20万年前,地球板块构造活动导致这个巨大的湖泊开始消失,逐渐形成了一片广袤的湿地,这片湿地就成了最早的智人的家园,与智人同时期在这里活动的还有长颈鹿和狮子等大型哺乳动物。

大约13万年前,由于末次间冰期的到来,这片家园的东北方向降雨增多,为智人开辟了一条绿色走廊,L0谱系的第一次基因分化出现了。2万年后,也就是11万年前,另一批智人向南迁徙,这一迁徙事件作为一个时间戳被记录在了DNA中。

(2)农业文明在非洲的扩张

非洲,北部有撒哈拉沙漠,东部有东非大裂谷,西部有刚果河与刚果盆地,南部有纳米比亚沙漠,而撒哈拉沙漠与纳米比亚沙漠又会随着气候的变化不断扩大或缩小。这样复杂多变的自然地理与生态多样性环境,为人类祖先的多样性,也就是为人类基因的多样性提供了条件。因此,研究非洲现代人的祖先群体形成以后的历史，必须先充分考虑非洲人类多样性的特点。一般来说，非洲人基因组的多样性比非洲以外人群基因组多样性要高1/3，不仅如此，就算非洲内部的各群体之间，也存在着这种超乎寻常的基因多样性。一些非洲群体之间相互分离的时间长达非洲以外任何两个群体分离时间的4倍，这种群体分离时间的差别能够反映在基因组遗传变异的密度上。对某些非洲人群体来说，例如来自南非的桑人，这些狩猎采集者和来自西非的鲁巴人之间遗传变异的数目远远大于非洲以外任何两个族群间的。

虽然大多数古老的遗传变异仍然存在于当今的人群里，但是要用今天的人群去推断非洲久远的历史还是极其困难的，因为历史上复杂的混血已经把这些遗传变异搅成了一团乱麻。研究发现，即使在最近几千年里，人群混血也至少有4次是人群扩张造成的。这几次扩张全都对应着语言系统的传播，而且基本上是由农业文明的扩张推动的。

对非洲历史影响最大的农业文明扩张，对应着班图语系人群的扩散（图6-12）。根据考古学记录，大约在4000年前，从今天的尼日利亚和喀

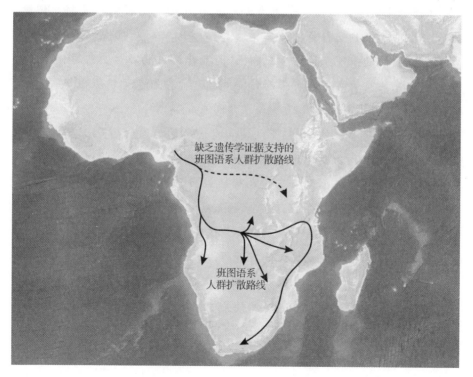

图6-12 班图语系人群扩散示意图

麦隆交界处,一种新的文化开始向外扩张。创造这种文化的人群培育了一系列高产的农作物,所以能供应高密度的人群。约2500年前,他们已经迁徙到了东非维多利亚湖的周边地区,并且掌握了制造钝器的技术。而在大约1700年前,他们到达了非洲南部,这宣告了此次扩张的结果。在当今的东非、中非和南非,绝大多数人都在使用班图语系的语言。班图语系是尼日尔－科尔多凡语系的一个分支,除班图语系外,该语系还包括了西非的绝大多数语言。

另一次有巨大影响的农业文明扩张与尼罗－撒哈拉语系的传播有着直接关系。当今西非的马里和东非的坦桑尼亚的许多人群都在使用该语系,而且大部分是游牧民族。这次文明扩张有可能跟过去5000年里撒哈拉沙漠的蔓延有关。该语系的一个重要分支是尼罗语系。尼罗语系的主要使用者是尼罗河沿岸和东非的游牧民族,包括马赛人和丁卡人。

迄今为止,非洲的多种语系中,起源和扩散最不清楚的要数亚非语系(也叫阿非罗－亚细亚语系)。该语系在今天的埃塞俄比亚地区最具多样性,这种地理分布为该语系起源于非洲东北部的理论提供了支持。但是,该语系也有一个分支存在于中东地区,包括阿拉伯语、希伯来语和古阿卡德语等。基于这一现象,另一种假说认为亚非语系或者至少它的一些分支是随着中东的农业文化的扩张而传播的。这次扩张在大约7000年前把大麦、小麦和其他中东的农作物带到了非洲东北部。

2016—2017年,大卫·赖克的实验室进行的古遗传学研究揭示,中东地区的农业文化有两次向南面的东非扩散的历史。第一次,也是最显著的一次是1万年前中东人群与东非人群的混血。第二次则主要是伊朗人群与东非人群的混血,这次混血所带来的血统在从索马里到埃塞俄比亚的许多讲亚非语系语言的人群里广泛存在。这一事实说明,遗传学证据增加了亚非语系起源于中东农业文化的可能性。

最后一次非洲农业文化的大扩张与非洲南部的科依－科瓦迪语系相关。这个语系的特点是对咔嗒音的使用,由于该语系的诸多语言共享了一些与游牧相关的词汇,因而有假说认为该语系是由1800年前的游牧民族从东非带入南非的,这些外来的民族有可能从当地的采猎者原住民那里学会了使用咔嗒音。

遗传学无论是对当今人群的基因学研究还是古DNA的研究都支持这种假说。即当今南非科依－科瓦迪语系的人群是很久以前缔造东非农业文化的人群向南非扩张与当地采猎者混血的结果。

（3）建立古代采猎者的历史

这里说的非洲古代采猎者的历史是指从5万年前到约6000年前非洲农业文明产生前夕这一段漫长时期的历史。

对于这段漫长历史的研究，考古学可以帮上忙，但主要还要靠对古DNA的深入研究。2015年，科学家从一具有4500年历史的遗骸中获取了非洲第一组全基因组数据。该遗骸出自埃塞俄比亚一个高地的洞穴里，与它血缘关系最近的当代人群是埃塞俄比亚的阿里部落。

2017年，大卫·赖克的古DNA实验室分析了16个来自非洲的古人类样本，包括来自南非共和国生活于约2100年前—1200年前的狩猎采集者和游牧者，来自非洲中南部马拉维的生活于约8100年前—2500年前的狩猎采集者，还有来自坦桑尼亚和肯尼亚的生活于约3100年前—400年前的狩猎采集者、游牧者和农民。

通过对这些古DNA样本的分析，研究人员发现的第一个重大惊喜是，在撒哈拉沙漠以南的东非海岸上，曾经广泛生活着一个狩猎采集群体。该人群在后来的农业文化扩张中被取代而基本消失，他们把这个群体叫"东非采猎者"。研究还发现，与撒哈拉沙漠以南的非洲的任何群体相比，这个东非采猎者群体与非洲以外的群体的关系更近。这意味着，东非采猎者群体的祖先人群很可能是最早开始向现代人进化的早期智人，并且也很可能是于5万年前成功走出非洲向欧亚大陆迁徙，进而向世界各地扩散，同时也在非洲内部扩散的祖先人群。他们在智人的进化历史中扮演着至关重要的角色。

东非采猎者群体本身不是一个同质化的人群，从测序数据可以明显看到，在他们中至少存在着三个不同的群体：一个群体包括了古埃塞俄比亚人和古肯尼亚人，一个则是桑给巴尔群岛和马拉维的古代采猎者的祖先，还有一个是生活在当今坦桑尼亚总人数不超过1000人的哈扎人的祖先。

古DNA分析发现的第二个惊喜是：一些来自古老非洲的采猎者群体的样本，同时拥有南非采猎者和东非采猎者的血统。如今，南非采猎者的血统基本上仅存在于非洲的最南部,几乎所有讲咔嗒音的人群都从南非采猎者那里获得了部分血统;而今天的桑人猎采者样本和收集到的非洲南部的古采猎者的样本显示,这些人群也从他们那里获得了几乎全部的血统。在研究收集的样本里,有两个来自坦桑尼亚沿岸岛屿——桑给巴尔岛和奔巴岛的样本。这两个样本大约有1400年历史,其有1/3的血统来自南非采猎者,另2/3则来自东非采猎者。还有来自马拉维的3个不同考古地点的2个样本,其年代为距今8100年~2500年不等,属同一个人群,这个人群的血统有2/3来自南非采猎者,1/3来自东非采猎者。

以上事实与最近一个国际团队的研究结果相吻合,正如前面介绍的,这个团队的研究结果揭示了现代人类的祖先,也就是早期智人在20万年前起源于非洲南部的博茨瓦纳北部赞比西河以南地区。13万年前时,由于气候变化,这批早期智人中的一部分向非洲东北部迁徙。在此2万年后,一部分又向南迁徙。他们本是一个采集群体,共同生活了7万年以后,由于气候变化,而先后各奔南北,形成东非采猎者和南非采猎者的祖先人群。在以后持续了10万年的悠久历史中,又各自向北、向南反复迁徙,在此过程中,彼此相遇、融合、混血,并遗传给后代,造成以上研究所揭示的事实。

古DNA研究告诉我们,在农业文化扩张以前的人群分合的历史也依然影响着当今非洲的人群结构。所以,人类在非洲的历史从各个层面、各个时间深度上都是很复杂的。现在,古DNA革命才刚刚进入非洲,在以后的时间里,研究人员将会获得更多的古DNA样本数据。可以确定,这些信息一定会改变或加深我们对非洲远古历史的认识。

四、现代人起源之争

现代科学在面对人类进化到智人阶段,尤其是现代人(晚期智人)阶段时,出现了许多问题。人类化石和文化遗存发现的增多、基因测序技术的进步,一方面为我们认识祖先提供了更多的证据与手段;另一方面考古学家、人类学家、遗传学家、进化生物学家等从不同学科对同一化石和文化遗存的研究出现了不同的认识,产生分歧,使问题变得复杂,给人们认识早期现代人进化的面貌增加了许多困难。有关现代人起源的争论就是现阶段研究人类学的主要问题。

1.现代人起源于非洲假说

关于现代人的起源问题,准确地说,关于现代人是什么时间、从什么地方进化出来的问题,在学术界存在巨大分歧。

自从 20 世纪 20 年代末发现北京直立人以来,尤其是在北京协和医院工作的德国解剖学家魏敦瑞基于对北京直立人的研究,于 1935 年提出现代人"多地区进化"的假说以来,东亚人群在很长时期内被认为是连续进化的,从直立人到早期智人、现代人,不存在演化的中断和替代。

但是,1987 年,美国三位遗传学家运用分子遗传学的理论与方法对现代人类起源问题提出了一种新的假说,他们主张现代人类的共同祖先是 20 万年前生活在非洲的一位女性,她的后代从大约 13 万年前开始多次试图向非洲外迁徙,终于在 5 万年前成功走出非洲,向世界各地迁徙扩散,成为非洲以外所有现代人类的祖先,这就是"非洲起源说"或称"夏娃假说"。为了与 180 万年前人类(早期人属成员)第一次走出非洲的事件相区别,该假说更准确的称谓应该是"近期出非洲说"。自 1999 年起,有多篇关于现代中国人 Y 染色体的遗传学论文认为,约 5 万年前有一批非洲移民来到中国,并完全取代了长期生活在这里的原住民,因此中国人全部是约 5 万年前到来的非洲移民的后代。如此说来,不只是中国的直立人,甚至早于这个时间的全部中国化石人类都不是我们的祖先。

自夏娃假说提出来后,许多分子遗传学家和进化生物学家从不同角度,以不同材料继续对现代人起源问题进行研究。虽然大多数结果表明,世界各地的现代人都出自非洲的一小群共同祖先。但不同研究组对这群祖先出现年代的研究却得出了相去甚远的数据,最初认为是大约 20 万年前,近些年最流行的说法则是大约 14 万年前,现代人走出非洲的时间也不再是 1987 年得出的 13 万年前,近些年最流行的说法改成智人前后多次走出非洲,其中规模最大的一次发生在大约 5 万年前。2015 年 3 月,据《自然》杂志报道,人类基因组中的基因突变率难以确定。由此,"夏娃假说"据以推算年代的基因突变率恒定假说也受到了严重质疑。

2. 多地起源说

在"夏娃假说"提出的前3年,中国的古人类学家吴新智与美国密歇根大学考古学家沃尔波夫(Milford Wolpoff)、桑恩(Thorne)等学者联名提出了一个关于现代人多地区进化的假说,主张世界上四大地区的现代人的来源都与该地区更古老的人类不可分割。比如,东亚现代人主要源自中国的古人类,澳大利亚土著人的祖先主要来自印度尼西亚的爪哇人,欧洲现代人与尼安德特人有遗传联系等。证据主要来自对古人类化石形态的研究。该假说论证了各地区人群之间有基因交流,将他们维系在一个多型的物种内。

他们还进一步寻找现代人形态特征方面的证据。吴新智指出,将东亚人与非洲人进行比较,也能看出不利于"夏娃假说"的形态特征:其一,东亚现代人上颌门齿釉质延伸的出现率为53%,鼻梁有10%呈夹紧状,颅骨顶有6%呈两面坡状,下颌圆枕的出现率为3%,而在非洲人中,这些特征的出现率都是0。如果东亚人的这些特征完全来自非洲现代人的祖先,为什么这些祖先的上述特征在发源地的非洲人后裔中却毫无痕迹。其二,在东亚人中铲形门齿的出现率为90%左右,而在非洲人中却只有约10%;有46.7%的东亚人上下颌骨里没有第三白齿的胚芽,终生长不出第三白齿,这种情况在非洲人中只有8%。中国迄今发现的古人类上门齿化石有20多颗,全是铲形,蓝田陈家窝直立人下颌骨和柳江智人化石都是先天就没有第三白齿,而这两种特征在非洲的更新世人属化石中至今未见报道。与其说东亚人的这些特征来源于非洲的人属化石,倒不如说源自中国的上述化石人。

中国科学院古脊椎动物古人类研究所高星于2014年8月在《人类学报》上发表论文,从考古学证据论证更新世东亚人群连续进化问题。作者指出,有关人类演化过程和所谓"现代人"起源的研究,多引述化石和遗传证据(DNA),考古学很少参与其中。但众所周知,人类化石在多数地区属凤毛麟角,往往具有很大的时空缺环;遗传学研究主要以今推古,从现生人群的遗传变异推导古人群起源与扩散的过程和路线,中间有很多未经验证的假说前提。相比之下,考古材料在连续性和丰富性方面具有明显的优势。目前,在中国发现含更新世人类化石的地点有70余处,而且多地区出现零散的牙齿化石,而出土旧石器时代文化遗存的遗址达2000余处,石制品、骨制品、装饰品和其他遗物、遗迹不计其数。这些文化遗存虽然不能直接反映人类的体质进化和遗传变异,但对研究人类在某一地区出现的时间、分布的地域、延续的时段、迁徙的路线、生存的能力与方式、技术与文化特点、总体交流与互动等问题都大有用武之地。对这些问题的研究和所提取的信息,对探讨远古人群的起源和演化过程,对破解"现代人起源"这样的重大问题,会提供重要的证据和启示。

高星的这篇论文开宗明义,尝试运用考古证据系统论述更新世东亚人群演化的连续性,力图为"现代人类本土起源"的假说提供支持和启示。

文章引用的材料很丰富,论据也很得力,有兴趣的读者可以仔细阅读原文。由于原文很长,这里只简要介绍其主要结论:

第一,东亚旧石器时代文化呈现出一脉相承和连续发展的特征。

第二,关于本土文化与外来因素的关系,作者列举了在欧洲旧石器时代中期十分盛行的勒瓦娄哇技术,在中国只出现在华北水洞沟等少数遗址中,完全排除了西方文化对本土文化替代的认识;石斧问题虽然复杂,但中国旧石器时代的石斧组合与西方阿舍利技术体系中的存在着根本的不同;石叶技术体系在中国北方少数遗址短暂出现后又消失了,也没有发生对本土文化的取代。

第三,关键节点的文化证据方面,不存在10万年前—4万年前之间的演化空白。

五、中国境内的现代人历史很复杂

自从20世纪20、30年代,瑞典考古学家安特生(Johan Gunnar Andersson, 1874—1960)、加拿大解剖学家步达生(Davidson Black, 1884—1934)、

法国地形学家德日进(Pierre Teilhard de Chardin，1881—1955)与中国地质学家、古人类学家杨钟健、裴文中、贾兰坡在北京周口店陆续发掘出北京直立人化石以来，东亚人类进化就成了国际学术界关心和研究的重点之一。中华人民共和国成立后，中国科学院古脊椎动物与古人类研究所在杨钟健、裴文中的带领下，集中了一批中青年学者，开展中国境内古人类的发掘与研究工作，取得了重大成果，成为中国和世界人类进化研究的重要基地。

1.化石新发现

近年来，在中国境内发现了大量旧石器时代晚期的文化遗存，也出土了不少智人化石，为认识东亚智人的进化提供了许多重要证据。随着工作的深入开展，该研究给人们的总体印象是东亚智人的进化非常复杂，这里曾生活着数量非常可观的智人群体。

(1)许昌人

2017年3月3日，美国《科学》杂志发表了关于许昌人的研究成果，在全世界引起了轰动。许昌人是中国古人类和尼安德特人交流并向现代人过渡的证据，是一个新的种群。许昌人的出现，使国际学术界的目光转向了中国。

河南文物考古研究所从2007年到2014年，用了七年时间在许昌灵井遗址共挖掘出了47块古人类头骨碎片。经过修复、鉴定，这些头骨碎片代表了5个个体，其中1号和2号个体相对比较完整。

中国科学院古脊椎动物与古人类研究所吴秀杰研究组采用形态观测、高清晰度CT扫描、手工及三维虚拟复原等手段，对许昌人头骨进行了复原，分别制作了1号和2号人头骨虚拟及实体的复原头骨和颅内膜。当他们对许昌人头骨的形态特征、测量数据、脑形态、脑量、颅骨内部结构等特征进行了细致研究之后，发现许昌人是一种新的古人类，目前无法将其归入已知的任何古老型类群之中。

许昌人的显著特征是其脑颅在扩大，其中一个头骨的脑容量达1800毫升，而且头骨骨壁变薄，颅形圆隆，枕骨圆枕弱化，眉脊厚度中等，这些都是早期现代人的特点，说明许昌人出现了向现代人演化的萌芽。他们有可能是华北地区早期现代人的直接祖先。此外,许昌人头骨穹隆低矮,脑颅中矢状面扁平,最大颅宽的位置靠下,有短小并向侧方倾斜的乳突。这些特征是东亚本地古人类特有的。这反映了更新世中晚期,东亚古人类可能具有一定程度的连续演化模式。

有意思的是,研究还发现,许昌人与尼安德特人之间存在基因交流的可能性,因为他具有与尼安德特人相似的两个独特性状:一是枕骨圆枕都不发达,不明显的枕外隆突伴有其上面的凹陷;二是内耳迷路的模式相似,都是后半规管相对较小,外半规管相对于后半规管的位置较为靠上。

遗憾的是,对许昌人的 DNA 取样没有成功,也就无法从分子遗传学层面分析他们的基因构成,导致不能精确推测其与已知的古人类或者现代人的亲缘关系。

许昌人的生活时代由光释光测年确定为 12.5 万年前—10.5 万年前。

许昌人的发现和研究揭示了东亚更新世晚期人类的演化比过去学术界认为的要复杂得多,在 20 万年前—10 万年前,东亚地区可能并存着多种古人类群体。这个认识对我们认识和研究智人进化有很大启发和帮助。

(2)田园洞人

田园洞人是中国到目前为止唯一一个成功获取古 DNA 的早期现代人。2013 年,中国科学院古脊椎动物与古人类研究所付巧妹团队与德国马普进化人类学研究所的科学家,从 4 万年前生活在北京田园洞的一个人类个体的骨骼上成功提取到核 DNA 和线粒体 DNA,从分子遗传学角度辨识出了现代东亚人群直接祖先中的一个成员,相关成果发表在美国《国家科学院院刊》上。

田园洞遗址发现于 2001 年,位于北京市房山区,距周口店遗址约 6 千米,中国科学院古脊椎动物与古人类研究所博士研究生同号文在此进行考古挖掘,发现了包括下颌骨和部分肢骨在内的古人类遗骸和丰富的哺乳动物骨骼。对人骨年代测定显示,该个体生存的时代为 4 万年前。

对田园洞人的 DNA 分析样品取自一块腿骨,研究人员将仅占 0.03% 的古人类 DNA 与大量来自土壤细菌的 DNA 相区别和分离,成功提取到该人类个体的核 DNA 和线粒体 DNA。从而使田园洞人成为中国第一例被获取核 DNA 的早期现代人。

研究发现,这具人骨携带着少量尼安德特人和丹尼索瓦人的 DNA,但更多地表现为早期现代人的基因特征。他与当今亚洲人和美洲土著人有着密切的血缘关系,而与现代欧洲人的祖先在遗传上已经分开,分属不同的人群。田园洞人也被认为是比较明确的中国地区现代人的直系祖先。

(3)道县人

2010 年以来,中国科学院古脊椎动物与古人类研究所会同湖南省文物考古研究所对湖南省道县福岩洞进行了连续调查和发掘,先后发现了47 颗人类牙齿化石及大量动物化石。该团队与外国科学家合作,对道县人化石的形态及相关地层、年代和动物群进行了深入研究。

研究显示,道县人牙齿尺寸较小,明显小于欧洲、非洲和亚洲更新世中晚期的人类。道县人牙齿齿冠和齿根呈现出典型的现代人特征,如简单的咬和面和齿冠侧面形态、短而纤细的齿根等,证明道县人属于现代人变异范围。

道县福岩洞堆积物地层清晰,各区域可延伸连接并直接对比,人类牙齿和动物群化石在洞内的分布区域较大,层位明确,延伸范围达 40 余米。研究人员对沉积地层采用铀系测年,结果表明人类化石的埋藏年代为 12万年前—8 万年前。该研究成果发表在《自然》上。

此项发现与研究无疑给学术界那种认为现代人起源于非洲,5 万年前才向西亚扩散,在 4.5 万年前出现在欧洲和亚洲的主流理论带来了很大挑战。

(4)许家窑人

1979 年,在山西阳高县许家窑一个洞穴中,出土了一块古人类头骨碎片和来自 4 个个体的 9 颗牙齿,年代为 12 万年前—6 万年前。2014 年,吴秀杰领导的一个由法国波尔多大学、美国华盛顿大学研究人员组成的国际研究小组,利用高分辨率工业 CT 技术,复原出了晚更新世许家窑早期智人和柳江人的三维内耳迷路。研究发现许家窑人具有尼安德特人内耳迷路的表现特点,这一发现首次提供了在东亚古人类中具有尼安德特人内耳迷路模式的化石证据。尼安德特人内耳迷路模式,是学术界研究尼安德特人与世界其他古人类及现代人的内耳迷路后发现的尼安德特人最重要的和标志性的特征。这种类型的内耳迷路模式在其他更新世古人类和全新世人群中极其罕见,甚至学术界曾长期认为该特征为尼安德特人所独有。

研究人员通过将许家窑人内耳迷路的形态特征与世界51例更新世古人类和180例现代人类的进行对比和分析,发现中国更新世古人类内耳迷路的形态表现出"祖先内耳迷路模式",唯许家窑人的内耳迷路形态表现为典型的"尼安德特人内耳迷路模式"。这一发现的意义在于,它颠覆了"尼安德特人内耳迷路模式"专属尼安德特人的认识,促使科学家重新思考以孤立特征追溯人类迁徙和判断人群亲缘关系的可靠性。

至于是否存在尼安德特人与东亚地区的远古居民基因交流的问题,由于缺乏整体头骨及头后骨,还无法判断许家窑人特殊的内耳迷路与整体身体构造的关系。在缺乏相对完整的古生物遗存的前提下,用孤立的形态特征或分子遗传片段作为判断尼安德特人和东亚古人类基因交流的证据是否可靠,还需要科学家进一步深入研究。

西班牙国家人类进化研究中心的玛丽亚(María Martinón-Torres)教授对许家窑发现的9颗人类牙齿进行了分析研究。她对其牙冠和牙根的大小和形状,还有牙尖、牙槽,以及它们的相对位置进行测量,然后将这些牙齿与其他已知古人类的5000多颗牙齿进行了比较,发现每个牙齿的斜度、牙槽和凹部都呈现出一种模式,或者说是一个独特种群的综合特征。其中一些牙齿的特征与更早的直立人的相似,另一些则与尼安德特人的相似。他们有些未知的、非常原始的混合特征。玛丽亚说:"我们还不能说这就是一个新人种,因为还需要作其他的比较。"但也有专家认为,该化石牙齿的表面特征有力地证明了这是一个不同于丹尼索瓦人的全新未知人种。研究人员希望在东亚其他地方发现更多的骨骼化石,从而解开这个谜。

(5)崇左人

2004年以来,中国科学院古脊椎动物与古人类研究所金昌柱研究组对广西崇左地区的洞穴进行了大规模调查和发掘,发现了多处化石地点,出土了大量的古人类、巨猿和其他动物的化石。

2007年11月,该研究组在崇左木榄山发现了一处包含有哺乳动物化石的洞穴堆积,采集到两颗人类牙齿和若干哺乳动物化石。2008年3月,他们在该洞穴中发现了一件古人类下颌骨残段和大量共生的哺乳动物化石,此洞即被命名为"智人洞"。

根据地层对比、动物群分析，以及铀系法同位素测年，崇左智人洞古人类生活在 11.3 万年前—10 万年前之间。

近两年，该研究所刘武研究组与国内外研究机构合作，对智人洞人类化石进行了深入研究，他们采用形态观测、激光扫描、几何形态测量分析等手段对化石特征进行了深入研究，发现智人洞人类下颌骨已经出现了一系列现代人类的衍生特征，如突起的联合结节、明显的颏骨、明显的颏窝、中等发育的侧突起、近乎垂直的下颌联合部、明显的下颌联合断面曲度等。但智人洞人类同时还保留有粗壮的下颌联合舌面和粗壮的下颌体等相对原始的特征，这些又与古人类相似。因此研究者认为，智人洞人类属于正在形成中的早期现代人，处于早期智人向现代人演化的过渡阶段。

除智人洞外，近年还在湖北郧西县黄龙洞发现了年代在 10 万年前—9 万年前之间的具有现代人特征的人类牙齿化石，也表明早期现代人很可能早在 10 万年前就已经在中国出现了。

(6) 柳江人

20 世纪 50 年代，发现于广西柳江的人类头骨化石，是迄今在华南地区发现的保存最为完整的更新世晚期人类化石，对于研究更新世晚期人类演化及现代中国人起源具有十分重要的价值。但由于该头骨化石颅腔内面附有坚硬的钙质胶结物，科学家多年来一直无法获得清晰的颅骨内表面形态及颅内膜，因而研究工作只能停留在头骨的外表面形态上。

近年，中国科学院古脊椎动物与古人类研究所与高能物理研究所合作，利用高清晰度工业 CT 对柳江人头骨进行了扫描和三维重建，为研究柳江人在人类进化中的地位及人类大脑演化提供了重要信息。通过将其颅内膜与北京周口店和世界其他地区古人类化石，以及现代人的进行比较，显示柳江人脑多数特征与现代人相似，如具有长而宽的脑形、额叶宽阔饱满、脑较高、顶叶加长等；但其也有少数特征与现代人不同而更似早期人类，如枕叶后突程度较现代人显著，小脑半球较现代人收缩。虚拟颅内膜测量获得柳江人的脑容量为 1567 毫升，处于晚期智人的变异范围而大于如今现代人的平均值。基于这些现象，研究者认为，更新世晚期人类脑的发育程度具有某些原始特征。该研究成果发表在《科学通报》2008 年 53 卷 13 期上。

（7）山顶洞人

北京周口店的山顶洞在20世纪30年代出土了包括3个完整头骨和代表至少8个个体的人类化石。古人类学家吴新智经研究发现，这三个头骨具有一系列共同特征，属于原始黄种人。

山顶洞分门廊、上室、下室和下窨四部分。上室是生活区；下室紧挨在上室的西边，是埋葬死人的地方，人骨化石多埋在下室。人骨周围有红色的赤铁矿粉末，将赤铁矿粉末撒在死者身上是那个时期古人类常见的埋葬习俗，表明人类已有了自我意识，知道生死，也说明人与人之间的关系变得密切，撒红色粉末也许是因为联想到血液与生命的关系。

山顶洞人已经有了各种装饰品，包括海贝壳、兽牙、小砾石、刻了沟的骨管等，这表明他们已产生了爱美之心。在其遗物中还发现了一根骨针，由虎骨磨成，再用尖石片挖出针孔，由此推断，山顶洞人已经知道将兽皮缝合起来遮蔽身体。

（8）中国智人化石的意义

以上化石（包括人类头骨、牙齿、下颌骨）显示，在早期智人向现代人类进化的关键时期（也可叫焦点时段），即10万年前—5万年前，在中国境内已经出现了多个过渡类型的人群：在华南地区有广西崇左县木榄山智人洞的生活在11.3万年前—10万年前的古人类，为早期智人向现代人过渡阶段的人类。湖北郧西县黄龙洞生活在10万年前—9万年前的古人类也具有明显的现代人特征。广西柳江人的多数特征与现代人相似，少数特征却与早期智人相似，也算早期智人向现代人类的过渡类型。湖南道县生活在12万年前—8万年前的古人类的牙齿已经呈现出完全形态的现代人类特征。中国华北地区山西阳高县生活在10万年前的许家窑人还有典型的"尼安德特人内耳迷路模式"；同时，对该地区生活在12万年前—6万年前的古人类的牙齿进行深入研究，发现这个古人类似乎属于一个未知的人类群体。河南许昌灵井发现的生活在12.5万年前—10.5万年前的古人类是早期智人向现代人类开始过渡的一个新人类种群。

2.复杂的中国人类历史

中国更新世晚期人类进化比世界其他地区呈现出更加复杂的情况，为学术界提出了不少重大难题,至今无法解释清楚,其最终答案还需要人们不断地努力与探索。

总的来说,更新世晚期中国的古人类有三种情况:

一种是前边提到的吴新智、高星从解剖学(也就是人类学)和考古文化的角度用大量这个时期出土的人类化石和从文化遗址中挖掘出的石器、骨器及动物骨骼等论证了中国的人类演化是从直立人到早期智人、现代人的连续进化,一脉相承,没有中断,不存在灭绝和被非洲现代人替代的问题。即使与现代人和其他人群有基因交流,也只是融合,从人类化石和文化遗存上看不出被灭绝和替代的迹象。

另一种是非洲现代人类进入中国。与此有关联的遗迹的典型代表是宁夏水洞沟遗址。水洞沟遗址位于宁夏灵武县境内的黄河边,由法国古生物学家德日进和桑志华(Paul Emile Licent, 1876—1952)于1923年发现。中华人民共和国成立后,我国考古学家曾对此处进行过发掘。长期以来,中外学术界对水洞沟遗址给予了高度关注,并对其独特的文化特点和所代表的古人类种群属性展开了热烈讨论。其核心问题是:水洞沟文化是本土的还是外来的? 它的来源在哪,又去向何方? 水洞沟的石叶石器与同时代或稍晚的华北地区细石器文化有怎样的关系? 这些问题都涉及晚更新世古人类群体的迁移、交流和东西方古文化的关系。

2002年以来,中国科学院古脊椎动物与古人类研究所和宁夏文物考古研究所合作,对水洞沟遗址进行了系统观察和发掘,获得了重要材料。结果显示,古人类在3.2万年前—1.1万年前集中在该地区活动。特别值得注意的是,水洞沟出土了丰富的带有欧洲旧石器时代中晚期过渡阶段莫斯特和奥瑞纳文化特点的石叶工具和大量更晚阶段的装饰品。石叶技术和细石器的发现被学术界认为是旧石器时代晚期革命的主要技术特点,水洞沟遗址发掘出土的石制品为该事件在中国的出现提供了难得的证据。而被学术界认为代表现代人行为的装饰品、火塘遗址和染色现象,也首次在水洞沟多个地点被发现,这是目前发现的中国旧石器时代晚期最早的有关这方面的证据。

这里发现的火塘、骨角器和细石器,表明水洞沟地区是早期现代人在东亚迁徙、扩散和技术交流的驻足地。这使水洞沟遗址成为研究早期现代人行为与技术的新、旧石器时代过渡时期的重要遗址。

水洞沟发掘出土的石制品组合表明,水洞沟的石制品材料与中国其他同时期的古人类遗址中发现的不同,它继承了中国华北地区传统的小型石片石器技术传统(如砸击法等),是一种在末次冰期影响下,古人类为了适应水洞沟一带的荒漠和稀疏草原,而逐渐发展起来的技术能力。

在水洞沟文化与周边相关文化的关系方面,水洞沟遗址要晚于西亚地区(4.5万年前—4万年前)和阿勒泰南部地区(4.3万年前—3.3万年前)的相关遗址,以石叶为代表的水洞沟文化和现代人行为特征应该是由西北的一支早期现代人群带来的。但当时华北地区还生活着掌握传统石器制造技术的人群,他们之间可能发生过融合与交流,共同繁衍,演化成今天的人类。

第三种情况是前面介绍的许家窑人的"尼安德特人内耳迷路模式"和牙齿的独特形式,揭示了更新世中晚期在河北、山西交界的泥河湾盆地曾经生活着一个独特的古人类族群。由这种人类引出的其与尼安德特人、丹尼索瓦人及与现代人和当代中国人有何关系,其对东亚、对中国更新世晚期人类进化又有何影响等重大问题,引发了科学家的深入思考与研究。

但是,与解剖学和考古学的研究结果不同,遗传学研究为人们描绘了一幅关于东亚古人类,尤其是中国更新世晚期人类进化与迁徙的全新图景。遗传学家对东亚古人类从直立人到早期智人再到晚期智人连续进化的观点表示了不同看法。他们认为从东亚直立人向智人的进化,在遗传学上找不到任何证据,而且基因研究的结果表明,移民到东亚的现代人和东亚直立人之间没有出现过交融的现象。复旦大学遗传学家金力和他的团队进行了一项研究,在东亚各个地区对1.2万名男性进行了采样,结果表明他们每个人的血统最终都能回溯到5万年前的非洲祖先身上。而且东亚人的线粒体DNA做出了同样的回答,几千份取样结果全部显示他们的祖先在非洲。总之,没有任何证据显示,东亚直立人在现代东亚人的基因中留下了痕迹。

而且,基因研究发现,现代东亚人(主要是中国人)来自南北两个谱系,在亚洲东北部,海上谱系出现的频率很高,在蒙古甚至达到了50%。这很可能是早期迁徙到东南亚的海上移民,在几千年时间内向内陆迁徙的证据。这一谱系的 Y 染色体比北部的古老,也证明了这一推测的可靠性。很可能在 5 万年前—3 万年前,来自非洲的现代人海上移民迁到了欧亚早期人类的后代群落。东亚人口中同时存在的欧亚谱系(从北方草原来的部落)和海上移民谱系(从海岸线迁徙到东南亚的部落),证明了他们之间发生过较大范围的部落融合。

从基因图谱中浮现出的如此画面反映出,现代人从南北两个方向来到东亚定居,其迁移路线像一把钳子。欧亚部落走的是北方路线,他们很可能在 3.5 万年前由南西伯利亚的大草原进入东亚;而走南方路线的海上移民部落,他们迁徙的时间比欧亚部落要早,约在 5 万年前。这种情况表现为中国的北方人和南方人之间在形态上的明显区别。这种区别甚至体现在同一民族内部——北方的汉族人与南方的汉族人。事实上,他们彼此之间的密切关系,更多的是地理上的,而不是民族的,因为他们是两个不同部落的后代。几万年前,这两个部落从不同方向进入中国。今天,中国人在形态上的南北差异依然清晰可见。

以上相关研究,主要围绕现代人群的遗传变异进行溯源推导,因为从古人类化石中提取古 DNA 并进行测序分析具有极大难度。迄今为止,中国仅有一组从古人类化石中提取出的古 DNA,就是前文所说付巧妹团队从一块田园洞人腿骨样品中成功提取到的该人体的核 DNA 和线粒体 DNA。

对该 DNA 的测序和分析工作在德国完成,科学家通过分析发现,尽管这具人类的骨骼中带着少量尼安德特人和丹尼索瓦人的 DNA,但更多地表现出早期现代人的特征,是现代东亚人直接祖先人群中的一员。相信今后古 DNA 研究还将为中国现代人类的历史演变研究做出更大贡献。

/ 第七章 /

人类脑进化

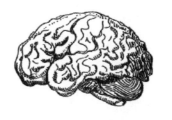

一、探索脑的奥秘

现代成年人的脑平均只有1.4千克重，但它却是自最早的动物在地球上出现以来，自然界5亿多年演化出的最复杂、最神秘的物体。

长期以来，人们对脑的重要性并没有清晰的认识，凡是涉及人类情感、记忆、思想、意志等心智方面的活动，都想当然地认为是心脏在起作用，"心智"不叫"脑智"，"心理活动"不叫"脑理活动"就是最好的证明。2000多年前，中国的"亚圣"孟子就说"心之官则思"，意思是人的心是管思想的。中国的汉字，凡涉及人精神活动的字词几乎都有个"心"或"忄"，如"思想""忧虑""恼怒""恐惧""回忆"等，不胜枚举，甚至"爱"以前写成"爱"，也离不开"心"。

古希腊的大哲人亚里士多德（Aristotle，公元前384年—公元前322年）也认为感觉和运动的中枢是心脏而不是大脑，他写道："当然，脑和感觉一点关系都没有，正确的观点是，心才是感觉的源泉和所在部位。"

其实，世界上几乎所有的古代文明，都把人的精神生活或者说心智都归之于心。

在古代，虽然也有人猜测大脑是心智之所在，如古希腊哲学家和医生阿尔克西劳（Arkesilaos，约公元前315年—公元前241年）为研究目的而对感觉器官进行解剖，特别是视觉器官，他发现了视神经，并认为这是通向脑部的"光通道"；同一时期，希腊希波克拉底学派的沃生（Vital）也认为"人们应该认识到所有的快乐、愉悦、欢笑、运动，还有悲伤、忧愁、沮丧和哀伤，都来自脑而不是来自其他的东西，脑的某种特殊的方式，使我们有了智慧和知识，能看会听，并且懂得什么是邪恶，什么是公平，什么是坏，什么是好，什么是甜美，什么令人讨嫌……也是由于有了脑，我们才会发疯和精神错乱，害怕和恐惧才会折磨我们……当脑不健康的时候，我们就会由此受累……根据上面所讲的一切，我认为脑对人有最大的影响"。但是，这些认识在当时只是凤毛麟角，占统治地位的还是心脏中心论。

15世纪以后,在西方,随着文艺复兴和近代科学的兴起,尤其是实验科学的兴起,人们对心、脑作用的认识才有了转变。其中最著名的代表人物是达·芬奇(Leonardo da Vinci, 1452—1519)。他是一位伟大的艺术家,也是杰出的科学家、工程师。为了正确把握人体的形状,他不顾教会禁令,偷偷地解剖了300多具尸体,并据此画了1500多幅人体素描。遗憾的是,达·芬奇这些精美的包括人脑解剖图的人体解剖图谱在当时并未出版,没有真正发挥作用。这些珍贵的资料直至他去世后200多年才得以重见天日。

在达·芬奇之后,出现了另一位科学家维萨留斯(Andreas Vesalius, 1514—1564),他被认为是解剖学的开山鼻祖。维萨留斯出身于比利时布鲁塞尔的一个医生世家,当他在意大利帕多瓦大学求学和任教时,对人体解剖着了迷。他偷偷盗取了坟墓中的尸体,甚至爬到绞刑架上盗窃尸体进行解剖。1543年,维萨留斯出版了《人体的解剖》,也是在这一年,哥白尼的《天体运行论》出版。这两部巨著在科学史上产生了革命性的影响。《人体的解剖》当中包括663幅插图,其中25幅展示了人脑及其各个部分。正是维萨留斯首次发现了胼胝体、丘脑,以及基底神经节中的许多核团、大脑脚等众多脑组织。他在书中纠正了以往人们根据盖伦(Claudius Galenus, 129—199)的著作得出的有关人体解剖的200多处错误,特别是否定了人脑的基底部也存在盖伦所说的血管奇网的论断,而这一组织以前一直被认为是与人的心智有关的。他还认为感觉和运动都是通过神经来传导的,神经源自大脑而非心脏。

英国医生哈维(William Harvey, 1578—1657)在帕多瓦大学留学时,师从维萨留斯的徒孙,回国后成了英王查理一世的御医,他对人体血液流动进行了大量的解剖研究。为了对心脏的结构有正确的分解,他根据实验计算了心脏的容量,以及从心脏流出的离心血量和同心血量,并计算了血液的流动时间。他假定,左右心室各能容纳血液56.7毫升,脉搏72次/分钟,那么1小时从左心室流入主动脉的血量和从右心室流入肺动脉的血量各为24.5万毫升,如此大量的血液远远超出食物的供给量,同时也远远超出人的体重。哈维利用各种动物反复进行实验,终于在1628年出版了他的名著《论动物心脏和血液运动的解剖学研究》(现多译为《心血运动论》)。在这部著作里,哈维以大量的实验观察和科学计算为依据,论证了心脏、动脉血管和静脉血管的形态和功能,阐明了血液循环运动的道理,并证明了心脏是血液循环的原动力。哈维指出"动物体内的血液始终循环运动不止,那正是心脏通过搏动完成的动作或功能,也是心脉收缩和运动的唯一目的"。哈维的论断实际上否定了心脏是"灵魂的栖息地"这种传统看法,无可辩驳地推翻了亚里士多德和盖伦等有关血管中各种"灵气"的说法。因而,血液循环理论的创立成了17世纪医学史上最重要的事件,为推翻长期以来心脏是人类心智中心的认识奠定了坚实的基础。

继维萨留斯和哈维之后,英国医生威利斯(Thomas Willis, 1621—1675)对人脑进行了解剖研究。17世纪50年代,当威利斯在牛津大学任教时,当地爆发了两次大的流行病——脑膜炎和睁眼病,尸体解剖的结果都表明死者的脑子出了问题。威利斯通过比较不同动物的大脑皮层,发现人的大脑皮层具有丰富的褶皱,而较低等动物的脑皮层则相当光滑。他又通过临床观察来判断大脑皮层的功能,发现智力障碍者的大脑都很小,因此判断大脑皮层是记忆、想象力和意志的所在地。威利斯还是纹状体的发现者和命名人。他对几例手足麻痹病人的尸体做了尸检,发现死者的纹状体变性,因此猜测纹状体对运动有作用。他还细心地把个别病人的死前症状和尸检揭示的脑变化联系起来,因此他成了把特定脑损伤和特定行为异常联系起来的先驱。威利斯比较了不同动物的脑的解剖结果,发现它们的小脑都很相似,由此推断小脑可能是负责各种脊椎动物都具有的基本功能的脑组织。他还在临床上观察到,小脑严重受损时会影响到心跳,说明心跳显然是一种最基本的机体功能。威利斯把以上观察和研究的结果发表在名著《大脑解剖》一书中,他称得上是近代神经解剖学和神经生理学的先驱。

对于人脑从细胞层面和分子层面的研究是从19世纪后期才开始的。到20世纪,对人脑的生物学基础,即脑细胞及其工作机制和脑结构与功能的研究已经取得了很大的成绩和突破,在这一领域产生了许多诺贝尔奖获得者。这里从人类对自己大脑的认识历程出发,对最重要的具有代表性的成果和人物作一简介,以反映人类认识大脑奥秘的艰辛过程。

19世纪,人们推崇一种所谓"弥散神经网络"的学说,认为各种神经细胞彼此相连,形成一张巨大的网络来感知外部世界、控制人体行为。1873年,意大利神经解剖学家高尔基(Camillo Golgi,1843—1926)发明了对神经细胞专一染色的方法,人们终于可以在改进后的显微镜下观察到神经细胞的胞体及与胞体相连的结构了。1886年,瑞士/德国胚胎学家希恩(Sean)发现每条神经纤维都来自单个的神经细胞。1891年,德国解剖学家冯·瓦尔代尔－哈尔茨(Heinrich Wilhelm Gottfried von Waldeyer-Hartz,1836—1921)首次使用"神经元"这一术语,并提出了最初的神经元学说,认为神经元是神经系统的结构单位,但他却没有拿出充分的证据。

对神经元研究有突出贡献的是西班牙神经生物学家卡扎尔(Ramon Y. Cajal,1852—1934)。他通过大量的实验观察,为神经元学说提供了有力的证据支持。卡扎尔改进了高尔基染色法,并将其应用于大脑、视网膜等有色的神经组织。他观察大脑功能,绘制了数百幅图,表明神经系统是由数十亿的单个细胞组成的。1889年,卡扎尔研究出了大脑灰质细胞和脊髓之间的关系,并论证了神经元细胞极其复杂的特征。1904年,他系统观察了中枢神经系统和周围神经系统,证明长的神经纤维只有在末梢才与另外的神经细胞接触,从而弄清了人体神经细胞的基本结构,指出神经系统是由神经元组成的,信息从一个神经元的轴突传入另一个神经元的树突,传导是单向的。1898年—1904年,他完成并出版了《人类和脊椎动物神经系统组织学》这部巨著。该书是生物科学界少有的传世之作,奠定了他在神经科学领域百年来不可动摇的地位。因而,卡扎尔成了神经元学说真正的奠基者。

20世纪神经生物学迅速发展,这离不开英国生理学家谢灵顿(Charles Scott Sherrington,1857—1952)的贡献。19世纪末20世纪初,谢灵顿开始研究脊髓反射机制。他发现支配肌肉的脊髓神经含有感觉神经(负责感觉输入)和运动神经(负责肌肉运动),而且它们都以一种"交互神经支配"的协作形式活动。例如,当一群神经元兴奋时,另一群神经元就被抑制;在肌体上表现为一群肌肉兴奋时,能够抵抗它们的另一群肌肉就被抑制,这种交互神经支配理论被称为谢灵顿定律。之后,他用去掉大脑半球的猫、狗、猴等动物做实验,发现了运动和姿势调节的反射基础,在这些研究的基础上,谢灵顿提出,必须把反射看作整个肌体的综合运动,而不是个别"反射弧"的孤立运动。

1906年,谢灵顿的著作《神经系统的整合作用》出版,书中阐释了他将生物体视为一个功能上的整体的思想,并且具体而生动地描述了中枢神经系统的整合功能。他还根据刺激的来源及感受器所在的位置,将主要感觉器官分为外感受器(如视、听、味、触觉感受器等)和内感受器(如嗅觉感受器及感受内脏和肌肉、肌腱、关节等处的感受器)。《神经系统的整合作用》一书开创了神经生物学研究的新阶段,对现代神经生物学,特别是脑外科和神经失调的临床治疗产生了重大影响。

谢灵顿将"突触"一词引入生理学,用以表示神经元之间相互接触并实现信息沟通的部位,他还提出了"兴奋－抑制"信号争夺"最后公论",即脊髓运动神经元的学说。他认为中枢神经系统会及时释放兴奋与抑制的信号,信号在突触处叠加,当兴奋信号占上风时,运动神经元就获得兴奋信号,反之就获得抑制信号。当一个脊髓运动神经元接受了足够多的兴奋信号时,它就将兴奋信号传递给肌肉,使肌肉运动。谢灵顿这些观点为神经生物学做出了开创性贡献。

自从谢灵顿提出神经传递的"突触"概念后,关于突触传递的机制就分成了化学学说和电学说两大类。发现神经递质的戴尔(Henry Hallett Dale,1875—1968)等是化学学说的代表,而澳大利亚神经生物学家埃克尔斯(John Carew Eccles,1903—1997)则是电学说的领军人物。

埃克尔斯曾师从谢灵顿,在牛津大学进行反射和神经突触传递研究。1944年—1951年,埃克尔斯及其同事将微电极插入中枢神经系统的神经细胞中,首次记录下了由兴奋性突触和抑制性突触造成的细胞膜内外电压差(称为电位)的变化。他们还发现,刺激与运动神经元有突触联系的外围传入神经时,传入神经的动作电位能够对运动神经元的兴奋性造成影响。1953年,他在《脑的神经生理学基础:神经生理学原理》一书中发表了该成果。

埃克尔斯在之后的实验中,证明了神经传输中化学递质的存在及其原理,并证明了中枢神经系统有两种突触传递机制,少数是电传递,多数是化学传递。他还研究了神经递质对细胞膜电流、阴阳离子进出膜能力的影响,以及从一个神经元到另一个神经元或肌肉细胞的传递过程等问题。埃克尔斯的研究工作揭示了神经细胞之间的信息传递机制,对认识人脑有很大的推动作用。

第一个在脑结构与功能的研究方面取得重大突破的要数俄罗斯生理学家谢切诺夫(Sechenov,Ivan Mikhaillovich,1829—1905)。他于1863年出版的《脑的反射》一书,将反射概念(即机体在中枢神经系统参与下,对内外环境刺激作出的反应)首次应用于脑活动,证实中脑和大脑皮层里存在着抑制脊髓反射的机制——中枢抑制,开创了脑功能研究的先河。在哲学意义上,谢切诺夫也认为人脑活动(意识活动)的本质是脑的反射活动,提出了意识与非意识的反射本质,并证明生理过程是心理现象的基础,任何心理活动无不来源于感官对外界刺激的反应,这是人类对自身心理现象认识的一大飞跃。谢切诺夫的思想奠定了日后脑科学研究的基础。

19世纪末以来,谢灵顿对脊髓反射机制的深入研究,阐明了许多反射活动的基本规律。20世纪初,巴甫洛夫(Ivan Petrovich Pavlov,1849—1936)集中研究了有关大脑皮层的生理学,创立了高级神经活动学说。

人类很早就注意到了大脑与语言的关系,如古埃及人就曾经记录过因脑部损伤而丧失语言功能的病症,即现代所说的失语症。然而,真正科学意义上的神经语言学研究是从19世纪下半叶才开始的。

1861年,法国医生布罗卡(Pierre Paul Broca,1824—1880)在解剖一个多年不能清楚说话的人的尸体时发现,其大脑皮层的一个区域(左半球颞下回后部,或称第三颞回处)有损伤。这个区域后来被命名为布罗卡区,与语言的生成有关,该区域的损伤会导致患者发言断断续续,或者虽然能说话,对语言的理解也正常,但不能说出表示一定连续内容的话语。1874年,德国生理学家韦尼克(Carl Wernicke,1848—1905)进一步研究发现,大脑皮层的另一个区域(左半球颞叶后部)控制着语言的接收和理解,这个区域受损的患者无法理解别人所说的话,甚至不能完全分辨语言,这个区域后来被称为韦尼克区。布罗卡区和韦尼克区通常位于脑部的优势半脑(一般在左侧),共同控制着我们对语言的表达和理解。

人的大脑有两个半球,两个半球之间由胼胝体连接,构成一个完整的统一体。正常情况下,大脑作为一个整体进行工作,来自外界的信息经胼胝体传递,左右两个半球的信息可在瞬间进行交流,人体的所有活动都是两个半球信息交换和综合的结果。

美国神经生物学家斯佩里（Roger Wolcott Sperry，1913—1994）从1952年开始用猫和猴做了大量的割裂脑实验。他将这些动物大脑的两个半球之间的胼胝体割开，发现外界信息传至一个大脑半球皮层的某一部分后，不能同时将此信息通过横向胼胝体纤维传至对侧皮层相对应的部分，每个半球各自独立活动，彼此无法知道对侧半球的活动情况。1961年，斯佩里开始研究"裂脑人"（如因患癫痫而不得不切断胼胝体以控制病情的患者）。1970年，他根据这两类实验发现，大脑左右半球存在机能上的分工：左半球主要负责逻辑、记忆、语言、判断、分析、五感（视觉、听觉、嗅觉、触觉、味觉）等，其思维方式具有连续性和分析性，因此可称作"意识脑""学术脑"或"语言脑"；右半球则主要负责空间记忆、情感、美术、音乐、想象等，其思维方式具有无序性和跳跃性，可称作"本能脑""创造脑"或"艺术脑"。对正常人来说，大脑两个半球始终作为一个整体在工作，斯佩里的研究成果是人类脑科学研究历程中的重大里程碑。

二、脑细胞与信息传输

1. 脑细胞

人类的脑虽然平均只有1.4千克重，但其复杂程度却令人难以想象。为了认识我们的脑，科学家经过研究，揭示出人脑的基本生物组成单元是脑细胞，而且这种脑细胞分为两大类群，一类叫神经细胞，一类叫神经胶质细胞。神经细胞（又称神经元，结构见图7-1）负责大脑的信息处理，其数量大约有1000亿个，但还不到脑细胞总数的1/10。神经元一旦产生，就必须坚守其岗位，直至生命终结。神经胶质细胞比神经细胞要多近10倍。过去认为，神经胶质细胞只是为神经细胞提供最佳环境并对其起保护作用。而近年的研究发现，神经胶质细胞不但可以转化为神经细胞，还可以直接进行神经细胞的活动。

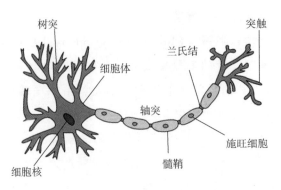

图 7-1　典型神经元结构图

　　神经元的形状和大小虽然各异，但却有一些共同的结构，这些结构和身体内的其他细胞是一样的。神经元的表面被一层膜状物质包裹，这种膜状物质叫细胞质膜。所有神经元都有一个细胞体，里面有细胞核，这里是编码遗传信息DNA的储存库，细胞体形状可以是圆形、角形、纺锤形等，大小可以从4～100微米不等，最常见的是20微米。也许一个更直观的方法可以帮助大家理解其大小，那就是当5个中等大小的神经元紧密排列时，其宽度相当于一根头发的直径。可以想象，神经元和神经胶质细胞在大脑内紧密相贴在一起，彼此之间只有极小的空隙。

　　从神经元细胞体中伸向一端、由粗变细的分支称为树突，它负责接收来自相邻神经元的化学信号。树突的长短、多寡和分布样式在不同的神经元上差别极大，有的神经元甚至完全缺乏。使用高倍显微镜观察时，会看到有的树突表面很光滑，有的树突表面则由被称为树突棘的小穗粒状突起所覆盖。典型的神经元既具有分支的树突，还具有发自细胞体伸向另一端的单根细长的突起，这就是轴突，是神经元信息的发生端。轴突通常比树突要细，从胞体发出后不会再逐渐变细。单个轴突从细胞体发出后可以产生分支，有时分支会到达截然相反的目的地。轴突可以很长，有的长度能从人的脊椎底部一直延伸到脚趾（对人类来说最长的轴突约有0.9米，长颈鹿的轴突最长可达3.7米）。

2.信息传输

　　脑信息从一个神经元的轴突到达下一个神经元的树突（有时是细胞

体），中间的连接部位被称为突触。如图 7-2 所示，在突触部位，轴突的末端几乎——并非真正——接触到了下一个神经元。轴突末端内有许多膜包裹的小泡，被称为突触囊泡，最常见的突触囊泡类型是容纳了 2000 个神经递质分子的特殊化合物。在上级神经元轴突和下级神经元树突之间，有一个狭窄的充满盐水的缝隙，称为突触间隙。突触间隙实际上极其狭窄，大约 5000 万个突触间隙排列在一起的宽度才抵得上一根头发的直径。但突触间隙却是信息链中突触囊泡释放神经递质到下级神经元的部位，是脑神经元之间所有信息传递的交通要道。

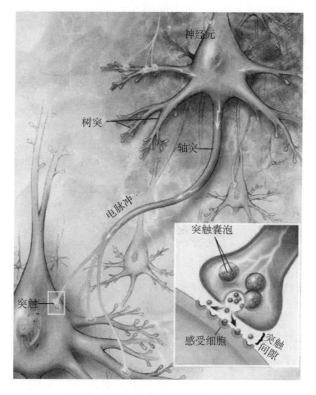

图 7-2 轴突与树突连接示意图

突触是大脑中所有故事的主角，当我们进行与记忆描述、情感活动，甚至睡眠等相关的事情时，它都会不断地出现，所以值得多花些时间给予其更多关注。

最值得注意的是，大脑中突触的数目多得令人难以置信，平均来说，每个神经元一般有 5000 个突触，最多时可达 1 万个。在那里，别的神经元轴突终端和这个神经元形成连接。突触大多数形成于树突,有一些在胞体上,少数在轴突上。一个神经元有 5000 个突触,大脑中约有 1000 亿个神经元,两者相乘,就得到 500 万亿这个数字,实在让人震惊。

大脑中有两种类型的信号传输方式,一种由化学物质传输,叫化学递质,一种则由电传导。突触是介导信号传导的关键因素。电信号通过一种叫动作电位的快速脉冲作为其信息的基本单位。动作电位是一种快速而短暂的电信号,发自轴丘(神经元胞体和轴突的汇合处),当动作电位沿轴突传递到轴突末梢后可引发一系列化学反应,导致其结构发生戏剧性的变化:突触囊泡和轴突终端外膜融合,将其含有特殊的神经递质的化学分子的内容物释放到突触间隙。这些神经递质穿过突触间隙,与嵌入相邻神经元树突质膜的一类被称为神经递质受体的特殊蛋白质结合,这些受体将神经递质的化学信号再重新转换成电信号。递质与树突的已激活受体的电信号最终汇集于细胞体中。如果到达的电信号足够多,则会触发新的动作电位,使得信号沿神经元链进一步传递。

以上是神经元传导信号基本情况的描述。我们知道大脑重量仅占人体重的约 2%,但所消耗的能量却占总能量的 20%,为什么会消耗这么多的能量呢?原因就是大脑的工作量大,大脑信号传输所消耗的能量就多。

大脑浸浴在一种特殊的盐水溶液中,叫作脑脊液,它含有高浓度的钠和极低浓度的钾,这些钠和钾都是带电离子,各带一个单元的正电荷,大脑所消耗的能量主要用于特殊的分子泵运转。它将钠离子泵出细胞,钾离子泵入细胞。这样使得神经元外部的钠离子浓度高出内部 10 倍之多,而钾离子的浓度梯度正好相反,神经元内部的钾浓度大约是外部的 40 倍。神经元的细胞质膜内外都是盐溶液,但成分完全不同。细胞外液高钠低钾,细胞内液则相反,低钠高钾,这就是大脑电学功能的基础。钠和钾的浓度差产生了势能,类似于儿童玩具上发条所产生的能量,可以在适当的环境下产生电信号。在静息态时,神经元存在一个跨膜的电势差,胞内的负电荷比胞外要多,这就是动作电位产生的基础。

实际上,神经元的信息传导是一个十分复杂的物理化学和生物化学过程,这只能留给那些专业工作者去研究和探索,我们只要知道科学家研究发现的神经元信息传导中的一些基本事实就可以了。这些基本事实是：

神经元的信息传导是单向的，也就是信息从神经元的轴突流出，经过突触间隙传到下一个神经元的树突。这样单向地传导，不会逆向传导。

动作电位是大脑信息的基本单位。动作电位首先在轴丘上产生，这是因为这个部位的细胞质膜结构不同于树突或细胞体，轴丘拥有高密度的各种离子通道，动作电位就是在这里产生的。轴丘既是动作电位产生的地方，又是动作电位传向轴突末端的起点。

神经递质，也就是信息传导的化学物质有许多种，已知的化合物多达近百种，但对神经作用来说，就是两种：一种是兴奋型神经递质，如谷氨酸等最常见的递质等；还有一种是产生相反作用的神经递质，叫抑制型神经递质，大脑中主要的抑制神经递质是"γ-氨基丁酸"（简称 GABA）。

实际上，神经元在某一时刻能否产生动作电位，取决于许多突触（兴奋性和抑制性突触）同时活动的综合效应。试想一下，每个神经元平均接受 5000 个突触连接，其中约 4500 个为兴奋性的，500 个是抑制性的。在某一时刻只有很少的突触被激活。大多数神经元不会由于 1 个兴奋性突触产生动作电位，而需要 5～20 个突触的参与，一些神经元则需要更多的突触参与。

神经递质传导信息有的快、有的慢。像甘氨酸和 GABA 都是些快速作用的神经递质，它们能够在几毫秒内产生电信号，这在大脑内占绝大多数。除了谷氨酸、GABA、甘氨酸和乙酰胆碱这些快作用的神经递质外，还有缓慢作用的神经递质。这些神经递质与不同受体结合后，不是开启离子通道，而是激活神经元内的生物化学反应过程。这些生物化学事件引起的反应启动慢，但会持续很长时间，典型的在 10～200 毫秒之间。这里传达的一个基本概念就是：快作用神经递质适合传递一系列需要快速信号的信息，而慢作用的神经递质适合调节整体的基调和幅度。

还有一个基本事实是，神经元的导电效率非常低。铜导线可以毫不费力地让电信号快速传递，它绝缘性能好，是良导体，还不会丢失电荷。电信号在铜导线上的运动速度接近光速，以每小时约 10.8 亿千米的速度传递。相反，神经轴突上的电信号传导靠分子活动（电压敏感离子通道的快速开启和关闭)来传递动作电位,轴突又是相当差的导体,轴突内的盐溶液可不像铜导线那样容易导电。还有,轴突外膜是很差的绝缘体。有人形容轴突就像是 2.5 厘米直径的花园用橡胶软管(中央的水流很小)。这种软管外表有很多小孔(水不停通过其流出)以灌溉花圃。缓慢的流速加上小孔的渗漏使得管内的水流速很慢。与之类似,电流在轴突中的流动也存在流速慢和易流失的问题。所以,通常电信号在轴突中传递很慢,约 160.9 千米/小时。在大量极细而又没有很好绝缘性的轴突中的电流则慢到以 1.6 千米/小时的速度传递。流速最快的是那些在极粗又被胶质细胞很好地绝缘的轴突中的电流,其速度为 643.7 千米/小时。但就算在传递速度最快的轴突中,比如命令你的手指本能性地从热火炉上拿开的轴突,其电信号传播速度也不到铜导线的百万分之一。

发放动作电位是神经元编码和传输信号的主要形态,所以电位发放的时限异常重要。15 年前,也就是 2006 年,台式电脑的中央处理器的处理速度就可以达到 100 亿次/秒,这个速度放在今天的电脑中早已落伍;但人脑中一个典型神经元,放电频率一般也只有 400 次/秒(一些特殊的神经元,如负责高频编码的听觉神经元,1 秒钟可发放 1200 个动作电位),而且大多数神经元不能长时间维持这种高频放电,如果长于几秒钟之后,人就会感觉非常疲倦,需要休息了。

这就是说,大脑神经元并不是一个质量很高的部件。但就是这些质量不高,或者说是低劣的部件又是如何管理人类的智力功能的呢,人脑又是如何轻易完成那些使电子计算机都"手足无措"的任务的呢?这是一个深奥的问题,是神经生物学的中心问题,目前还没有详尽的答案。不过下面的说法提供了一种被普遍接受的解释:单个神经元都是极其缓慢、不可靠且低效率的处理器,但是人脑是 1000 亿个非最优处理器的集合体,大量互联又使之形成 500 万亿个突触。因此,人脑可以利用大量神经元的同步加工和随后的整合模式来解决复杂的问题。大脑就是一个拼装电脑,尽管每一个处理器的功能极为有限,但大量相互关联起来以后就会产生惊人的效率。除此之外,尽管人脑的总体线路图已被遗传密码所决定,但其精细线路则可被经验修改,这就允许突触强度和联系可由经验而改变,即所谓的突触可塑性(以后还会讲到)。

这就是人脑，它使用大量互相关联的平行构造，加上精细的反馈信息，就把简单的部件组成了一个令人惊叹的装置。

三、人脑的结构与功能

20世纪下半叶以来，由于神经科学、分子生物学和脑科学的发展，人类对人脑的认识有了很大提高。在脑结构与功能方面，有的科学家认为人脑就像一台拼装电脑。上一节提到过，神经元轴突在信息传导中具有低效率和绝缘性能差的特点，导致人脑低效、笨拙，兼之深奥难解，却还能工作，因而可以更形象地将其形容为"一个用乱七八糟的零件拼凑成的让人痛苦不堪的东西"。

正如著名神经科学家戴维·J·林登（David J. Linden）所说的，"无论从哪个层次看，从脑区、回路到细胞分子，人脑都是个设计拙劣、效率低下的团块，可又出人意料地运作良好，人脑不是终极且万能的超级计算机，它不是一个天才在白纸上即兴完成的创作，而是一座独一无二的大厅，积淀着数百万年的进化历史"。有很多例子可以证实，大脑很久以前就对某个特定问题形成了解决方法，经年累月一直使用着它，或者再加以改进用于其他用途，或者严格限制任何改变。用分子生物学家弗朗索瓦·雅各布（François Jacob，1920—2013）的话来说，"进化是个修补匠，而不是工程师"。

这些科学家提示我们要把人脑作为自然界千万年进化的产物来认识，而这种进化是对环境随机变化的适应的结果，不是上帝的创造或"工程师"的预先设计。

根据这种观点，让我们来考察我们的脑，看看它有什么结构，担负着什么职责。为了观察方便，想象一下我们面前有一个刚剖开的成年人的脑。

人脑是个近似椭球形、带点浅灰色的粉色物体。它的外表被称为大脑皮层，其上覆盖着密集的皱纹，形成了深深的沟回，沟回和皱纹的样子看起来应该是具有多样性的,就像指纹一样,但实际上所有人脑的形状都非常相似。

人脑在形态上的明显特征是对称性,从顶部看,有一条沟将大脑皮层从前端到后端划分为相等的两半,如果沿着这条沟将大脑纵向切开,然后将切开的右面转向我们,就可看到如图7-3所示的样子。

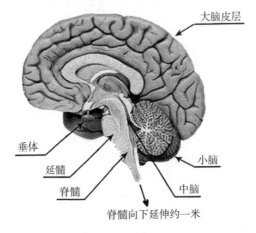

图 7-3 人类脑部解剖图

这幅图清楚地告诉我们,人脑不是由一块均一的材料构成的,人脑的形状、颜色,以及脑组织的质地在人脑不同区域中各不相同,但是图像却无法告诉我们各个脑区的功能。研究区域功能的一个有效方法就是临床观察一些在大脑不同区域有持久性损伤的患者。而事实上,正是通过医生对不同脑损伤患者的脑部手术和医学解剖,我们才逐渐知道了不同脑区的功能。此类研究可以和动物实验相互补充,在动物实验中,可以通过手术或者药物精确地确认损伤脑的局部区域,然后再仔细观察动物身体的功能和行为。

如今,我们已经十分清楚人脑的不同部分担负着不同的功能,下文将从下到上对其进行逐一介绍。

1.下层结构

下层结构因位于人脑最下方而得名,主要包括脑干和小脑(图7-4)。

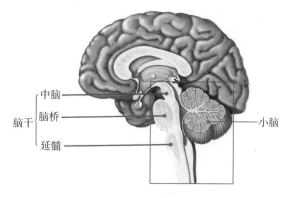

图 7-4 人脑下层结构示意图

（1）脑干

脑干由延髓、脑桥、中脑组成，是最基本的身体控制调节中枢，负责那些无须意识控制的生命的基本功能，例如心跳、血压、呼吸节奏、体温和消化。脑干还是一些重要反射活动，例如打喷嚏、咳嗽和呕吐等的协调中枢。脑干也是中转站，接力从皮肤和肌肉到脊髓再到大脑的感觉信号的上行传递，以及从大脑到身体肌肉的功能信号的下行传递，也就是起着下情上达和上令下达的作用，它还是产生清醒或睡意感的部位。

调节清醒－睡眠状态的药物，例如有促睡眠作用的安眠药或麻醉剂，或者促清醒作用的咖啡因，都作用于脑干。如果脑干有一小块区域受伤了（如外伤、肿瘤或者中风），你可能会进入昏迷状态，不会有任何感觉，而大范围的脑干受损几乎是致命的。

脑干的绝大多数功能来源于中脑。中脑处于小脑上方靠前区域。中脑包含有初级的视觉和听觉中枢，这些部位对于一些动物，比如青蛙和蜥蜴，是主要的感觉中枢。中脑的视觉中枢对于引导青蛙吐舌捕捉飞行的昆虫是至关重要的。但是在哺乳动物中，包括人，中脑的视觉中枢仅起到补充作用，并且在一定程度上被大脑中更精细的视觉区域（在大脑皮层中）所替代。但这个进化过程中的古老结构仍被保留在人的大脑中，还可以产生一种被称为盲视的奇特现象。所谓盲视，就是当脑内高级视觉区域受损而失明的病人会说他们连一点视觉感受都没有，什么东西都看不见，但要求他们摸某种东西时，他们通常都会摸到，而且成功率高达99％。对于这种现象的解释是他们的中脑中古老的视觉中枢是完整的，并引导了伸手动作。

但由于这个区域没有和高级大脑皮层相联系,所以患者无法意识到所摸东西的位置。这里反映了一个人脑中的普遍规律,就是人脑的低级部分(例如脑干)的作用一般都是自动进行的,无须意识控制。当人脑进化到需要更高级的大脑区域时,我们的行为就从潜意识或本能的过渡到有意识的了。

(2)小脑

小脑与脑干紧密相连,具有调节人体运动的功能,也就是掌握运动平衡的能力。它利用身体如何在空间里运动的感觉反馈,对肌肉进行细微的校正,使人体得以平稳、流畅和协调地进行运动。小脑的微调作用不仅发生在协调性要求特别高的活动中,例如击打棒球和拉小提琴,还发生在几乎所有的日常活动中。小脑的损伤会带来细微的变化,它不会使你瘫痪,但会使你动作不协调,会使你在完成那些我们平时不经意的简单动作时显得很笨拙,如不能平稳地伸手去抓一个水杯,或者无法用正常的步态走路。

2.边缘系统

脑干部分与大脑皮层之间的脑区结构,被称为大脑边缘系统(图7-5),

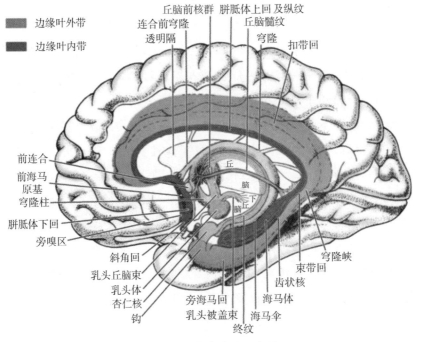

图7-5 边缘系统示意图

主要包括丘脑、下丘脑、杏仁核与海马体等结构,其功能很独特。

(1)丘脑和下丘脑

从中脑再往上往前一点,我们就可以看到丘脑和下丘脑这两个结构。丘脑是个大的中转站,负责向更高级脑区传送感觉信号,同时,还下行发送高级脑区发来的命令信号,最终引起肌肉运动。下丘脑有很多小的部分,每部分都有一个独立的功能,但是这个区域的一个普遍功能是帮助维持很多机体功能的重要状态,即维持所谓的内环境稳态。例如,当你感到冷的时候,你的身体会不由自主地打寒战,以此来通过肌肉运动产生热量,寒战反射就起源于下丘脑。

除了维持体内平衡和生物节律,下丘脑还是一些社会行为的关键控制者,如性行为和攻击行为,下丘脑对这些本能行为的作用是通过分泌激素进行的。激素是强大的信号分子,通过血液被输送到身体各处,引起不同的反应。下丘脑分泌两种激素,一种对身体有直接作用(比如抗利尿激素,作用于肾脏,限制形成尿液,从而升高血压);第二种是所谓的控制激素,指挥其他腺体分泌它们自己的激素,比如成长阶段的儿童和青少年的垂体可以分泌生长激素,但必须受到下丘脑分泌的一种控制激素的激发。

(2)杏仁核和海马体

杏仁核和海马体是两个特别重要的结构,但却是无论从外部还是中线切开都看不见的脑区。它们在大脑中央构成了一个大回路的部分,即中枢边缘系统(还包括丘脑、皮层,以及其他区域的一部分)。中枢边缘系统对于情感和特定类型的记忆很重要。它也是从人脑底部到顶部,自发的和反射的功能与意识注意力功能发生混合的第一个地方。

杏仁核是情感处理的中枢,在处理和攻击相关的行为中扮演着特殊的角色。它连接两方面来的信息,一个是皮层中处理过的信息,另一个是自主产生的有关对抗和逃跑反应(流汗、心跳加快、口干等)的信息,后者是通过下丘脑和脑干介导的。人很少受到单一的杏仁核损伤,那样的患者经常情绪失控,也无法识别他人的可怕表情。用电刺激杏仁核可以引起恐惧感,杏仁核似乎也参与了对恐惧事件的记忆储存。

海马体是记忆的中心,如同杏仁核,它接收来自上方皮层的经过高级处理的感觉信息。海马体并不介导恐惧反应,而是在构建事实和事件记忆痕迹中具有特殊的作用,这些记忆痕迹在海马体中储存1年左右,随后转移到其他脑区。

海马体的这种功能缺失会引发极为严重的症状,其中最典型的病例是一个化名H·M的男子。他患有严重的癫痫,在其他治疗方法完全无效后,他于1953年被切除了两侧大脑的海马体及周边组织。手术非常成功地抑制了癫痫发作,而且对其运动能力、语言能力及基本的认知能力都没有损伤,可是却带来了两个灾难性的副作用。H·M丧失了手术前2~4年的所有记忆,但对于更早发生的事情,他的记忆却广泛、详细又准确。更糟的是,手术后H·M记不住新的信息和事件了。假如你周一去看望他,周二他就不记得你了;他每天读同一本书,但这本书对他而言却永远都是新书。尽管他可以有持续几十分钟的短期记忆,但是储存信息和事件的永久记忆能力已经荡然无存。

H·M病例引出的对记忆和海马体的开创性认识被后来的研究多次证明和巩固。从这项工作中得到的一个简单一致的结论就是:没有海马体,储存新的信息和事件的记忆能力会被严重损害,甚至摧毁。

其实H·M真名叫莫莱森(Henry Gustav Molaison, 1926—2008),出生在美国康涅狄格州哈特福德市。他7岁时在一次车祸中头部受到重创,留下了非常严重的后遗症——不定期的突发性癫痫。随着年龄增长,他的癫痫越来越严重,到27岁时,他几乎丧失了生活自理能力。莫莱森不堪病痛的折磨,来到了哈特福德医院治疗,这才有了上述的治疗过程。手术之后,莫莱森的病变脑区被完全移除,由此带来的好处是困扰他20年之久的癫痫症状从此基本消失,而坏处却是他患上了新的可怕的后遗症——再也记不住新的东西了。从此科学家知道了控制记忆产生的最关键的脑区,就是莫莱森那个被摘除的、在颞叶皮层下边缘系统的一块区域,由于这块区域的形状像海洋动物海马,所以被命名为海马体或海马区。

莫莱森于2008年去世,享年82岁,他以自己的病痛为人类认识记忆和海马体的功能做出了重大贡献,值得人们永远铭记。

3.大脑皮层

大脑皮层(图7-6)是覆盖在脑干和边缘系统外面的一层密集的皱纹

结构的脑区，它有着深深的沟回，沟回和皱纹使之看起来就像核桃仁一样。大脑皮层是形成不同神经的细胞组成的结构，是由不同脑区拼起来的综合体。

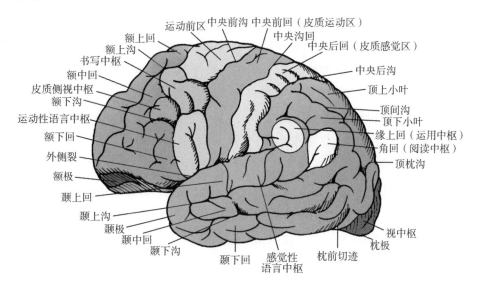

图7-6 大脑皮层结构及功能示意图

有科学家用大脑化指数作指标来研究哺乳动物的脑进化，发现大脑皮层是灵长类动物进化出来的大脑结构，而且主要是人类进化的产物。例如人类的大脑皮层的大脑化指数（186.41）是类人猿的（61.88）3倍多。因而大脑皮层就成了研究我们人类许多高级神经活动的主要脑区。

从顶部观察大脑皮层，有一条沟纹从后向前将其划分为两半，这两半分别称为左脑半球和右脑半球，这条沟纹叫中央沟回。大脑皮层面积很大，最后面的部位是视觉信息最先到达的地方，位于中央沟回中。后面的条状区是触觉和肌肉感觉最先到达的地方。在中央沟回的前面还有一个条状区，是向下运送信号最终引起肌肉收缩和躯体运动的，叫运动神经区。

大脑皮层还有一些没有明显感觉和运动功能的区域，科学家称之为联合皮层。联合皮层在大脑前部的区域称额叶。额叶是大脑高度发达的一个区域，是影响一个人性格的基础，决定我们的社会交际和表现，甚至决定我们的逆生长（在成长过程中出现的倒退现象）、认知能力，乃至人格。可以说，大脑前额叶皮层是决定我们何以为人的脑区。

人的额叶受损引起性格改变的最典型、最著名的例子是菲尼亚斯·盖奇(Phineas P. Gage,1823—1860)。盖奇是一位美国铁路工人,1848年任佛蒙特州铁路施工队的队长,时年25岁。在一次施工爆破过程中,他不幸被一根铁棒从左颊和眼睛穿过,铁棒通过眼窝刺入头骨,将右侧额叶撕了个大洞,并穿过了头骨上部。令人惊奇的是,经过抢救,盖奇在床上躺了几周后竟完全康复了,伤口的感染也消退了。他可以走路、说话、做算术等,他的长时记忆也完好无损,但是他的性格却发生了明显改变。所有朋友都说他在事故发生之前极和蔼、稳健、友善,具有领导魅力。可是,伤愈之后,他却变得傲慢、固执、冲动、粗鲁,而且很自私,与之前判若两人。无须赘述,额叶受伤让他从一个好人变成了一个"混蛋"。曾经的同事、朋友不能忍受他了,称:"他不再是盖奇了!"事故发生的12年后,盖奇去世了。与莫莱森一样,盖奇为人们认识人脑额叶的功能做出了巨大贡献,同样应该被人们铭记。

通过长期的研究,我们认识到,大脑皮层的最顶端(顶叶)和最前端(额叶)是负责人类认知、自我意识、思维、思想、意念、信仰等高级神经活动功能的脑区。

四、人脑的发育

在自然界,人脑的发育在所有生物中是独一无二的,它不但经历了在母亲体内10个月的胚胎期,还经历了出生后漫长的童年期,直至青少年期才能完成发育。大脑发育涉及先天与后天,也就是遗传与环境,还涉及神经元可塑性和大脑发育的关键机遇期等影响人的一生的重大问题。因而,了解大脑发育不光能增加知识、明白道理,还能提示我们应该如何对待孕妇、对待儿童,这也是本节的重点。

1.胚胎期人脑的发育

(1)胚胎期早期人脑发育主要是基因作用

要理解基因对人脑的作用,我们先要了解人脑在母体内的十个月是如何发育的。在子宫里,精子与卵子结合生成受精卵,受精卵不断分裂,分裂的细胞形成一个细胞球,这就是囊胚。几天后,囊胚在子宫内膜着床。随着时间的推移,囊胚继续生长,子宫内膜也会发育成蜕膜,这时候蜕膜和囊胚的叶状绒毛膜就会结合形成胎盘。胎盘的外层细胞称为外胚层,随后几天,外胚层接受了周围组织的化学信号,发育成神经板,它是胚胎的中心结构。随着胚胎的发育,神经板边缘开始卷曲,相互融合而形成神经管,最后神经管的一端发育成脑,另一端发育成脊髓。神经管的中央孔腔最终形成脑室,那是一个位于脑和脊髓中央的充满液体的空间,这是受孕大概一个月后的情况。

这个时候,组成神经管的并不是真正的神经元,而是大约12.5万个所谓的神经元前体细胞。这些细胞以疯狂的速度分裂,产生越来越多的前体细胞。胚胎发育过程中,神经系统前体细胞的分裂速度令人瞠目结舌,在妊娠期的前半段,每分钟约有25万个新细胞产生,大部分的细胞分裂发生在发育中的大脑深部,靠近充满液体的脑室。一个前体细胞有好多种命运,它可以分裂成更多的前体细胞,也可以分化成神经元,或者成为神经胶质细胞。决定前体细胞命运的因素对于决定大脑及相关区域的最终大小也是非常关键的。

神经管的膨胀和弯曲勾画出了人脑的不同区域,比如大脑皮层、中脑、小脑等。这是由一系列同源异型基因控制的,它们是人脑早期发育的主要调节器。同源异型基因编码产生的蛋白质就是转录因子,由于转录因子能激活其他同级基因,包括形成不同区域间分界的基因和促使成群细胞聚集在一起的基因,因此,同源异型基因具有非常广泛的功能。

一旦神经前体细胞完成了分裂,它们就必须从进行细胞分裂的特定区域(该区域与脑室相邻)迁移到人脑内的最终位置。人们还未完全了解指导神经细胞迁移的分子机制,但是已经了解了指引细胞粘连的分子和排斥细胞迁移的其他分子处于人脑内那些分为不同细胞层的区域,比如小脑和大脑皮层。神经元严格地沿着一类特殊的神经胶质细胞所形成的支架移动,这类神经胶质细胞被称为放射状胶质细胞(图7-7),它们从内侧延伸出来直到脑的表面。

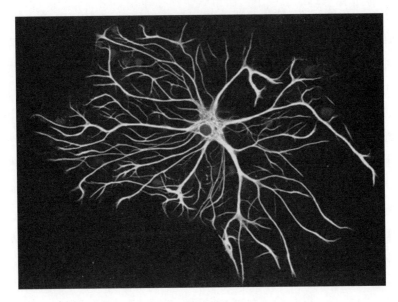

图7-7　放射状胶质细胞

　　大脑皮层的分层通过以下方式产生：在发育的皮层中，最早产生的细胞移动一小段距离到邻近的区域，而那些较迟产生的细胞则沿着早先产生的细胞向距皮层表面更近的地方靠近。通过这种方式，皮层形成了一种由内向外的形状，最新产生的细胞位于皮层的最外沿。这个复杂的过程会出错，迁移中产生的错误影响虽然比同源异型基因的缺陷带来的后果轻，但仍然是非常严重的，异常的神经细胞迁移会导致大脑整体性麻痹、智力缺陷和癫痫。

　　随着胚胎发育，神经管中不断分裂的前体细胞最终将生成脑内所有类型的神经元。神经元的多样性包括大量不同的特征，如形状、位置、电生理性质，以及使用的神经递质。稍后某个时刻，各种特征的神经元都会通过沿伸出来的轴突和树突结合在一起。

　　(2)胚胎期晚期人脑发育受基因与环境共同影响

　　以上叙述只讲了许多基因对大脑发育的调控和影响，没有谈到环境的影响，这是因为在胚胎发育的早期，绝大部分脑的形成是由基因决定的。随着发育的进一步进行，环境发挥的作用逐渐增大，包括在子宫中和出生以后。比较环境在脑发育的早期和晚期的作用时，应该区分有害作用和有益作用。早期的胎儿，没有感觉器官来捕捉外面世界的信号，完全依赖母亲的血液供应能量、氧气和形成新的细胞所需要的分子物质。因此,母亲的不当饮食、胎盘功能失常或者患病,都会对胎儿脑的发育带来破坏性影响。但是胎儿的基本需要都满足了,这些因素也不能特异性地指导或指示胎儿脑发育了。

环境影响人脑发育的另一种形式是激素循环。如果由于某种原因,比如社会因素(失业、亲人过世)或者炎症,母亲处于情绪低落状态而产生的激素会进入胎儿的血液循环,影响神经元形成及细胞迁移。母亲的免疫系统也可以影响胎儿的脑发育,这不仅仅通过产生抗体,还可以通过母亲免疫系统产生一系列的分子,如细胞因子等,这些因子会与胎儿的细胞因子受体结合。双胞胎的情况就更复杂了,一个胎儿的激素甚至可以影响另一个胎儿的脑发育。

在孕期后期,随着胎儿所产生的脑细胞继续迁移和神经元类型发生特异化,真正的难题出现了——如何正确地将神经元联系在一块儿?科学家们为回答这个难题,经过仔细的研究,终于发现在大多数脑区,神经元大范围的连接(使轴突往正确的脑区生长)和茂密的细小连接(使轴突往正确的更精细的区域生长)都是受遗传控制的。遗传决定了大范围的神经元连接,这一般发生在发育早期,而环境决定了发育后期的精细连接。对人类来说,脑神经连接的精细化过程开始于孕期后期,并且持续到出生后的几年。

很多年前,人们已经熟知脑的大小受基因的影响非常大。近年来,精密的脑部扫描仪器不仅大大提高了脑部测量的精确度,还可以让科学家分别测量主要由神经元的轴突构成的部分(称为白质)与包括绝大部分神经元细胞体和树突的部分(称为灰质)。经过对双胞胎,包括同卵双胞胎和异卵双胞胎的研究,科学家发现了一个非常明显的现象,不论是分开还是一起成长,同卵双胞胎有95%的灰质容积是差不多相同的;而异卵双胞胎与普通亲生兄弟姐妹一样,他们的灰质容积只有约50%是相似的。

2. 出生后人脑的发育

出生后人脑的发育状况自然地又引出了一个人们长期以来思考和讨论的核心问题,就是先天和后天,即遗传和环境对大脑的相对贡献。这是在达尔文时代以前就展开的大讨论的中心问题。先天素质和后天培养，哪个因素在决定人类精神和性格中起到更重要的作用，是各个文化背景下人们热衷于探讨的问题。在中国，更是如此，一方面说江山易改，禀性难移，强调先天因素的巨大影响；另一方面又呼吁修身养性，重视个人修养，强调后天教育的作用。

虽然大脑的形状、外形尺寸、各个脑区间联系的大体模式、细胞类型都是由基因控制的，但是细胞的具体细节结构并不是由基因调控的。大脑的特异化和神经联结网络的精细化并非取决于基因，而是受外部环境因素的影响。这里的外部环境因素很广泛，包括胚胎时期母亲子宫的生物化学环境和在子宫内就开始的经验感受，以及出生后，也就是后天的各种环境，如自然环境、人文环境和受教育的环境等，都对人脑的发育产生着巨大的影响，一直到大脑发育成熟的成年期。

下边我们着重叙述出生后人脑的发育。

让我们先来看看人的出生与其他灵长类动物有何不同。人脑的发育在出生前后并没有什么重大变化，因为到目前为止，没有证据显示人脑的发育在出生后有本质上的或巨大的改变。胎儿在妊娠晚期的成熟过程以一种与新生儿发育相似的轨迹进行。然而，人类的特别之处在于，出生过程中最重要的事情是婴儿头部必须通过产道，这就限制了婴儿出生时脑的大小。

与其他灵长类动物相比，人类的脑容量从250万年前就开始逐渐增大，而产道却没有改变，只能允许拥有400毫升脑容量的新生儿通过。正是这个原因，造成所有人类新生儿相对于其他哺乳动物而言都是早产儿。这里说的早产，不是一般说的怀孕不到10个月的早产，而是脑发育不完全的早产。这一切都是为了不让新生儿头部过大而无法通过母亲的产道。但即便如此，人类新生儿的头部相对于母亲的产道而言依然十分巨大，这就是婴儿出生时，母亲会感到明显的疼痛，且必须奋力先挤出婴儿的头部的原因，也是人类母亲很难独自完成分娩，需要精心护理的原因。

前面讲过，之所以会如此，是因为人脑在进化过程中采取了在旧有结构的基础上叠加的方式，而不是重新组织结构。因而在空间上就不够合理，如脑内就有两个视觉系统，一个原始的，一个进化后的。并且大脑由缓慢而低效的神经元构成,需要动用大量的互联网络来处理信息,因而需要1000亿个神经元和500万亿个突触。这样,人就不得不进化出一个大脑袋了,所以人类婴儿都是"大头娃"。

刚出生的人类婴儿的脑容量大约是400毫升,与成年黑猩猩的脑容量相当。出生后,人脑持续快速发育,5岁时达到最大容积的90%左右。5岁以后,人脑还会继续以缓慢的速度生长,直到20岁时达到稳定。从出生到20岁,人类的脑容量增大了2倍多,可达1300~1400毫升。这是人类与其他灵长类相比独一无二的特点。随着出生后脑发育机制在许多方面的改变,人脑内一种亚型的神经胶质细胞会分泌鞘磷脂,形成一种绝缘物质,将神经轴突包裹起来,以加快动作电位的传递,减少能量的消耗。鞘磷脂的分泌导致白质增加,同时,这也是一个树突和轴突形成和广泛分支的时期,这一时期,人脑中还形成了许许多多的小突触。如图7-8所示,在大脑发育期,随着年龄的增长,人脑内的连接也愈发密集。

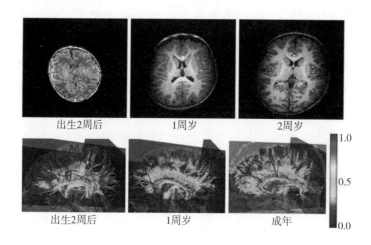

图7-8 人类大脑的发育过程

一般说来,出生后脑容量的增大并不伴随着神经元数量的增加。人脑全部神经元中的一部分在出生后的第一年内产生,但是一部分神经元也会在这个时期死亡。这样,神经元的总数基本没有改变。然而,如果专门计算人脑发育过程中神经元的数量就会发现,出生前后人脑产生的神经元数量约为人脑发育成熟后神经元数量的2倍。这意味着发育过程中产生的神经元数量远远超过了实际利用的数量,而且,通常能够存活下来的都是那些具有电活性的神经元。神经元形成了突触,突触释放神经递质并引起神经元的电活性。因而,如果仔细观察出生前后神经元之间的竞争机制就会发现,它不是发生在神经元整体水平上的,而是发生在小规模的突触水平上的。而且,大量的研究和实验证实,经验激发的电活动神经使轴突长出新的分支,并且发育为突触前末端。这种情况也可以发生在突触后,电活动能形成新树突棘和小树突分支。

后天的经验可以调节脑功能,这被称为神经元的可塑性。神经元可塑性的程度因脑区或发育阶段的不同而有所不同,由此产生的一个概念就是在一个关键时期,需要经验对某些脑功能加以适度改进,从而发展某一特定功能。一个最好的例子来自视觉,假如用绷带蒙住婴儿的一只眼睛(例如治疗某种感染),并保持很长一段时间,婴儿的这只眼睛就会终生失明,但是如果用绷带蒙住成年人的眼睛,则不会产生这种问题。上述手段造成婴儿失明的原因并不是被蒙住的眼睛失去了功能(可以通过记录光刺激眼球产生的电活动来证明),而是在视觉形成的关键期,来自这只眼睛的信息没有出现,无法帮助其保持与脑部视觉反射区的联系。

一些其他的形式的神经元可塑性可能没有明显的形成关键期,更没有反映出高水平感知过程的脑发育关键期。但有证据表明,语言学习存在关键期。小于6个月的婴儿就能够区分来自各种语言的不同语音,而出生后6~12个月的婴儿如果完全处于某一种语言环境中(如汉语或日语),他即开始偏向于这一种语言的发音。如果这个时期,婴儿处在两种语言环境中时,如父母或护理人员既说汉语又说日语,他就能学会两种语言的完美口音。5岁以后的小孩,第二语言也能学得很好,但是都不会像上述阶段的婴儿那样形成完美的口音。尽管如此,学龄儿童学习第二或第三种语言也要比成年人容易得多。显然,生命早期的经验对人脑的发育和部分脑区的微小调节十分重要,但不能就此来判断许多学习的临界窗口期。分析早期学习的一个问题在于,很难辨别人脑早期发育时期的超可塑性状态,这个时期的学习由于早期信息的奠基作用而特别有效。学习是一个新的经历相互关联整合的过程,因此,早期经历很重要,并不是因为学习的内容可以被更有效地插入到神经回路中,而是它构成了后期学习的基础。

五、人脑的进化

1.人脑进化的机制

人脑进化的机制,也可以说人脑进化的方式,包括如下几点:

第一,从组织结构上讲,人脑是从下向上,即从脑干到大脑皮层逐步发展的,因而其功能也是逐步发展的。控制诸如呼吸节奏、心跳、基本感觉等较低级生理反应功能的脑干处于人脑的下方,其后方是控制运动协调和感觉调节的小脑。由丘脑、下丘脑、杏仁核和海马体等组成的边缘系统,控制人的情绪和动机行为,也是人脑意识和潜意识情感、记忆交会的十字路口,还是特定记忆储存的结构,处于人脑中部。而控制语言、思维、想象力、自我意识、意志、信仰等高级神经活动的结构——大脑皮层则处于最顶端。

第二,人脑进化采取叠加的方式,即新的组织结构是在原来的基础上层层叠加,而不是另起炉灶,重新搭建。有科学家形容脊椎动物的脑进化就像做甜筒冰激凌一样,最下面的一勺冰激凌就是脊椎动物的原始脑(鱼类、两栖类、爬行类的脑),也就是人类的脑干和小脑,人的这部分脑与青蛙的脑没多大区别,它负责动物的感觉神经和运动神经等最基本的初级神经活动;往上是在原始脑的基础上增添的第二勺冰激凌,也就是边缘系统,这是原始哺乳动物进化出的脑组织结构,像海马体和杏仁核,主要负责记忆和情感等中级神经活动的功能;再往上就是增添的第三勺冰激凌,是大脑的最上部,即拥有巨大精细的大脑皮层的部分,这就是灵长类动物的大脑。目前,科学家正通力合作,对这部分脑的结构与功能进行艰苦细致的探索和研究,并不断取得新的成果,逐步解开长期困扰人们的谜团。

第三,大脑功能定位的特点是,初级的结构功能定位比较明确,往往一个脑组织或脑区即可完成;高级的功能定位却很复杂,通常会涉及几个不同的脑区,有的功能甚至至今还无法确定由哪个或哪几个脑区来完成。而对于基本的下意识反射,如呕吐,定位是明确的,对感觉的起始阶段更是非常明确的(我们现在已明确知道视觉、听觉、嗅觉信号最早到达大脑的部位)。然而,对于更复杂的现象,例如对事实和事件的记忆,其功能的定位就要困难得多,对于人类的决策行为这种最高级的功能则更是束手无策,无从定位了。在某些情况下,这种定位变得很复杂,因为随着时间的流逝,功能在大脑中的定位也会发生变化。像记忆似乎能够在海马体和邻近的一些区域内储存1~2年,随后就会被转移到皮层中的其他区域。决策是一种很广泛的功能,通常需要众多信息的积聚,以至于需要分成一些小的任务,并分布到皮层的许多部位,这就需要我们更好地定义脑的功能,以便进一步了解功能定位。

2.神经元与脑的形成

要解答神经元与大脑是怎样形成的这个难题还得从基因研究入手,因为神经元和脑组织结构不能形成化石,所以,在这方面的研究靠挖掘动物化石于事无补。

20世纪80、90年代,由于分子生物学和基因研究的发展,一批古生物学家和分子生物学家开始从基因角度、分子层面研究生物进化的问题。他们发现,基因研究就像打开了个工具箱,其中有各种各样的基因可以用来解决生物进化中的问题。如总管基因,负责建造生物体的基本框架,脊椎动物从头到尾、从背侧到腹侧、从前肢到后肢的基本结构都由其决定;还有一种霍克斯基因群,就像电源总开关,可以控制别的基因,负责对胚胎发育时期每个身体部位中的细胞发出指令,指示它们完成身体腹部、腿、翅膀或触角的某一部分;而一种被称为"表观遗传基因"的基因,为了使生物适应外部环境,可以指令编码某些蛋白质增加或减少,让动物身体的某些部位或某个器官发育或退化;等等。

目前,地球上已知有数百万种动物,而所有动物皆源自同一个单细胞祖先,但为什么动物会演化出如此形形色色、千姿百态的类型?这个问题的答案藏在动物体内及体外,也藏在它们的遗传史和所栖息的生态环境中。

考察动物神经元和脑的形成与进化也必须从这两个方面进行。截至目前,古生物学家发现地球上最原始的动物,包括海绵和水母等,全是双胚层动物,水母的身体没有可分离左右两侧的主轴,而是呈辐射对称状,像个圆球,它的嘴同时也是肛门,神经系统为分散式网状,而非自柱状中心向外分支。

原始双胚层动物独立分支之后,基因工具箱早已在其他动物的共同祖先体内出现。新形态的动物因为它,才可能拥有较复杂的身体结构。它可以在发育中的胚胎体内设立一片协调网络,将身体区分出更多部位、更多感觉器官、更多消化食物或制造荷尔蒙的细胞,以及更多利于在海洋中移动的肌肉。

那个共同祖先的身体到底是什么样子的,这很难确定,但是它肯定出现在寒武纪生命大爆发之前的某个时期,是在6.35亿年前—5.6亿年前的埃迪卡拉动物群中留下神秘痕迹的某个生物。

古生物学家现在相信,唯有当基因工具箱进化完成之后,寒武纪大爆发才可能发生。因为到那个时候,数十种动物门类身体结构的形式才可能出现。在这个过程中,进化并非无中生有地发展出各种全新的建造身体的基因网络,只不过是运用最原始的基因工具箱,修修补补,造出不同形态的腿、眼睛、心脏,以及其他身体部位而已。虽然动物的形态千变万化,但建造身体的基本框架和程序却一成不变。

这里,就出现了一个问题,既然基因进化的工具箱已经为寒武纪生命大爆发提供了关键因素,那为什么大爆发并没有立即发生?最早拥有基因工具箱的动物那时可能已经在地球上存在了几千万年。如果动物早就具备了进化的潜能,却没有立即起飞,必定是受到了某种外部条件的限制。

如今科学家知道,寒武纪之前的海洋,并不具备令动物崛起的条件。大气氧含量是动物发展的关键"阀门",所有在寒武纪生命大爆发期间出现的大型动物,都需要大量能量。而要产生能量,必须吸收足够多的氧气。只有大气氧含量达到一定程度,才可能出现体型较大、运动能力较强、神经系统发达的掠食动物。而大量地质证据显示,在寒武纪之前的数亿年中,海洋氧含量虽然多次上升,但长期以来学术界缺乏对当时大气氧含量的定量分析。日前,英国埃克赛特大学的研究人员计算了板块运动对地球碳循环的影响,首次对寒武纪前夕的大气氧含量变化进行了定量分析。

研究人员利用一个生物地球化学模型分析认为,在6.35亿年前—

5.41 亿年前的埃迪卡拉纪,大气氧含量表现出长期上升的趋势,总共增加了 50%,达到现今水平的 25%。

根据该模型,可知埃迪卡拉纪的大气氧含量上升是因为地质板块构造运动频繁、火山活动剧烈,从而导致二氧化碳从地幔进入大气层,再加上岩石风化加剧,释放出了更多磷等营养元素,引发生物的光合作用增强,从而制造出了大量氧气。而有机碳的产生和埋藏速率的提高,也使大气氧含量持续增加。

此前的分析认为,寒武纪大型掠食动物的出现需要大气氧含量达到现今水平的 10%~25%,上述研究的新理论与分析结果与同位素标记的地质特征较为吻合。

海洋的氧含量升高后,整个地球似乎经历了一段狂暴时期,进化因此加快了步伐,创造了具备适应环境能力的新物种。由于动物早已具备多样性和复杂性的基因网络,才能面对进化压力,开启寒武纪大爆发,演化出各种新形象,神经元与脑也就应运而生了。

3.神经元知多少

神经元是脑的物质基础,也是大脑组织结构的基本单元。现在,让我们看看神经元在从低等到高等的不同动物体内的数量变化:

秀丽隐杆线虫:302 个;

果蝇:10 万个;

斑马鱼:100 万个;

老鼠:7000 万个;

恒河猴:60 亿个;

人类:1000 亿个。

这些数字反映了神经元在不同动物体内迅速增加的情况,反映了脑进化确实是一个令人生畏的工程。秀丽隐杆线虫是一种简单的低等动物,它的神经系统可以在受精卵发育为成熟有机体的过程中构建成一个非常精确的神经环路,包括 302 个神经元和 7800 个突触。这 302 个神经元是从快速分化的前体细胞发育而来的,然后移动到身体的特定部位,表达不同的蛋白质,制造出神经递质,形成离子通道、受体等。最后,这种神经元还必须向正确的方向长出轴突和树突,使所有神经元正常连接起来。如果在神经环路发育过程中出现任何错误,它们将不能在泥土中蠕动,或者难以觅食,也可能无法躲避危险等。详细陈述这些神经元的特性和联系是一件极其复杂的事情,但幸运的是,编码秀丽隐杆线虫 DNA 的 1.9 万个基因可以帮助我们了解这个过程。

显然,要长出人类这样的大脑,就要面对比线虫大得多的挑战。在发育中,必须正确规划约 1000 亿个神经元和 500 万亿个突触的定位、特性、连接。如果所有过程都要用 DNA 来编码,那么我们就需要比线虫多得多的基因。事实上,目前从人类基因组得到的最可靠的数据是人类个体只有大约 2.5 万个基因,并不比线虫多多少。人体 70% 的基因表达于脑中,这说明人脑不但是最大的人体能量消耗器,还是最大的人体基因消耗器,不是吗? 线虫的神经系统非常小,而且分布稀疏,难于解剖分析,所以我们并不清楚线虫的神经系统表达了多少基因,但合理估计约有 50%。这样粗略计算,线虫 302 个神经元中表达有 9000 多个基因,而人有 2.5 万个基因,70% 表达于脑中,就是 1.75 万个。有证据显示,人类基因与线虫基因很相似,都使用了一种叫"选择性剪接"的把戏,使得单个基因可以生成多个相关的基因。但是,即使设想人类神经基因的平均选择性剪接数目是线虫的 3 倍,我们还是不得不面对一个问题,为什么人类每个神经元的基因产出数目(完成大脑发育所需的遗传信息容量的粗略估计)能达到线虫的大约 1 亿倍?

所以,人的基因事实上是如何完成其任务的,也就是如何指导大脑这一如此巨大又复杂的器官发育和发挥功能的,要解答这一问题,确实是一件无比困难而艰巨的事情。目前已经揭示出的事实使科学家认识到,虽然大脑的形状、外形尺寸、各个脑区间联系的大体模式,以及细胞类型都是由基因控制的,但是细胞的具体细节结构并非由基因控制。大脑的特异化和网络联结的精细化并非取决于基因,而是受外部环境因素的影响。而且这种特异化和网络精细化也随着外部环境的变化而发生改变,因而要了解人类大脑的进化,就必须从基因与环境两方面考察。

上面讲过,要从脑细胞中的单个神经元去考察人脑的进化是一件无比困难,甚至不可能完成的事。而另外一个事实是人脑在进化过程中所形成的神经环路和神经网络是一丛一丛、一束一束,集体发挥功能和作用的。因而,就目前的研究状况,我们对人脑的进化只能从结构上获得大体的了解。

4. 现代人脑结构上的进化部位

从大脑主要脑区的进化发育指数可以看出,在灵长类动物猴子向类人猿进化的过程中,大脑皮层并没有多大变化,即发育指数从 48.41 增大到了 61.88。而在类人猿向人类的进化中,大脑皮层发育指数却从 61.88 增大到了 196.41,增大了 2 倍还多。新皮层的这种急剧增大,在大脑皮层的结构上必然有明显改变。美国神经科学家拉马钱德兰(Vilayanur S. Ramachandran)从解剖学角度提出,这些改变主要集中在以下几个区域:

(1)韦尼克区和布罗卡区

就左颞叶上部的韦尼克区而言,人类这一块区域的大小是黑猩猩的 7 倍,它的功能在理解语言的意义方面。这些功能是把人类和猿类区分开来的基本特点之一。此外,人类左脑半球韦尼克区中有一块被称为颞平面的区域,不仅这个区域比右脑半球的对应区域要大,而且其中的微柱也比右脑半球对应区域的大,柱间距离也更大,这也是人类所独有的。还有一些人认为,人的布罗卡区也和类人猿有显著不同,这一区域使人类产生了具有复杂结构的语言,而这也是其他任何动物所不具备的。韦尼克区和布罗卡区位置如图 7-9 所示。

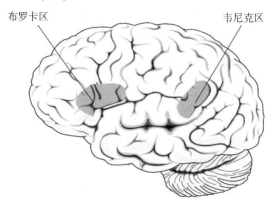

图 7-9　韦尼克区和布罗卡区在大脑皮层中的位置

（2）下顶叶

顶叶皮层在人类进化过程中得到了极大的扩展,其中扩展最大的是下顶叶(图7-10)。这种扩张如此之大,以致在人类进化的某一时间点上,很大一部分下顶叶分裂成了两个新的处理区域,分别称为角回和缘上回,这些都是人类独有的区域,具有某些只有人类才有的独特能力。下顶叶正好位于视觉、听觉和触觉区的交汇处,这使它处于跨模态抽象的有利地区。而一旦有了跨模态抽象,又为进一步的抽象开辟了道路。

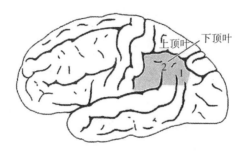

图7-10 下顶叶在大脑皮层中的位置

人类两个脑半球内的角回在进化上发展出了不同的抽象能力。右角回进行的是对基于包括视觉空间和自身在内的空间里的事物的抽象和比拟,可以帮助我们创建有关外部世界空间布局(包括你身边的环境概况和其中的物体及你自身的所在位置等)的内心模型。而左角回和做算术、抽象描述及诸如找恰当的词汇、隐喻之类的语言活动等这些人类独有的重要功能有关,它可以帮助我们用语言概括复杂的事物,理解包括双关语在内的基于语言的隐喻。缘上回的功能和理解及模仿复杂的技巧有关,如设想一些有技巧的动作——用针缝纫、敲钉子、用手挥别等,并加以执行。因此,左角回受到损伤的病人不能完成一些包含抽象技巧的事情,例如阅读、写字和做算术;而缘上回损伤的病人在智力方面大致是正常的,在语言方面也没有什么问题,只是不能协调地完成有难度的动作。

（3）前额叶

前额叶(图7-11)也执行一些非常重要的功能,这个区域有一部分是运动皮层。它正好在大脑皮层中部裂缝的前边,形成一条垂直的带状区域。它的一部分与发送简单的运动命令有关,另一些部分则和计划做什么动作,以及记住目标直到完成有关。前额叶中还有一小块区域是用来储存工作记忆和短时记忆的。

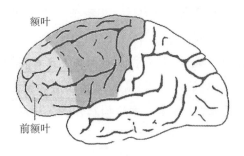

图 7-11　前额叶在大脑皮层中的位置

　　这些前额叶皮层的功能还比较简单,但当人们要了解其更前端,也就是前额叶的夹层的时候,就像进入迷宫一般,至今尚未完全清楚其运作机制。科学家舍内多(Chenedo)发现,人的前额叶皮层下的白质要比其他灵长类动物的多得多,同时,人脑的这一区域与其他区域有极为广泛的联系。前额叶皮层与个性、语言的某些方面及社交行为、制订规划计划有关。赛门·德弗里(Simon de Vrij)还发现,人的外侧前额叶皮层中的第 10 区比猩猩的要大 1 倍,而这一区域和制订计划、灵活性、抽象思维、行为适当性及学习规划有关。非常奇怪的是,一个人在前额叶皮层受到大面积损伤后,还能活下来并康复,也不会表现出明显的神经学缺陷和认知缺陷,但是他的个性却变得判若两人,如前面讲到的美国 19 世纪 40 年代铁路工人盖奇前额叶受损后,由好人变成了“混蛋”。

　　如果左前额叶皮层受损,病人可能会离群索居,并且什么事都不想干;但如果右前额叶皮层受损,病人则会表现得非常高兴,尽管他并没有什么值得高兴的事情。前额叶皮层受损的病人会让家人非常痛苦,这种病人看起来完全不知道关心自己的未来,也没有道德上的内疚感,他可能在丧礼上大笑,也可能当众小便,不知羞耻。特别令人奇怪的是,他在绝大多数方面看上去都是正常的,他的语言、记忆,甚至智商都不受影响,但是,他却失去了许多决定人本质特征的最为重要的属性,如进取心、同情心、预见性、复杂的个性、道德感和作为人的尊严与羞耻心。由于这些原因,很久以来,人们都把前额叶称为“人性之所在”。

（4）微观结构上的差异

近年来的研究还揭示出，在上述人类所特有的脑区域的某些地方，有一类被称为镜像神经元的特殊细胞，这种神经元不仅在你做动作的时候发挥作用，而且在你观看其他人做同样的动作时也发挥作用。这些细胞的功能实际上就在于让你感受到其他人的感觉，并且预测他人的意图，知道他究竟想做什么。在猿猴中也可以发现类似的能力和作为基础的镜像神经元回路，但是只有当其存在于人脑中时，才可以发展到能了解他人隐藏在某些动作后的想法的水平，而不仅仅只是了解他人的动作。这不可避免地要求发展出新的联系，从而可以在复杂的社会环境中更巧妙地利用这些回路。

有许多学者认为，从大尺度结构上讲，人脑并没有什么特别之处，人之所以为万物之灵，倒是有可能在人脑的微观结构方面找到原因。他们认为，人脑的一个特殊之处在于脑内神经元的数量。脑袋大未必意味着脑内的神经元数量多。脑增大时，其中的神经元密度往往会减小，这是因为随着脑的增大，神经胶质细胞和血管也增多了。

人脑内有115亿个皮层神经元，比其他灵长类动物都要多；另外，人脑神经元的髓鞘也要比其他动物更厚，因此神经传导速度更快；而人脑内的神经元密度也是最高的。上述一切都使人脑神经元之间的信息传递速度要比其他动物快，也许这才是人脑区别于其他动物的脑的实质所在。

5. 人类左右脑皮层功能的不对称性

人类大脑在形态上是左右对称的，但左右大脑皮层在功能上却体现出显著的不对称性。而正是这种不对称在人类的进化过程中起着重要作用，甚至可以说这种不对称是早期智人进化为现代人类的关键所在。

1974年，利维（Levy）联系大脑两半球的互补功能，对这一观点曾做出了很好的表述。

人类大脑两半球处于一种共栖关系，两半球在功能上和付诸行动的动机上都是互补的。每侧大脑能够各自完成，并各行选择去完成一组认知任务，而这些任务对另一侧大脑来说不是难以完成就是不愿去完成，或者两种情况并存。如果对这两组功能的性质加以考虑，不难看出它们在逻辑上是互不兼容的。右半球综合空间信息,左半球则分析时间信息;右半球发现的是视觉上的相似性但不是概念上的相似性,而左半球则正好相反;右半球感知形状,左半球则注意细节;右半球以图像来对感觉输入进行编码,而左半球则以语言描述来编码;右半球所缺乏的是一个语言分析器,而左半球则缺少一个整体性综合器。斯佩里于1982年总结了被认为相对迟钝的右半球的卓越功能特性:

右半球的各种特殊功能当然都是非语言性的、非数学性的和非序列性的。它们大致都和空间与图像有关,如识别面容、将各种图像嵌入更大的图形阵列里、基于一小段弧线来估计整个圆圈的尺寸、分析和回忆难以名状的形状、做内心空间转换、分辨音乐和弦、把积木按尺寸和形态进行分类、从部分感知整体、对几何原理的直觉感知和理解等。

为什么人类大脑会进化出这种不对称形态,并且左右半球的功能互补?科学家从种系发生和个体发育的角度对此进行了深入研究后发现,人脑的高级认知功能源于一套新的皮层,其名称即新皮层。如图7-12所示,这些皮层包括布劳德曼(Korbinian Brodmann)按细胞结构划分的大脑分区的第39区和第40区,这是人脑进化中仅有的全新结构,还包括中前额叶和下颞叶。从神经解剖学角度观察,新皮层毫无疑问是多种脑功能不对称性的基础,比如语言功能位于左侧,而空间结构和音乐功能位于右侧。这些脑区在包括黑猩猩在内的最发达的类人猿的脑中都几乎不存在。

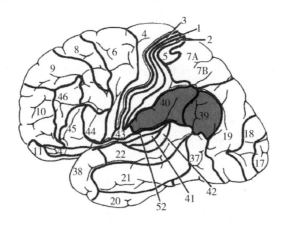

图7-12 大脑半球外侧面的布劳德曼分区,阴影部分为39区和40区

类人猿的大脑皮层是左右对称的。我们可以假定,当原始人(包括直立人、早期智人)在进化过程中为了满足各种新进化发展,尤其是高层次语言的大量需求,就需要更多设计精巧的神经回路,这就促使不再建构左右重复的更多新皮层脑区的进化策略的出现。新皮层进化的不对称策略使皮层容量大致翻了一番,保证了人类进化的特殊需求。而旧的皮层的感觉功能和运动功能保持不变,仍然左右对称。我们可以对皮层不对称的最大进化优势进行如下估算,现代人的新皮层容量是黑猩猩的 3.2 倍,因此,如果所有新皮层的功能都左右对称的话,皮层功能也就会是其 3.2 倍,但如果新生的皮层区是不对称的,没有进行左右重复,皮层的潜能就会有 (1 + 2.2 + 2.2 =)5.4 倍的增长。

这里,又有一个问题,既然人类大脑皮层的不对称安排能够发挥其进化的最大潜能,从而满足人类进化中各种复杂的高级认知功能的需求,那这种不对称是什么时候进化出来的呢?

科学家运用新皮层髓鞘化的时间进程作为研究人脑进化时间进程的指针,延后的髓鞘化过程还伴随着神经元发育、树突发育,以及可能包括的突触输入发育的延后。

令人兴奋的是,弗莱克西希(Paul Emil Flechsig,1847—1929)有个极为重要的发现,布劳德曼大脑分区的 39 区和 40 区的神经元是大脑皮层表面所有脑区里最晚髓鞘化的,这两个脑区的髓鞘化延迟到出生后和树突生长后才发生,而且神经细胞的成熟化要到童年晚期才完成。这些发现表明,39 区和 40 区是新近种系进化出的新皮层区。

而且,与进化演变的历史上通常那种仅以已经存在的结构为基础而有所发展,从而具备不同的、但多半和原先功能有关的功能的进化模式相比,39 区和 40 区的情况大不一样。以进化时间尺度衡量,这两个脑区以惊人的速度从上颞叶的上缘像开花那样生长了出来,同时把视觉脑区推向后端而主要占据枕叶正中的位置。现已公认,39 区和 40 区的扩展速率要较皮层平均扩展速率高许多(可达到后者的 2 倍)。这两个脑区是人脑进化中仅有的全新结构。

延后的髓鞘化过程也出现在前额叶和下颞叶脑区,如果这些脑区也都是新近进化出来的产物,那么很大一部分的皮层扩展都可归因于这些脑区,也就是被我们称为新皮层的脑区。

联系考古学、地质学、古生物学、古气候学、文化人类学等学科的证据和研究成果综合考虑,人类大脑新皮层出现的时间应该为 10 万年前—5 万年前,也就是早期智人在行为上向晚期智人,即现代人类转变的时期。这期间,新皮层的神经活动与人类的描述性语言、想象力、创造力、自我意识等高级认知功能相关,这些功能使人类进化完成了一次伟大的认知飞跃。从此,人类的进化由以生物进化为主转向以文化进化为主,这也将我们对人类进化的认识从地质学、生物学等学科转向历史学、社会学等学科。

/ 附录一 /

气候变化与人类进化

直到 20 世纪 90 年代,学术界都普遍认为人类祖先起源于非洲,之后向亚洲、欧洲扩散。21 世纪初,几个重大发现使人类进化的历史被重新考量,也使人们对人类祖先起源有了新的认识:人类祖先起源于亚洲,人类祖先的"根"在东亚,随着气候与环境的变化,才进入了非洲。这样的认识除了化石证据外,还需要对新生代以来的气候和环境变化进行深入研究。

近年来,一些化石证据和古气候学研究正逐渐指向这一观点:类人猿(人猿总科灵长类动物)起源于亚洲,准确地说,起源于东亚。

2003 年,一位船工在中国湖北荆州长江岸边发现了一具动物化石。随后中国科学院古脊椎动物与古人类研究所倪喜军领导的一个包括来自美国、法国等国学者的国际古人类研究团队对其进行了深入研究,发现这是一具目前已知最古老、最完整的灵长类化石,时代为 5500 万年前。该化石起初被埋藏在古湖泊沉积地层中,被命名为"阿喀琉斯基猴"。

研究团队用目前最先进的超高精度同步辐射 CT 扫描技术,数字化三维重建了岩石中的化石骨骼和印痕,让化石"从石头中站了起来"。

阿喀琉斯基猴与已知的灵长类——无论是化石的还是现生的——都大不相同,它就像一个怪胎,长着类人猿的脚,却又长着更原始的灵长类的牙齿,它的胳膊、腿和眼睛都出奇地小。所有这些使科学家不得不重新认识和探索类人猿的演化历史。

阿喀琉斯基猴化石的年代比以前知道的达尔文猴和假熊猴都早了整整 700 万年。此外,它在灵长类的系统演化树上与人类同属一个大的支系;而达尔文猴和假熊猴则属于另外一个分支,是现生狐猴的远亲,与人类的亲缘关系较远。

通过研究阿喀琉斯基猴,古生物学家首次获得了一幅相对完整的、非常接近于类人猿和其他灵长类开始分化时的图景。

经过大量统计分析,研究团队推测阿喀琉斯基猴的体重仅有 20~30 克。如此小的个体和它非常基干的系统演化位置,证明了最早的灵长类动物,即眼镜猴、猕猴、猩猩和人类等的共同祖先的身体都非常小,这颠覆了一些人原先认为的类人猿早期类型与某些现生类人猿体型大小相差无几的观点。

灵长类动物与其他动物的演化关系及灵长类动物内部主要支系之间的系统关系,一直是科学家们激烈争论的问题。

为了检验各种假说,研究团队构建了一个巨型的包括 1000 多个形态学特征和 157 个哺乳动物分类单元的数据库矩阵。为揭示这段埋藏了数千万年的秘密,研究团队花了 10 年的时间进行研究。该项研究为确定类人猿与其他灵长类的分化时间和早期演化模式提供了非常关键的证据,被认为是近年来相关研究的里程碑。

阿喀琉斯基猴生活的 5500 万年前,正是古新世向始新世的过渡时期。当时地球上发生了一次"极热事件",全球处于温室期,气候湿润炎热,森林覆盖到了南北极,阿拉斯加甚至都长着棕榈树。

新生代是哺乳动物的世界。白垩纪末期的大灭绝事件使强大的恐龙家族覆灭,终结了爬行动物对地球的统治,为新生代哺乳动物的发展提供了空间和条件。古新世是新生代的第一个时期,就在发现阿喀琉斯基猴的湖北省东边,在安徽大别山区的潜山盆地发现了潜山动物群。这里埋藏着大量古新世时期的哺乳动物的化石,其中最具科学意义的是啮齿类的化石,包括老鼠和豪猪。这为研究啮齿目动物的起源及与其近亲兔形目的分异演化提供了重要的化石证据,而且正好揭示了这两种动物类群开始演化分异的起始时间和背景。

紧接着的始新世是新生代的第二个时期。那时,白垩纪大灭绝后的哺乳动物演化辐射已进行多时,食草动物与食肉动物的多样性已经在陆地上展现。以现代眼光看,始新世动物群的一个特色就是奇蹄动物占据了主导地位,这个时期在中国内蒙古与蒙古国交界处发现了沙拉木伦动物群,这是始新世时期奇蹄动物演化的典型代表。

以上两个动物群生活在古新世和始新世,说明当时中国中纬度和中高纬度地区的气候湿润炎热,为哺乳动物和灵长类的演化创造了条件,因而,在湖北荆州的古湖相沉积中发现阿喀琉斯基猴也就不奇怪了。

2005 年,美国宾夕法尼亚州匹兹堡市卡内基自然历史博物馆的古生物学家和一个国际研究小组在缅甸北部一个小村庄附近发现了 1 枚爆米花内仁大小的白齿。此后,经过 6 年艰苦的工作,他们又在这里找到了 4 枚白齿。研究发现,这 4 枚牙齿属于一个古代灵长类动物,是类人猿的新物种,其体型与一只小花栗鼠相仿,生活时代为 3800 万年前。研究小组将其命名为 Afrasia djijidae(尚无中文译名)。

引起研究小组注意的是,Afrasia 与生活在同时代的北非利比亚的另一种原始类人猿 Afrotarsiuslibycu(尚无中文译名)具有很近的亲缘关系。研究人员借助显微镜分析了这两种类人猿的牙齿后发现,它们在大小、体态和年龄上都很相似,且属于相同的灵长类物种。

可是研究小组在最近的分析中注意到,来自亚洲的 Afrasia 的新白齿要比来自非洲的 Afrotarsius 的更为原始。与非洲类人猿相比,亚洲类人猿这些原始性状及更丰富的种类和更早的生存年代表明,这些原始类人猿从亚洲起源,并在 3900 万年前—3700 万年前迁徙到非洲。

研究人员说,曾经很长一段时间,每块疑似为早期类人猿的化石都发现于埃及,可以追溯到 3000 万年前;而从 20 世纪 90 年代开始,在中国、缅甸和其他亚洲国家陆续发现了生活在 4500 万年前—3700 万年前的矮小灵长类遗迹,这意味着类人猿或者实际上起源于亚洲,并在此几百万年后迁到非洲。

长期以来,由于化石证据的缺乏,古生物学家难以证明亚洲的类人猿到底是在何时,又是如何从亚洲艰难跋涉到非洲的。上述重大发现为这一问题提供了部分答案。近期,发表在《科学》杂志上的一项研究报告又为这一问题的解答提供了新的佐证。科学家宣布在中国南方发现了 6 个以前不为人知的在树上生活的已灭绝灵长类物种的残骸。其中 4 个类似于马达加斯加的狐猴,1 个类似于生活在菲律宾和印度尼西亚的眼镜猴,还有 1 个类似于常见的猴子,它们均生活在 3400 万年前。

在所有哺乳动物中,灵长类对环境最为敏感,在全球气候发生急剧变化后,这些灵长类只能存活很短的时间,有的灭亡,有的迁移到更温暖的低纬度地区。

现在让我们勾画一下新生代早期全球气候环境变化和灵长类动物活动与迁徙的情况。

印度板块在漂移了 3000 多千米以后,在始新世时与亚洲板块相撞,阻隔南北大陆的特提斯海的东部逐渐消失,两个大陆连在了一起。当时地球气候炎热,南北大陆上的生物相互迁徙,灵长类动物在所有动物中行动最灵敏,因而迁徙最迅速。2012 年 1 月,发表在英国《皇家学会学报》上的一项研究报告称,研究人员在对 16 种跨越了 3500 万年进化史的已灭绝的灵长类动物头骨化石的内部结构进行研究后,重建了它们的内耳结构。早期灵长类动物的内耳半规管为我们提供了有关类人猿运动速度的信息,通过这些信息,他们发现人类和类人猿的共同祖先的运动速度比我们想象的要快得多。因而,灵长类动物能够迅速从亚洲东部向南、向西扩散——向南到了印度,再向西通过阿拉伯半岛向非洲迁徙。现在的问题是非洲大陆在 1600 万年前还未与欧亚大陆相撞,中间隔着特提斯海,与世隔绝。可是有证据表明,在 3800 万年前,一些灵长类动物已经越过汪洋大海,迁移到了非洲大陆,这些灵长类到底是以什么方式到达非洲的呢?至今无法回答。

始新世向渐新世过渡时,即 3400 万年前,发生了一次重大气候变化事件,地球气候骤然变冷,南极洲已形成明显的冰层。北美洲年平均气温下降了 8℃,北欧则下降了 10℃。这次气候剧变,使生物的生存环境变得更冷、更干。北半球中高纬度和高纬度地区,即北美、欧洲的灵长类动物灭绝了,在亚洲中纬度地区的灵长类也遭到了毁灭性打击,一些灭绝了,一些则向低纬度温暖地区迁徙。在灵长类动物进化史上,3400 万年前的寒冷气候事件是个关键。

3400 万年前的气候变化事件之后,地球气候在以后虽有两次小的回升波动,但总的趋势是变冷,直到 260 万年前的第四纪冰期出现。因此,在那之后的人类进化就一直在非洲进行,亚洲失去了成为类人猿向人类进化的舞台的机会,但是亚洲是人类乃至类人猿的祖先的起源地,是人类之根的所在地,却是不争的事实。

2000 万年前,非洲大陆相对平坦,在那里,靠近赤道的地区甚至还完全为热带森林所覆盖。但是大概从 1500 万年前开始,非洲大陆由于大陆动力机制的作用开始逐渐分裂,沿着东非大裂谷的构造活动从北向南绵延数千千米,形成了一系列高山、峡谷和湖泊。裂谷劈开了地壳,火山活动不断,这些火山不时地喷发出炙热的火山灰烬和岩浆。火山活动还严重影响了非洲东部大陆的降雨,使得东部地区比西部更干旱,森林大面积减少,草原面积扩大,为人类进化提供了舞台。

而正是在 2000 万年前的中新世,地球上进化出了禾本科植物,也就是我们通常所说的草(当然不是所有草都是禾本科植物)。禾本科植物是一种开花植物,它的花粉由风来传授。这种植物是一种对生物进化而言具有特殊意义的植物,它对现代哺乳动物的区分有至关重要的作用,因为在人类历史上频繁出现并扮演重要角色的动物,绝大多数都是以禾本科植物为食的。禾本科植物有一种非凡的特性,它的叶子是从隐藏的根部长出来的,所以叶子可以不断被吃掉又不断长出,而不危及它的根部。禾本科植物造就了茫茫大草原,这是其他植物无法做到的。

到中新世时,草原最终占据了地球上的广大地区,而这个时期正是地质历史上向现代世界过渡的时期,是古哺乳动物与现代哺乳动物的分水岭。热带亚热带地区无数大草原或稀树草原,给人类进化带来了自然选择的压力。

但是,最终控制草原扩散和促成人类进化的还是气候。任何一次板块活动造成的海陆变迁都会深刻地影响气候类型,造成气候变化。事实上,我们人类这个物种就是在气候和其他生态环境因素都发生异常迅速变化的阶段里进化出来的。

在 2300 万年前—530 万年前之间的中新世时期,气候加速变冷,此时洋流蒸发量锐减,这意味着气候开始变干,造成森林面积缩小。在东非裂谷的肯尼亚、埃塞俄比亚和坦桑尼亚地区,稀树草原、大草原和北非的撒哈拉沙漠有所扩大,这些变化的一部分原因是地球板块的重新调整。随着大西洋从北向南逐渐变宽,非洲与印度板块向北漂移,这两个板块分别在西部和东部与欧亚板块发生了碰撞。当赤道附近温暖的海洋水流能够自由地流动到极地时,就会使地球气候保持温暖。但此时,已经漂移到地球南极的南极洲大陆阻挡了温暖的洋流,而在北极附近的大陆圈也限制了赤道附近暖流的向北移动,两极共同阻挡了海洋暖流的循环,这种情况在地球历史上是独一无二的。

在 530 万年前—260 万年前之间的上新世,气候变冷、变干的趋势开始加速,一直延续到我们人类直系祖先进化出来的更新世。大约 600 万年前,地中海成了一个半封闭的内海,封锁了地球上大约 6% 的海洋盐分。其他海洋由于盐的浓度较低,变得更容易结冰,南极冰盖开始迅速扩张,造成地球温度急剧下降。大约 350 万年前—260 万年前,北半球的高纬度地区与南极洲开始形成冰原,到大约 90 万年前的时候,在欧亚大陆和北美洲的北部已经形成了广袤的冰原,地球进入冰河时代。

据现代遗传学的 DNA 测定,我们的人属祖先与黑猩猩最后分离的时间大约是在 600 万年前。这为我们梳理出这样一条灵长类进化的脉络:类人猿在 3800 万年前的始新世末期从亚洲迁移到非洲大陆;从 3400 万年前的渐新世开始到 530 万年前,全球气候逐渐变冷,加之东非裂谷活动,使裂谷地区的气候与生态环境变得不稳定,森林缩小,稀树草原扩大。在此期间,环境压力使类人猿走出森林,寻找食物,逐渐从四足行走演化成两足直立行走,而且身体结构发生变化,终于在 600 万年前后的上新世演化成人属祖先,完成了进化上的一次重大飞跃。

2013 年,一支国际人类学家团队在中国青藏高原东南端的云南昭通盆地发现了一块保存完好的古猿头骨化石。研究显示,这块头骨化石所代表的古猿生活的时代可追溯到 620 万年前。而世界其他地区的古猿在 900 万年前就已经灭绝了,这让研究人员十分困惑。

学界普遍认为,900 万年前—520 万年前的中新世晚期,全球气候变得非常寒冷和干旱,导致了适应性更好的古猿的灭绝,同时也促使更现代的猿类和早期人类的出现。

那么青藏高原东南部为什么还会有古猿能存活到 600 万年前? 为了解开这个谜题,中国科学院新生代地质与古气候专家郭正堂领导的团队,利用最新技术对化石产地的沉积地层和古孢粉等生物地层进行了仔细分析,并重建了当时的生态环境。结果表明,云南昭通盆地最后一批古类人猿生活在一个拥有丰富生物多样性和舒适气候的生态系统中。这里出土了大量水生植物花粉化石,表明湖泊或沼泽环境的存在,空气湿润。可以想象,当时这里有大量湖泊和沼泽,很少缺水。常青栎、常绿阔叶林最常见,同时,禾本科等植物也开始增多,针叶树减少,这表明当时这里气候温暖。

研究人员称,与寒冷和干旱导致森林基本上已消失的欧洲和非洲等地区相比,青藏高原东南边缘的这处避难所为古猿打造了一种更加适合的生存环境。

这种特殊气候环境可能在很大程度上要归功于青藏高原的抬升。他们推测,印度板块和欧亚板块碰撞导致喜马拉雅山和青藏高原的抬升,这就创造了一个阻隔印度洋季风的屏障,为人类祖先提供了一块难得的乐土。

但是,这块避难所并未维持很长时间,从500万年前开始,这里的植物开始向针叶林转变,反映了当地气候变得寒冷和干旱。这种与现在类似的新气候,不再适合古猿生存,导致其灭绝。该项研究的论文发表在荷兰《古地理学、古气候学、古生态学》杂志上。

这一发现与研究说明了两个问题:

第一,人类祖先起源于亚洲。从5500万年前从哺乳动物中分化出来的古灵长类,到600万年前的古猿,在亚洲的中纬度到中低纬度地区的森林里,一直有它们生活的足迹。应该说,亚洲才是人类祖先的发源地。人类祖先的根是扎在亚洲的,后来才进入非洲。

第二,3400万年前以来的全球气候变化和东非大裂谷的发育造成的地理和生态环境变化为人类祖先从猿向人的进化提供了自然选择的压力和条件。而云南昭通盆地却由于与之相邻的青藏高原的抬升及青藏高原向东挤压形成横断山脉,而为古猿提供了难得的避难所和生存环境。但在此后500万年,由于地球气候进一步变得寒冷和干旱,这块地方最后的一批古猿也灭绝了。

古气候研究揭示,从530万年前的上新世起,地球气候持续变冷变干,直到更新世,气温进一步下降把地球送入了第四纪冰期。统计表明,在漫长而又寒冷的大气候背景下,存在着寒冷冰期和短暂的温暖间冰期相交替的周期性环境。这些短期循环的频度在500万年里也有所变化,一个完整的周期(即从上一个冰期末气候开始回暖起,经温暖的间冰期,气温升至最高后又开始下降,直到地球再次进入较长的寒冷冰期),在280万年前,其持续时间约为4.1万年;从那时起直到100万年前,该周期的持续时间变为大约7万年;而在最近的100万年里,一些重要的循环周期持续时间大约为10万年。最后的冰期始于大约10万年前,持续到大约1万年前。

当前的气候类型似乎是持续了大约 1 万年的短暂间冰期。

现代遗传学研究确认了我们人属的直系祖先与近亲黑猩猩在非洲分离的时间大约在 600 万年前。之后,我们的祖先在东非地区随着气候与生态环境的变化而很快向现代人进化,先后经历了直立猿、南方古猿、直立人、古老型人类、智人这五个发展阶段。在 180 万年前的直立人阶段和 10 万年前的智人阶段,古人类因气候环境的压力,曾先后多次走出非洲向欧亚大陆迁徙。而后一次智人的大迁徙,则很快使一部分智人从欧亚大陆走向澳大利亚,还有一部分智人则经过中亚和西伯利亚大草原,越过白令陆桥到达美洲。从 5000 年前开始,东亚的农业民族向南扩散,并借助独木舟漂洋过海,最终到达太平洋诸岛屿。这体现了在漫长的进化中,人类勇往直前,向世界各地开枝散叶的伟大而又光辉的探索精神,谱写了人类进化史上一曲波澜壮阔的史诗。

可以说,地球气候的长期变冷和在此大背景下气候的短期循环变化对于人类进化的意义在于:它创造了不稳定的生态环境,所有的陆地生物都必须适应气候和植被的周期性变化,这种必然性毋庸置疑地加快了人类进化的步伐,现代人类正是这种情况催生出的灵长类高度进化的产物。

中国黄土与古气候

一、第四纪冰期气候变化研究

地球历史上曾经发生过几次大的冰期,其中较有代表性的是:

第一次冰期是发生在 7.5 亿年前—6.35 亿年前的雪球事件,酝酿了多细胞复杂生命的诞生。

第二次冰期是奥陶纪初冰期。4.6 亿年前,地球大气中二氧化碳浓度是当今水平的数倍,全球平均温度比现在高 5℃。但从 4.55 亿年前开始,在大约 1000 万年时间里,地球经历了两次降温,使之前在陆地周围浅海中生长的物种灭绝。这次冰期的主要原因是植物(主要是苔藓植物)登陆,并大量吸收大气中的二氧化碳,导致地球气温快速下降。

第三次冰期是石炭纪-二叠纪冰期。这次冰期发生在 3.59 亿年前—2.51 亿年前,持续了大约 1 亿年,大气中的二氧化碳浓度与当今水平相差不多,全球表面平均温度为 14℃,也与当今温度相当。这次冰期的主要原因是蕨类植物的繁盛,并生长成高大乔木,地球陆地被苔藓植物和蕨类植物覆盖,它们进行光合作用,大量吸收大气中的二氧化碳,制造氧气,使地球变冷。值得一提的是,植物死亡后,经年累月一层层沉积,生成煤层,成为可供我们开采的化石燃料。当今地球上一半的煤炭资源都是石炭纪时形成的,石炭纪也因此而得名。

第四纪冰期是最近的一次冰期,发生在更新世,从约 260 万年前开始持续到约 1 万年前,现代人类就是在这次冰期中进化出来的。

气候的变化,不仅会影响经济和社会发展,更关系到人类和地球上其他生命的生死存亡。因而,人们迫切需要了解最后一次冰期的活动情况及其发展规律与方向,以便采取措施来应对和适应。

可以形象地说，当前科学家对这次冰期的研究，主要是围绕"三本书"展开的，并由此取得了宝贵的成果。"正如人类文明的兴衰交替为我们留下了浩如烟海的历史遗迹，自然界沧海桑田的环境变化也在地球上留下了三本完整的历史大书：一本是完整保存古环境变化信息的深海沉积，一本是系统反映气候变化的极地冰川，而第三本则是中国的黄土沉积。这三本书是我们认识地球上自然历史和气候、生物变迁的最佳文献档案。"这是2002年在泰勒环境奖颁奖典礼上，评审委员会成员科恩（Cohen）教授给在中国黄土研究方面早有成就的科学家的颁奖词，而获此殊荣的正是中国科学家刘东生。

科学家在格陵兰得到的冰芯，底部年龄为12.3万年，而在南极钻探得到的冰芯，底部年龄则可达81万年。火山灰层可以确定不同地区冰芯的年龄。这种冰芯能够给出很多详细的信息和相当完整的高精度数据：冰中的气泡显示了大气中二氧化碳和甲烷的含量；冰中的放射性元素Be能给出宇宙射线强度和当时太阳活动强度的信息；冰中的氧同位素或氢同位素相对丰度，都与温度有关；当风比较大时，冰中的灰尘更丰富。

但是冰芯仅仅存在于极地和高纬度、高海拔地区（如青藏高原），海洋沉积物的分布范围较冰芯更广，并且它们所含有的生物成分能够提供更为丰富的信息，不同的有机物在不同温度下生长会有不同的特征，如贝壳中的同位素与海水温度和成分相关，反过来，可依据此推测固定在冰盖中海水总量的信息。

欧洲南极冰芯钻探项目从南极获得了距今81万年之久的最深的冰芯。经过分析，科学家从该冰芯中观测到了过去这段岁月地球气候的变化，发现在过去的50万年时间里，出现过一系列短暂而温暖的间冰期，间冰期温度突然变暖，而后温度又会缓慢不规则地下降，使地球再次进入寒冷的冰期，这个特色鲜明的变化每10万年重复一次。结合对全部记录和图谱更详细的数据分析，科学家发现气候变化中的三组周期比较突出，即10万年、4.1万年和2.3万年周期。

研究认为，出现这样的气候变化周期主要是地球轨道参数变化所致。天文周期肯定会对气候产生影响，但是其他因素也很重要，如大气中二氧化碳含量的变化差不多和温度变化相一致。寒冷时期的二氧化碳浓度为

180～200ppmV,而在较为温暖的间冰期则为280～300ppmV。关于二氧化碳浓度变化是先于还是晚于温度变化,以及是北半球先暖还是南半球先暖,目前已有许多讨论。真实的情况是,气候系统相当复杂,许多变化模式以非线性形式相互作用,但是都在一定程度上与地球轨道参数相一致。

从过去100万年的记录中得到的主要结论是,历史上大多数时期气候都要比现在寒冷,在北纬40°以上地区,那时的平均温度估计比现在要低9℃,最冷的时期甚至要比现在低18℃。

不过一些短暂的间冰期,温度相对高些,其中最为特别的是13万年前—11.5万年前的间冰期(伊姆间冰期)。当时地球明显比现在温暖,其峰值温度可能要比今天高5℃,海平面也比今天高5米,说明有大量的冰融化。经详细研究,科学家认为,格陵兰冰盖的消融可能产生了3米高的水,其余则可能来自南极洲西部冰盖的消融。科学家对海洋底部沉积物中的海洋同位素分期曲线与南极洲和格陵兰冰芯曲线进行了详细比较,发现三者之间的气温变化情况是一致的。

相比于其他时期,科学家对末次冰期的了解更多。大约12万年前,上一个间冰期结束,随后开始了一个不太稳定的缓慢下降期。2.1万年前,气温降至最低,地球进入末次冰期的冰盛期。那时,格陵兰岛的温度比现在低20℃,北美与欧亚大陆的大部分地区都被超过1千米厚的冰盖覆盖。末次冰盛期期间,大量的水被固定在冰盖中,海平面比现在低120米。随后温度的快速增长导致海平面同样快速升高,有时可达每25年升高1米的速度。

末次冰盛期后,在1.46万年前,温度又很快上升到和今天差不多的程度。然而,经过这次极为短暂的上升后,温度又快速下降,在经历了持续1000年的新仙女木事件后回落到冰期水平。1.15万年前的再次变暖则更加显著,它使地球进入了全新世的间冰期(末次间冰期),人类当今所处的时代,就是末次间冰期。

二、中国黄土是地球气候变化的温度计

黄土高原是中国四大高原之一,位于中国中部偏北,面积达 64.7 万平方千米,横跨甘肃、宁夏、内蒙古、陕西、山西、河南、河北等省区,是中华民族起源和繁衍生息的重要地区,是中华文明的摇篮,也是世界上最大的黄土区。

目前,我们对黄土高原的认识,包括黄土从何而来、黄土与气候变化有何关系、黄土对地球环境和气候变化的研究有何意义等,都来源于中国科学家对此几十年的研究。西方科学家几十年来在读南极与格陵兰冰盖和深海沉积这两本自然历史的大书;而中国科学家则在读中国的黄土沉积这本大书,并且已经取得了丰硕的成果,获得了国际学术界的赞誉。

在从事中国黄土研究的科学家中,最早对此做出重大贡献的无疑是刘东生。刘东生,这位著名的主攻第四纪地球气候与环境的地质学家,从20世纪50年代就开始了对中国黄土的研究。几十年来,他对黄土高原进行了大面积的地质调查和典型地区的深入研究,先后出版了多部著作。1982年,他与瑞士合作者在《自然》杂志上发表论文,报道了他们运用古地磁测年、同位素分析等多种手段,建立了完整的黄土沉积序列。通过将其与深海沉积序列进行对比,他们认为中国黄土高原在 240 万年前就开始堆积,其中保存有非常完整的黄土古土壤堆积序列,它们的时间和空间分布规律有明显的区域性特征,可以揭示古气候信息。刘东生开创的中国黄土研究揭开了黄土的秘密,拉开了将中国黄土纳入研究全球环境演化框架的序幕,使中国黄土成为储存古气候变化记录的最重要的档案库,从而使中国第四纪学和环境地质学研究处于国际地球科学领域的前沿。有科学家形容中国黄土是第四纪环境气候变化的黑匣子。2002 年,刘东生获国际泰勒环境科学奖,得到了评审委员会的高度赞誉。

根据刘东生的研究,中国黄土在末次冰期以来气候环境变化中的序列表明:地球在 13 万年前—7.4 万年前气候较为温暖,温暖湿润的夏季风影

响的范围覆盖了整个黄土高原,年平均气温和降水量较现在更高更大。7.4万年前以后,地球进入末次冰期,气温下降,环境恶化。但在5.9万年前—2.4万年前的间冰期,气温有所回升。夏季风活动覆盖的黄土高原的南部大部分地区,即使在末次冰期的高峰期,夏季风的活动也未完全停止,而是将影响的范围南移至黄土高原东南部,其南部仍被夏季风控制并继续发挥成壤作用。这些气候变化没有使这里的人类走向灭绝。

三、解决黄土磁性与海洋沉积磁性转换对比的难题

对黄土的进一步研究发现,基于磁性地层建立的中国黄土,即古土壤序列的年代框架,与海洋沉积的磁性转换存在时间差异。这就使黄土记录的古气候事件的全球对比研究有了很大的不确定性,而应用宇宙成因核素Be示踪地磁场演化具有较高的敏感性,能够捕获地磁场变化的微弱信号。通过分析与地磁场强度相关的核素产率变化信息,可以重建古地磁场相对强度变化的历史,从而标定地磁极性倒转事件的确切层位,建立黄土地层可靠的年代序列。

然而,前人的研究主要是利用黄土Be进行古气候研究,利用中国黄土中的Be研究地磁场强度变化一直是国际学术界的难题。这是因为,我国黄土成因复杂,黄土Be浓度包含了粉尘、降水等复杂信息。有不少地质学工作者甚至认为不可能对黄土中的Be进行追踪古地磁场强度变化的研究。如果能攻克这一难题,就可以为研究更长尺度的环境变化开辟新的研究方向。

为了解决这一难题,年轻的女科学家周卫健率领团队,创造性地提出将影响黄土Be浓度的气候因素和地磁场因素分离的思想,解决了约78万年前的布容-松山(B/M)地磁极性倒转事件在黄土和海洋记录中不同步的重大科学难题,为建立中国黄土确切的年代序列和改进海陆古气候对比提供了可靠的年代标记,强化了中国黄土在全球气候变化研究中的地位和意义。

大约在 1.25 万年前,北半球在持续回暖的过程中突然发生快速降温,气温骤降使北半球高纬度地区的动植物大批灭亡,降温持续了 1000 年,直到 1.15 万年前,气温才又开始回升,这就是著名的新仙女木事件,是古气候研究中的重大事件。仙女木是一种生活在寒冷地区的植物,它是寒冷气候的标志之物,在这一时期的沉积地层中发现了大量仙女木的花粉。

在对这一事件的研究中,研究者发现,以我国黄土高原为代表的中纬度地区,有着和高纬度地区不同的变化特征。周卫健在黄土和泥炭地层中检测出东亚新仙女木事件的地质生物证据,并提出该事件在中纬度地区具有以百年为尺度的"干冷—湿冷—干冷"的季风气候波动特征,纠正了国际学术界长期以来认为东亚新仙女木事件以干冷气候为特征的片面观点。这些突破性的研究成果,在全球气温变暖的背景下,为东亚乃至全球气候预测及其对策研究提供了科学依据和历史相似型,推动了对气候变化成因的研究。

四、中国黄土沉积气候变迁始于东亚季风变化

安芷生是继刘东生之后对中国黄土这个地球上第四纪时期巨大的特殊地质体研究做出重大贡献的科学家。在中国科学院地球环境研究所,安芷生带领的团队沿着刘东生开创的学术领域,在学科前沿取得了理论突破,使人们对地球环境的认识又有了一次新的飞跃。

长期以来,关于黄土堆积、土壤变化,沙漠进退和植被带迁移等现象的出现与变化问题,学术界一直通用的解释模式认为,这是由第四纪冰期与间冰期的交替作用造成的。这种解释虽获得了国际学术界的普遍认可,但疑问较多,不能系统地回答中国黄土形成之谜。

安芷生在考察了捷克、匈牙利和美国密西西比河流域的黄土沉积后发现,欧洲和北美的黄土属于冰川周围的冰缘黄土,其形成确与冰川活动有关。而中国黄土,分布面积达 60 多万平方千米,平均厚度达 200 多米,最厚处可达 410 米,而且黄土与古土壤分层相关的交替规律十分明显,显然,

它的形成原因与冰川进退并无联系。

安芷生在经历了艰难的求证之后，提出了第四纪以来东亚古季风变化是东亚古环境变迁的直接控制因素，即"东亚古环境变迁的控制论"，并综合论证了黄土堆积与东亚古季风环境的关系，阐明了黄土高原黄土-古土壤序列是东亚季风气候变迁的产物，其中黄土与各季风、古土壤与夏季风紧密相关，这不是简单的冰期-间冰期理论能够说明的。这一理论较合理地揭示了中国黄土沉积多旋回的气候意义，特别是提出了最近250万年来，中国黄土-古土壤序列是东亚季风变迁的良好记录，并将多种地质生物记录与古大气环境研究结合，明确指出季风变迁与太阳辐射、全球变化和青藏高原隆升的关系。

安芷生系统提出了东亚环境变化的季风控制理论，将东亚环境变化推向动力学的理解。这一原创性理论在国内外学术界引起了很大反响，并成为自20世纪90年代以来我国研究第四纪古环境、古气候和全球变化的一个主题，极大地推动了中国，乃至世界第四纪环境变迁研究的发展，被盛赞为"照亮了东亚气候与环境变化研究的道路"。在青藏高原隆起、东亚古气候变迁与中国黄土高原形成的关系研究方面，安芷生及其团队也给人们以极大的启示。

亚洲季风气候演变规律和机制是地球环境变化研究的重大科学问题之一。安芷生领导的团队通过对黄土等多种地质生物记录的测年和气候代用指标时间序列的分析并结合数值模拟，研究了中新世以来东亚季风气候的历史和变率，揭示了不同时间尺度上亚洲季风和青藏高原隆起与全球变化的联系，提出了青藏高原隆升、亚洲内陆干旱化和东亚季风演化的概念模型。以甘肃秦安风成黄土出现为证据，他们认为2200万年前，喜马拉雅造山运动使青藏高原逐渐隆升，导致亚洲内陆干旱化开始发育，印度季风与东亚季风可能于这一时期开始出现。

1000万年前—800万年前，青藏高原，尤其是青藏高原北部发生了显著的隆升事件，内陆干旱化较大规模发展，东亚冬、夏季风显著发育。在360万年前—260万年前，青藏高原北部，尤其是东北部的隆升，导致东亚冬、夏季风和亚洲内陆干旱化同时增强，奠定了我国现在的季风-干旱环境和从东向西由平原到黄土高原再到青藏高原的三级阶梯式地形地貌格局的基础。在此后的 260 万年里,青藏高原东北部可能发生过多次构造隆升,与全球冰期-间冰期气候变化相结合,导致内陆干旱化趋势增强,东亚的季风气候变率点增大。

2001 年,安芷生等进一步阐明了亚洲季风环境形成演化及其与青藏高原隆升、两极冰盖形成和发展等重大地质环境事件的动力学联系,在构造时间尺度上,建立了新的晚新生代风尘和湖泊沉积序列,开展了这一时期的环境制图,得到亚洲内陆干旱化演化历史的框架,揭示出自晚新生代以来,青藏高原存在多次隆升构造活动,高原隆升与亚洲季风变化具有阶段性耦合关系。CCM3(全球气候模式)数值模拟检验进一步确认了青藏高原阶段性隆升导致亚洲季风,尤其是东亚季风的形成和发展,加剧了中亚(包括我国内陆)的干旱化,且对北半球冰期的来临和发展有重要影响;同时,还指出亚洲季风在长时间尺度上表现为变率的阶段性增强,这既与青藏高原的阶段性隆升有关,又与全球冰期-间冰期波动旋回有关。该成果于 2001 年在《自然》杂志上发表。

安芷生对青藏高原隆升、东亚季风与黄土高原的形成和发展,以及两极冰盖活动关系的阐述,是一种对晚新生代以来地球环境从全面和整体上的系统认识。这无疑给人们研究当代和预测未来环境与气候变化以很大启示。

五、黄土气候变化研究推断未来气候变化

兰州大学青年科学家聂军胜的工作是要从中国黄土这个"黑匣子"中挖掘出第四纪冰期形成的原因。2008 年,当聂军胜还在美国读研究生时,就通过研究,建立了黄土高原的两条磁学参数的古气候记录曲线。通过观察曲线,他发现从 600 万年前到 450 万年前和 260 万年前至今,两条曲线的变化趋势相同。而从 450 万年前到 260 万年前,两条曲线的趋势却异常地变为相反。

为什么地球气候在 450 万年前—260 万年前出现急剧变化,从之前的

温暖状况变为之后的冰盖周期性消融和扩张？他决心在中国黄土中解开这个谜。2010年回国后，聂军胜与中国科学院地球环境研究所宋友桂团队合作，对分布在秦岭山脉以北，毛乌素沙漠以南的黄土高原表土样品进行系统采集，样品覆盖甘肃、宁夏、陕西、山西、河南五个省区。然而重建大陆古气候变化的历史并非易事，难点在于多数古气候结构受温度、降水等多重气候因素影响。

如何分离混合信号？聂军胜想到了磁学参数——气候变化会把黄土改造成土壤，成壤过程中生成的纳米级磁性颗粒浓度和含量的变化可能会对气候的不同参数有不同的敏感度。研究团队将黄土磁性颗粒的浓度信息、粒径信息和矿物类型信息用不同的磁学参数分离出来，最终发现聂军胜2008年在美国生成的两条曲线对应的两个磁学参数对温度和降水有不同的敏感程度。

基于这个发现，聂军胜对如何解释那段异常变化的曲线有了清晰的认识。这也是黄土高原在450万年前—260万年前变冷变湿的主要原因。因为冰盖扩大的两个重要因素是有足够多的水汽和足够冷的气候。更新世冰期开始前黄土高原地区（变冷变湿）十分有利于冰盖的扩张。

研究团队进一步研究发现：500万年前，南北美洲相距较远，大西洋和太平洋两侧的表层海水可以自由流动，因而两洋之间的盐度差为零。随着南美洲板块向北移动，南北美洲两个大陆距离接近，两个大洋表层海水的自由流动减弱。而东北信风使大西洋水汽不断被带入太平洋，使太平洋盐度降低，从而造成北太平洋海水面积扩大、北太平洋高压中心加强和东亚夏季风增强。直到300万年前，南北美洲在巴拿马地峡处闭合，大西洋与太平洋海水被隔断，造成这种增强进一步加剧。夏季风的增强会导致北太平洋海水进一步淡化，形成一个正反馈系统，最终导致北太平洋海水分层和深层海水里的二氧化碳无法到达大气，这就导致大气里的二氧化碳含量降低、气候变冷和北半球冰期的形成，冰盖增大。

按照这样的推论，如果未来大气中二氧化碳浓度上升使得格陵兰冰盖消融，并导致大西洋海水分层，气候将会变冷，而不是一些科学家预测的全球变暖。

长期以来，人们一直希望找到地质历史时期的环境相似型来推测未来气候的变化趋势。

科学家们对古气候的研究发现,第四纪时期地球气候是冰期间冰期交替出现,这源于北极冰盖的增长与消融。而对两极冰芯的研究发现,地球绕太阳公转过程中太阳辐射变化幅度有40万年的周期变化,而在古气候研究领域最大的发现,即太阳辐射周期性变化引起太阳能量在地球不同区域和季节的分配变化,是气候变化的基本外部因素。根据这一原理,要推断未来气候,可以研究太阳辐射相似的变化。

全球古环境与古气候研究面临的重要任务之一,就是研究太阳辐射驱动与现在相似的地质历史时期北半球与北极冰盖的变化规律,中国科学院地质与地球物理研究所郝青振团队欲从中国黄土中寻找解决这个问题的蛛丝马迹。

该研究团队对黄土高原中部地区的西峰驿、马关和洛川坡头黄土剖面进行了研究,利用黄土粗颗粒含量和频率磁化率重建了高分辨率的冬、夏季风变化的历史图谱。利用各季风变化与北极冰盖的联系,详细研究了90万年前以来不同冰期北极冰盖增长的规律,发现在约40万年前,地球进入冰期后,黄土粒度指示北半球仍然处在间冰期的温暖状态,表明北极冰盖的增长滞后于全球冰期的发展,滞后时间长达2万年。这种现象不仅发生在40万年前,也发生在80万年前太阳辐射变幅最低的时期。研究表明,深海沉积氧同位素显示的冰期实际上可能是南极冰盖率先发展的结果。

该研究进一步指出,太阳辐射强度变化幅度的降低、驱动变数是造成40万年前、80万年前北极冰盖滞后发展的根本原因。已有地质证据与气候模型研究发现,北极冰盖的演化受到地球轨道要素位置的综合影响,但是北纬夏季太阳辐射降低是冰盖增长的根本原因,在太阳辐射变幅减小的时期,其最低值高于冰期形成的阈值,这就使得在40万年前、80万年前,北极冰盖难以和全球冰期同步发育。

上述研究成果为推断未来北半球冰期来临的时间提供了关键参考,对进一步深入理解第四纪时期全球气候变化过程和动力机制等具有重要学术价值,该成果于2014年发表在《自然》杂志上。

参考书目

[1]达尔文.物种起源[M].舒德干,译.北京:北京大学出版社,2005.

[2]贝瑞.DNA:生命的秘密[M].陈雅云,译.上海:上海世纪出版集团,2011.

[3]柯林斯.上帝的语言[M].杨新平,译.海口:海南出版社,2010.

[4]卡罗尔.造就适者:DNA和进化的有力证据[M].杨佳,译.上海:上海科技教育出版社,2012.

[5]利普顿.信念的力量:新生物学给我们的启示[M].喻华,译.北京:中国城市出版社,2012.

[6]仇子和.基因启示录[M].杭州:浙江人民出版社,2020.

[7]埃克尔斯.脑的进化:自我意识的创生[M].潘泓,译.上海:上海科技教育出版社,2001.

[8]林陀.进化的大脑:赋予我们爱情、记忆和美梦[M].沈颖,译.上海:上海科学技术出版社,2009.

[9]克林贝里.超负荷的大脑:信息过载与工作记忆的极限[M].周点国,译.上海:上海科技教育出版社,2011.

[10]顾凡及.脑海探险:人类怎样认识自己[M].上海:上海科学技术出版社,2014.

[11]中国科学院神经科学研究所.大脑的奥秘[M].上海:上海科学技术出版社,2017.

[12]菲兹帕特里克.改造大脑[M].黄钰萍,译.杭州:浙江人民出版社,2017.

[13]FRITH.心智的构建:脑如何改造我们的精神世界[M].杨南吕,译.上海:华东师范大学出版社,2012.

[14]沃森.双螺旋:返现DNA结构的故事[M].吴家蓉,译.北京:科学出版社,2006.

[15]克里斯蒂安.时间地图:大历史导论[M].晏可佳,译.上海:上海社会科学院出版社,2007.

[16]赫拉利.人类简史:从动物到上帝[M].林俊宏,译.北京:中信出版社,2014.

[17]魏格纳.海陆的起源[M].李旭旦,译.北京:北京大学出版社,2006.

[18]博奈.地球简史[M].吴季,译.北京:科学出版社,2012.

[19]福提.生命简史[M].齐仲里,译.北京:中央编译出版社,2009.

[20]劳埃德.地球简史:从大爆炸到21世纪地球、生命与人类的故事[M].王祖哲,译.长沙:湖南科学技术出版社,2010.

[21]齐默.演化:跨越40亿年的生命记录[M].唐嘉慧,译.上海:上海人民出版社,2011.

[22]齐默.在水的边缘:生命的进化与演变[M].靳萌,译.南京:江苏科学技术出版社,2008.

[23]古尔德.生命的壮阔:从柏拉图到达尔文[M].范昱峰,译.南京:江苏科学技术出版社,2009.

[24]舒柯文,王原,楚步澜.征程:从鱼到人的生命之旅[M].北京:科学普及出版社,2015.

[25]莱恩.生命的跃升:40亿年演化史上的十大发明[M].张博然,译.北京:科学出版社,2016.

[26]利伯曼.人体的故事:进化、健康与疾病[M].蔡晓峰,译.杭州:浙江人民出版社,2017.

[27]赖克.人类起源的故事[M].叶凯雄,译.杭州:浙江人民出版社,2019.

[28]吴新智.探秘远古人类[M].北京:外语教学与研究出版社,2015.

[29]北京自然博物馆.生物史图说[M].北京:科学出版社,1982.

[30]霍金.宇宙的起源与归宿[M].赵君亮,译.南京:译林出版社,2009.

[31]德迪夫.生机勃勃的尘埃:地球生命的起源和进化[M].王玉山,译.上海:上海科技教育出版社,2014.

[32]叶笃庄.达尔文读本[M].北京:中央编译出版社,2007.

[33]韦尔斯.人类前史:出非洲记[M].杜红,译.北京:东方出版社,2006.

[34]博奈,沃尔彻.继续生存10万年:人类能否做到?[M].吴季,译.北京:科学出版社,2012.

[35]道金斯.上帝的迷思[M].陈蓉霞,译.海口:海南出版社,2010.

[36]道金斯.地球上最伟大的表演[M].李虎,徐双悦,译.北京:中信出版社,2010.

[37]陈守良,葛明德.人类生物学十五讲[M].北京:北京大学出版社,2007.

[38]舒德干,韩健.澄江动物群的核心价值:动物界成型和人类基础器官诞生[J].地学前沿,2020,27(6).

[39]刘建妮,刘丰,白琳.穿越地球46亿年[M].刘茜,绘图.西安:西北大学出版社,2020.

[40]克特纳.生而向善:有意义的人生智慧与科学[M].王著定,译.北京:中国人民大学出版社,2009.

后　记

我不是专职科研人员,长期在大学从事科研和学科建设的管理工作,竟敢在古稀之年触碰人类起源与进化这样重大的科学问题,还要写书,简直是自不量力,异想天开,脑子渗水了,真的发疯了!

现在,在本书即将出版时,让我说说产生这样大胆想法的缘由和完成写作的动力来源。

我在大学学的是石油地质学专业,毕业论文是《陕北黄土高原三趾马红层研究》,因而对地层古生物学有了兴趣。毕业后留校,一直做教学、科研管理工作,为教师和科研人员服务。改革开放以后,我在西北大学当了十年科研处处长,由于工作需要,坚持自学科学史、科学哲学、科学社会学,经常阅读科研管理方面的著作和文章,像英、美等西方著名科技史学家贝尔纳(John Desmod Bernal)、梅森(George Sarton)、沃德(Ward)、丹皮尔(Dampier)、乔治·萨顿(George Sarton)等人的代表著作和李约瑟(Joseph Terence Montgomerg Needham)、中科院自然科学史研究所等关于中国科学技术史的多部著作更是反复阅读,从而对科学工作和科研人员产生了发自内心的热爱和尊敬。同时,也养成了一种遇事独立思考,不人云亦云、随波逐流,遇着问题喜欢问为什么,甚至刨根问底的习惯。

1998 年退休后,我受陕西省教育厅和陕西省学位委员会之邀,担任陕西省高校设置评议委员会委员和陕西高校学科建设咨询专家组组长,为各院校的升格升等、学科建设审查报告、修改材料。经常要去各个学校考察、反馈意见、作报告等,忙个不停。

2003 年 2 月 19 日,与我青梅竹马、相濡以沫半个世纪的老伴因病突然去世,给我造成了沉重打击。当时,我觉得天塌下来了。我和老伴在中学时就同班同一个学习小组,一起念书多年,后又同时考入西北大学,她学化学,我学地质。1960 年毕业后,我留校工作,她被分配去科研单位,后调回学校,在热化学研究室搞研究。她幼年丧父,与母亲相依为命,因而,自尊心和自我保护意识很强。她正直善良,爱憎分明,性格坚强,追求进步,对工作认真负责,还要在家相夫教子,对我的工作全力支持,把四个孩子一手拉扯大,抚育教养都由她一人承担,从不让我分心。操持家务精打细算,勤俭节约,讲卫生,爱小孩。她突然离我而去,让我失去了重要依靠,陷入无尽的悲痛之中。我暗下决心,一定要写点什么,作为对她的纪念。

当我的一些好朋友知道我要写书的时候,都鼓励我说:"写吧,不管你写什么,我们相信你一定能写出来!"还不时在见面时或来电话问进展情况。

写什么呢?有的朋友说,写自传吧。我说,我们又不是政治精英和知识精英,不是大领导或学者、科学家,也不是英雄模范人物,就是普通平民百姓,有什么好写的,就是写出来,会有谁看?他们说,那就写你熟悉的高等教育和学科建设吧。我想了很久,觉得当前我国高等教育正在改革中,关注的人很多,也写了大量文章,但许多问题还很不成熟,把西方的一套照搬过来,也看不准,很难突破,还是不好下笔。思来想去,我还是选择了平时比较关心和喜欢的人类起源与进化这一问题。虽然自知也是班门弄斧,但只愿把自己的一孔之见或不成熟的认识写出来向内行专家求教。

当我收集资料和拟写作提纲时,发现西方学者写的人类起源多是由从猿到人着手,对猿以前的进化则很少提及。这样就把人类的身体结构,如骨架(脊椎骨、肋骨、四肢的骨骼)、内脏器官、神经系统和脑子等基本的生物学部件是如何起源与进化来的丢掉了。而且还多是写到智人为止,至于现代人类的文化进化就干脆不写了,好像这个任务是历史学家的事,与生物学家无关,这又把人类进化割裂开了。因而,我决定按达尔文进化论,运用一种系统的视角,把人类起源与进化拉通来写。当我按照这样的思路深入准备材料时,惊喜地发现,我们中国科学家近年来在这方面的发现和研究成果丰硕,尤其让人高兴的是西北大学的学者和学子为此做出了非凡的贡献,例如我的同班同学陈均远在中国科学院南京地质古生物研究所工作,发现的贵州瓮安微体古生物胚胎化石解开了多细胞生物早期演化之谜,被国际学术界誉为生物进化的重大发现。中国科学院舒德干院士及其领导的团队,在寒武纪生命大爆发,尤其是脊椎动物起源领域,不但在化石的发现和研究方面取得了系统的高水平成果,还实现了重大的理论创新,获得了国际学术界的高度赞誉,给中国争了光,先后获得国家自然科学一、二等奖。现任中国科学院西安地球环境研究所所长的周卫健,是西北大学地质学系薛祥煦教授指导的博士,在中国黄土的古气候研究方面创造性地提出将影响黄土 Be 浓度的气候因素和地磁场因素分离的思想,解决了约 78 万年前地磁极性倒转在黄土和海洋记录中不同步的重大科学难题,强化了中国黄土在全球气候变化研究中的地位和意义。西北大学考古学专业毕业的付巧妹,现任中国科学院古脊椎动物与古人类研究所古 DNA 实验室主任,在古 DNA 研究中多次取得骄人成绩,连欧洲人远祖的历史都是付巧妹用古 DNA 研究梳理清的,受到国际古 DNA 研究领域的领军人物斯万特·帕博和大卫·赖克的高度赞扬,付巧妹及其团队现已成为国际古 DNA 研究的中坚力量。曾任中国社会科学院考古研究所副所长的王震中,也是西北大学考古学专业毕业的,他在新石器时代考古和中国文明起源研究中卓有成就。2013 年,国家哲学社会科学成果文库出版了他的力作《中国古代国家的起源与王权的形成》,李学勤先生在该书的序言中赞扬王震中提出的文明和国家起源路径的聚落三形态演进说——"以聚落形态和社会形态为主,去整合酋邦理论和社会分层理论"是一大理论创新。

看到这些校友们的事迹和材料后,我除了由衷地感到高兴和鼓舞外,还坚定了决心,要为他们树碑立传,为中国科学家、为西大学子的贡献鼓与呼。这种责任心和使命感,为我的写作增添了新的动力,我拼着命也要把它完成!

2012 年 4 月,与我一母同胞的弟弟也因病骤然离世。他小我两岁,从小在家务农,侍奉父母双亲,支持我读书上学。他 1958 年参军后,亲历了许多重要而又艰苦的前线工作。后谢绝转业当干部,选择回家侍奉老母,当了几十年大队书记,在家乡口碑很好,远近闻名。在我家生活最困难的时候,他倾其所有,帮助我渡过难关。我们相互扶持,手足之情,难以言表。但他也先我而去,使我悲痛不已,思念之情,久久不能忘怀。这也成了我继续写作的动力。

在写作过程中,我每天从早到晚不停地看书、整理材料、构思内容并记录。孩子们看在眼里,劝我多休息,注意身体,都很孝顺。

大儿子刘永宁负责给我买书,我需要的图书,开个书单,几天内他就送来,大儿媳石睿给我送稿纸,还说:"别的我们帮不上忙,稿纸供应没问题!"每到酷暑寒冬,他们觉得我住的房子的空调、暖气不如他们那边好,就要接我过去住些天,还想办法给我改善生活。孙子刘时光经常选购书写流畅的圆珠笔,为爷爷写作提供便利。

二儿子刘永勃在洛杉矶工作,回国后,就和我讨论一些写作上的问题。

女儿刘永心及其家人在旧金山湾区工作,隔三岔五来电话,嘘寒问暖,多次邀我把材料带上到她那儿去写,说她那儿安静、空气好,利于写作。

小儿子刘永刚和其妻毛哲茹与我住在一起,照顾我的衣食起居,经常给我改善生活,还怕照顾不周,儿媳毛哲茹更是体贴入微,细致周到,让人倍感温馨。小孙子刘禹九上小学,也很懂事,从不干扰我看书和写作,有时会为我送上一杯水或一杯奶,悄悄放在桌上,让我幸福之感、慰藉之情油然而生。

孩子们的孝顺和照顾,不但使我能健康地活着,精神上得到很大的安慰,而且能集中时间和精力进行写作。

多年来,我老伴的小学同学,也是我们的好朋友,西安市儿童医院著名医生宋紫霞和她的爱人常来看望我。这两年他们因腿不好,行动不便,就让女儿李梅来看望我,关心书的写作。

我女儿在西安的同窗好友陈旭和王晖、白拥军夫妇,也常来看望,还热情地说:"刘叔,写书不容易,有啥困难说一声,我们帮您解决!"

我在西安的大学同班同学黄发湖、卢焕勇、袁佩芳、刘金城、申志才、荣志道等,每次见面,都是"红萝卜加大棒",一边打气,一边施压,说:"你这个拼命三郎,把年龄都忘了,不要命啦!身体要紧,悠着点写,健康第一!"同时又时常催促,"书写得咋样?赶快写出来,我们都盼着拜读呢,先睹为快!"殷殷之情,溢于言表。

我的同事和学生梁星亮、柳益群、严建亚都关切地说:"刘老师,赶快写,写出来后,我们资助您出版!"

以上种种关心,也成了我坚持写作的动力。十年磨一剑,现在,书稿已付梓,即将出版,终于可以告慰将我带到这个世上,含辛茹苦抚养我成长的父母双亲,同时感谢我长眠地下的老伴和弟弟的在天之灵。

还要衷心感谢多年来给予我帮助和支持的同事:朱恪孝和康琴夫妇、刘小宾、齐鸣、杨晶、李文义、党惠清和张志军夫妇、郭鹏江、张书玲、张振华、孙国华、雷忠鹏、刘惠中、马朝奇、刘小光、王永智、申仲英、李宝璋、张富昌、林允富、郑晓辉,以及我的表弟程洋、李建,表侄程闻硕。

衷心感谢多年来关心支持我写作的老朋友:南开大学程光钟,重庆大学任廷枢,东北大学杨春林,中山大学蔡礼仪、李子和、夏亮辉,西北农林科技大学孙武学,西安交通大学朱因远、姚天祥、陈钟顾、李能贵、徐廷湘、樊小力、李学智,西北工业大学严鑫源、虞企鹤、强文鑫,西安电子科技大学石宝魁、许克毅、贺诚琦,陕西师范大学李钟善、吕九如、李继凯,空军军医大学刘鉴汶、赵长伶,陕西省教育厅戴居仁和孙梦娇夫妇、石大璞和朱秀萍夫妇、刘炳奇、孙朝和蔺西亚夫妇、杨俊利,国家教委李仁和、江玉仙,上海市教委淡顺法,上海交通大学张炳钰,华东师范大学薛天祥,复旦大学唐之教,同济大学刘勤明,清华大学吴荫芳,暨南大学阙维明、梁燕,天津大学邱平济,四川大学濮德林、李家利、何钦功,电子科技大学杨鸿模,南京大学唐余贵,西北政法大学郭捷、闫亚林,西安外国语大学刘月莲,陕西理工大学刘宝民、赵桦、胡人元、张西虎。

还要感谢那些没有提到名字的亲朋好友的支持和关照。

谢谢你们!

刘舜康

2021 年 4 月

致 谢

2020年6月,当西北大学知道我写书的事情后,常江副校长即召开了由校长办公室、离退休处、科技处、地质学系、出版社等单位的负责人李振海、刘涛、路燕茹、杨涛、杜凯、杨晶、马来等参与的会议。会上,我汇报了写作情况,会议研究决定我的书由科研处立项资助出版,出版社将其列入出版计划,并由杨晶、杜凯、路燕茹具体负责运作。

由于我的书稿几十万字全是手写,由杜凯拿去进行扫描,交地质学系打印,杨晶在地质学系找了四位研究生:张帆、李家好、陈子浩、王苗苗,由他们负责校对,查找书中出现过的国外历史名人和学者的外文姓名、生卒年等,并负责打印修改稿。书稿打印了数份,交有关专家、学者审阅。四位研究生都很认真负责,利用上课、科研之余,积极完成各项任务,工作热情细致。张帆不但组织协调他们几位的工作,还参与打印、查找资料,并负责初稿图表的翻拍、扫描、制作工作,很是辛苦。可以说,没有他们的辛勤劳动,这两部书是无论如何也出不来的。

书稿审阅期间,张岂之教授已95岁高龄,仍不辞辛劳,认真审阅了两部书稿,让人非常感动。舒德干院士、赵馥洁教授不仅认真审阅了书稿,提出了中肯的修改意见,还分别写了高水平的序和读后感,给予了诚挚的褒扬,令人备受感动。参与书稿审阅的还有张国伟、赵国春、张宏福、张云翔、赖绍聪、张志飞、王永智、梁星亮、李浩、郭立宏、闫亚林、马朝奇等教授,他们都付出了很大精力,提了不少宝贵意见。

西北大学出版社马来社长统筹社内资源,为这两部书的出版做了大量工作。责任编辑潘登自始至终满腔热情地负责本书的编辑加工工作,亲自参与书稿的审阅、编校、排版、封面设计,乃至印刷、装帧等出版的全过程,不遗余力。美术编辑张莹耐心周到,她不仅为本书设计了深合我意的版式和封面,还为本书插图的优化做了大量工作,使之能够达到出版标准。编辑部主任第明对出版的每个环节都给予过问,认真负责。

地质学系办公室冯建军负责书稿的分发及专家审读意见的转达，工作不但认真负责，而且热情，效率很高。

　　可以说，这两部书的出版，是大家共同努力的结果。在此，请允许我对大力支持这两部书出版的学校领导和相关部门负责人，以及参与出版的所有同志表示诚挚的、由衷的感谢！

刘舜康

2021 年 10 月